普通高等院校电子信息类应用型规划教材

高频电子线路

主　编　黄翠翠　叶　磊

参　编　陈　容　付　播　侯自良

孙利华　田　磊　王立谦

熊年禄　余良俊

北京邮电大学出版社

·北京·

内 容 简 介

本书是为高等学校电子信息类相关专业编写的一本专业课基础教材。结合无线通信系统的组成结构，本书共分为7章，分别介绍了选频和滤波电路、高频小信号放大器、高频功率放大器、高频震荡器、振幅调制解调及混频电路、角度调制与解调和反馈控制电路。各章附有练习题。

本书可作为高等学校电子信息类专业"高频电子线路"课程的教材和参考书。舍去某些章节后，也可作为夜大、函授、自学考试等大专班的教材，还可供相关专业工程技术人员参考。

图书在版编目(CIP)数据

高频电子线路/黄翠翠，叶磊主编. --北京：北京邮电大学出版社，2009.12（2021.6重印）

ISBN 978-7-5635-1985-9

Ⅰ.①高… Ⅱ.①黄…②叶… Ⅲ.①高频—电子电路—高等学校—教材 Ⅳ.①TN710.2

中国版本图书馆 CIP 数据核字(2009)第 234727 号

书　　名：高频电子线路
主　　编：黄翠翠　叶　磊
责任编辑：艾莉莎
出版发行：北京邮电大学出版社
社　　址：北京市海淀区西土城路 10 号(邮编：100876)
发 行 部：电话：010-62282185　传真：010-62283578
E-mail：publish@bupt.edu.cn
经　　销：各地新华书店
印　　刷：北京九州迅驰传媒文化有限公司
开　　本：787 mm×1 092 mm　1/16
印　　张：12.25
字　　数：293 千字
版　　次：2009 年 12 月第 1 版　2021 年 6 月第 6 次印刷

ISBN 978-7-5635-1985-9　　定　价：22.00 元

前　　言

本书是为高等学校电子信息类相关专业编写的一本专业课基础教材。编写过程中，作者根据近代无线电通信技术的发展现状和研究成果，基于课堂教学和实践教学经验，汲取国内外相关教材特色，在原教学讲义的基础上修改编著而成。本书深入浅出，突出基本概念、基本理论和基本分析方法，以经典分立元件电路分析为基础，减少了对有关章节的烦琐推导，直接引用结论，强调通信系统的整机概念，注意培养学生分析高频电子线路的方法和读图能力。

本书主要内容包括选频和滤波电路、高频小信号放大器、高频功率放大器、高频振荡器、振幅调制解调及混频电路、角度调制与解调和反馈控制电路。全书以绪论为主线，在介绍基本无线通信传输系统原理的基础上，分章节展开对各种功能电路的分析研究。在分析过程中，重点研究其工作原理、典型电路和分析方法，对类似电路找出共性，用以指导对各种具体电路的分析。书中 * 部分为选修部分。

本书可作为普通高等院校电子信息工程、通信工程、无线电技术和相近专业的高频电子线路、非线性电子线路及通信电子线路或相近课程的本科教材，也可作为工程技术人员的参考书。书中内容经取舍后，也可用做上述专业的专科、高等职业学校或成人教育的教材。

中国地质大学(武汉)江城学院黄翠翠、叶磊老师任本书主编，负责全书统稿、修订工作。本书中绪论、第 3 章及附录部分由黄翠翠老师编写；第 1,4,5,7 章分别由江城学院王立谦、付璠、陈容、孙利华老师编写；第 2 章由河南工业职业技术学院田磊老师编写；第 6 章由江城学院余良俊、叶磊老师编写；江城学院侯自良、熊年禄老师对全书进行了认真审阅，并提出许多宝贵意见，在此表示感谢。

限于编者水平，书中难免有疏漏和不妥之处，恳请读者批评指正。

编　者

目　录

绪论 ………… 1

第 1 章　选频和滤波电路 ………… 6

1.1　概述 ………… 6
1.2　*LC* 选频网络 ………… 7
1.2.1　选频网络的基本特性 ………… 7
1.2.2　*LC* 串并联谐振回路的基本特性 ………… 8
1.2.3　*LC* 串并联谐振回路的选频特性 ………… 11
1.2.4　激励源内阻及负载对回路的影响 ………… 12
1.3　回路的阻抗变换 ………… 13
1.3.1　串并联回路的阻抗等效互换 ………… 13
1.3.2　回路部分接入的阻抗变换 ………… 14
1.4*　耦合回路 ………… 16
1.4.1　耦合回路的概念 ………… 16
1.4.2　耦合回路的频率特性 ………… 17
1.5　滤波电路 ………… 19
1.5.1　石英晶体滤波器 ………… 20
1.5.2　陶瓷滤波器 ………… 21
1.5.3　声表面波滤波器 ………… 23
习题 ………… 25

第 2 章　高频小信号放大器 ………… 27

2.1　概述 ………… 27
2.2　晶体管高频小信号等效模型 ………… 28
2.2.1　*Y* 参数等效电路 ………… 29
2.2.2　共发射极混合 π 型等效电路 ………… 29
2.2.3　*Y* 参数与混合 π 参数间的关系 ………… 32
2.3　谐振放大器 ………… 33
2.3.1　单调谐回路放大器 ………… 33
2.3.2　多级单调谐放大器 ………… 36

2.3.3* 双调谐回路放大器 …… 38
2.3.4* 参差调谐回路放大器 …… 40
2.3.5 调谐放大器的稳定性 …… 41
2.4 宽频带放大器 …… 42
2.4.1 宽带放大器的主要特点 …… 43
2.4.2 扩展通频带的方法 …… 43
2.5 电噪声 …… 44
2.5.1 噪声的来源和特点 …… 44
2.5.2 噪声系数 …… 47
2.5.3 降低噪声系数的措施 …… 49
习题 …… 50

第 3 章 高频功率放大器 …… 53

3.1 概述 …… 53
3.2 谐振功率放大器的工作原理 …… 54
3.2.1 电路的组成及特点 …… 54
3.2.2 电路工作原理及性能指标 …… 55
3.3 高频功率放大器的动态分析 …… 58
3.3.1 动态特性 …… 58
3.3.2 负载特性 …… 59
3.3.3 调制特性 …… 62
3.3.4 放大特性 …… 63
3.4 高频功率放大器实际电路 …… 64
3.4.1 直流馈电电路 …… 64
3.4.2 匹配网络 …… 66
3.4.3 高频功率放大器的实际电路 …… 69
3.5 宽带高频功率放大器 …… 70
3.5.1 传输线变压器 …… 70
3.5.2 宽带功率放大电路实例 …… 74
3.5.3 功率合成与分配 …… 74
习题 …… 77

第 4 章 高频振荡器 …… 79

4.1 概述 …… 79
4.2 反馈振荡器的原理和分析 …… 79
4.2.1 起振条件 …… 80
4.2.2 稳定条件 …… 82
4.3 *LC* 正弦波振荡器 …… 83
4.3.1 互感耦合型 *LC* 振荡电路 …… 83

4.3.2　三点式振荡电路 …… 85
4.4　振荡器的频率稳定度 …… 92
4.4.1　频率稳定度的定义 …… 92
4.4.2　影响频率稳定度的因素 …… 94
4.4.3　振荡器的稳频措施 …… 96
4.5　晶体振荡器 …… 97
4.5.1　石英晶体谐振器的性能分析 …… 97
4.5.2　晶体振荡器 …… 99
4.6　压控振荡器 …… 102
4.6.1　变容二极管 …… 102
4.6.2　变容二极管压控振荡器 …… 103
4.6.3　晶体压控振荡器 …… 104
习题 …… 105

第5章　振幅调制、解调及混频电路 …… 108

5.1　概述 …… 108
5.2　振幅调制信号分析 …… 109
5.2.1　标准振幅调制(AM)信号 …… 109
5.2.2　双边带调制(DSB)信号 …… 112
5.2.3　单边带调制(SSB)信号 …… 113
5.2.4　残边带调制(VSB)信号 …… 114
5.3　振幅调制电路 …… 114
5.3.1　低电平调幅电路 …… 115
5.3.2　高电平调幅电路 …… 119
5.4　调幅信号的解调电路 …… 120
5.4.1　小信号平方律检波 …… 121
5.4.2　大信号包络检波 …… 122
5.4.3　同步检波 …… 125
5.5　混频电路 …… 126
5.5.1　混频器原理 …… 126
5.5.2　混频器的主要性能指标 …… 128
5.5.3　实用混频电路 …… 129
5.5.4　混频器的干扰 …… 132
5.6　集成AM接收机 …… 134
习题 …… 135

第6章　角度调制与解调 …… 136

6.1　概述 …… 136
6.2　调角信号的分析 …… 136

6.2.1 频率调制(FM)信号 …… 136
6.2.2 相位调制(PM)信号 …… 138
6.2.3 调角波的频谱与频谱宽度 …… 139
6.3 角度调制电路 …… 142
6.3.1 实现调频、调相的方法 …… 142
6.3.2 调频电路 …… 143
6.4 调频波的解调原理及电路 …… 147
6.4.1 调频波的解调方法 …… 147
6.4.2 振幅鉴频器 …… 148
6.4.3 相位鉴频器 …… 150
6.4.4 脉冲计数式鉴频器 …… 153
6.5 调频制的特殊电路 …… 154
6.5.1 限幅电路 …… 154
6.5.2 预加重与去加重电路 …… 155
6.6 集成调频发射机 …… 156
6.7 集成调频接收机 …… 157
习题 …… 158

第7章 反馈控制电路 …… 161

7.1 概述 …… 161
7.2 自动增益控制(AGC)电路 …… 162
7.2.1 AGC电路的工作原理 …… 162
7.2.2 AGC电路的应用 …… 164
7.3 自动频率控制(AFC)电路 …… 165
7.3.1 AFC电路的工作原理 …… 165
7.3.2 AFC电路的应用 …… 166
7.4 锁相环路 …… 167
7.4.1 锁相环路的构成 …… 167
7.4.2 锁相环路的工作原理 …… 168
7.4.3 锁相环路的应用 …… 172
7.5 集成锁相环举例 …… 174
习题 …… 177

参考答案 …… 179

附录 余弦脉冲分解系数表 …… 182

参考文献 …… 185

绪论 EXORDIUM

从古至今,消息的交换与传递一直都是人类社会生活的重要组成部分。1837 年,由美国 S. F. B. 莫尔斯首次试验成功利用电磁波作载体,通过编码和相应的电处理技术实现人类远距离传输与交换信息的通信方式,开启了电子通信的篇章。自此后,通信技术飞速发展,出现了形形色色的通信工具和通信系统,对人类的生活和生产起了非常重要的作用。

高频电子线路是无线电设备、通信系统中的重要组成部分,几乎涵盖了信号传送和接收所有的单元电路。

一、通信系统的组成

通信的任务是传递信息。传输信息的系统称为"通信系统"。任何一个通信系统,都是从一个点向另一个点传送信息。通信系统是指实现这一传输过程的全部设备和信道的总和。

通信系统种类很多,但无论它们的具体组成和业务功能有何区别,都可以概括为 5 个基本模块,如图 0.1 所示。

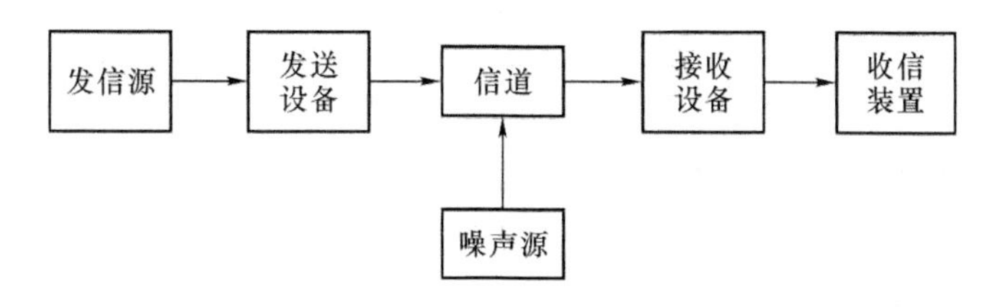

图 0.1　通信系统组成模型

发信源是将需要传送的原始信息源,如语言、音乐、图像、文字等(一般是非电物理量),经输入变换器后转换成电信号(如被传输的是声音信息就需先经声电换能器——话筒,变换为相应信号的电信号),称为基带信号。如果输入信息本身就是电信号,可以直接送到发送设备;基带信号的形式不一定适合在信道上传输,需将基带信号送入发送设备,将其变换成适合于信道传输特性的信号,再送入信道。

信道是指信号传输的通道,包括有线信道和无线信道。信道不同,其传输特性也不一样。有线信道包括架空明线、同轴电缆、波导管和光缆等;无线通信系统中,信道主要指大气层或外层空间。由于无线电波在空间传播的性能和大气结构、高空电离层结构、大地的衰减以及无线电波的频率、传播路径等因素密切相关,因此,不同频段无线电波的传播路径及其受上述各种因素的影响程度也不同。信号在信道的传输过程中,不可避免地要受到干扰,如工业干扰、天电干扰等。信号传送到接收端后,接收设备把有用信号从众多信号和噪声中选取出来,经输出变换器恢复出原始信息,供收信者使用。

通信系统根据信道的不同可以分为有线通信系统和无线通信系统。如图 0.2 所示为一个传输音频信号的无线通信系统。其中,图 0.2(a)是发送设备的组成框图。它主要包括高频(振荡器、倍频器、高频功放、调制)电路和低频电路。图 0.2(b)是接收设备的组成框图。

图 0.2 中,振荡器的作用是产生频率稳定的高频载波信号,为了提高频率稳定度,通常采用石英晶体振荡器,并在其后加以缓冲级,以减小后级对它的影响。一般晶体振荡器的振荡频率不太高,达不到载波所要求的频率 f_c,因而在缓冲级后需加若干级倍频器,将频率提高到所需频率 f_c上。在图 0.2(b)所示接收机中,由于对振荡信号的频率稳定度要求高,故振荡信号常常由频率合成电路提供。高频功率放大器的主要作用是把信号放大到足够的功率,由发射天线将高频已调信号辐射出去。

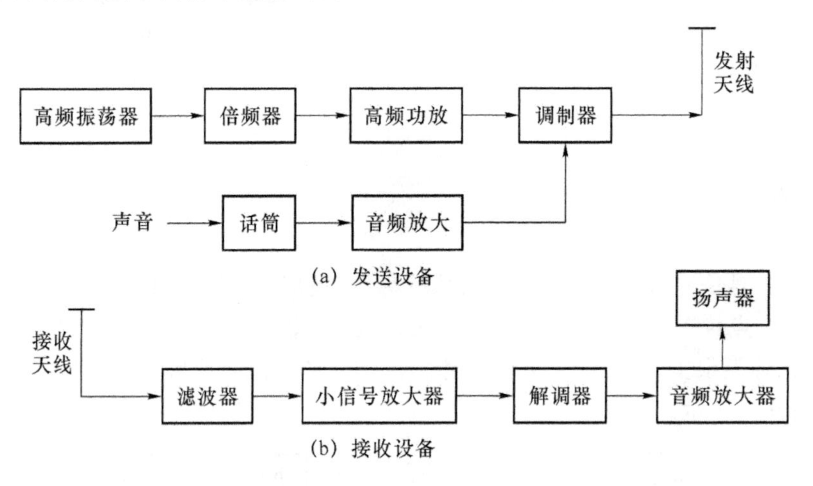

图 0.2　无线通信系统结构图

基带信号通常不直接采用无线电波传送,主要有两个原因:一是它们的频率较低、波长较长,而要将无线电信号有效地发射出去,天线的长度必须和电信号的波长为同一数量级,否则不能通过天线有效地发送信息;二是各信号的频谱分布几乎在同一频率范围,如果直接把反映原始信息的电信号通过天线以辐射电磁波的方式传送,信道无法保证同时传送两路以上的信息而又互不干扰,同时也不便于接收端正确分离两路以上的信息。因此,必须把要传送的电信号设法分开,重要的方法之一是利用调制器将欲传送的基带信号加载(调制)到某一特定频率的高频电振荡(称为载波)信号上,载有基带信息的高频振荡信号称为已调信号,也称为频带信号。通过天线辐射出高频电磁波,将信息传送到接收机。再由接收机中的解调器将已调信号中的基带信号解调出来。

从原理上看,调制过程的实质是一个由调制信号去控制高频载波信号的某一参数,使该参数按照调制信号的规律变化的过程。而高频载波信号(电压或电流)的振幅、频率、相位3个参数可被调控,与之对应的可实现3种基本模拟调制,分别是振幅调制(AM)、频率调制(FM)和相位调制(PM)。

二、信号的描述方式

通信系统的工作对象是信号。信号是所传输信息的载体。要对高频通信电路进行研究,必须要确切地描述出传输在电路各个部分信号的所有特征。在实际应用中,可能遇到的信号是多种多样的,但所有的信号都具备最基本的3个参数,即幅度、频率和相位。

根据描述变量的不同,信号的描述方法可分为两种:时域描述和频域描述。

1. 时域描述法

时域描述是以时间 t 为变量研究信号幅值、频率和相位变化的描述方法,可以用时域波形图和表达式来表示。如图0.3所示,横轴代表时间变量 t,纵轴代表各信号在不同时间的大小。信号 $a(t)$ 为直流信号,其大小为定值 A,即幅值为 A,频率和相位皆为0,故 $a(t)=A$;信号 $b(t)$ 为周期正弦信号,由图0.4可以得出,其幅值为 B,周期为 T,初相为 $\pi/2$,故可写出其表达式为 $b(t)=B\sin\left(\frac{2\pi}{T}t+\frac{\pi}{2}\right)$,根据该表达式可以得出该信号在 t 取不同值时相对应的幅度、频率及相位值的变化情况;而信号 $c(t)$ 为一非周期信号,其幅值、频率及相位的变化情况与时间 t 并无明显的联系,且由于 t 的取值范围通常可以从 $-\infty$ 到 $+\infty$,所以可以预见要写出其时域表达式或画出其完整波形是一项非常复杂的工作,这对于信号的分析是十分不利的。在这种情况下,就需要用第二种描述法,即频域描述法。

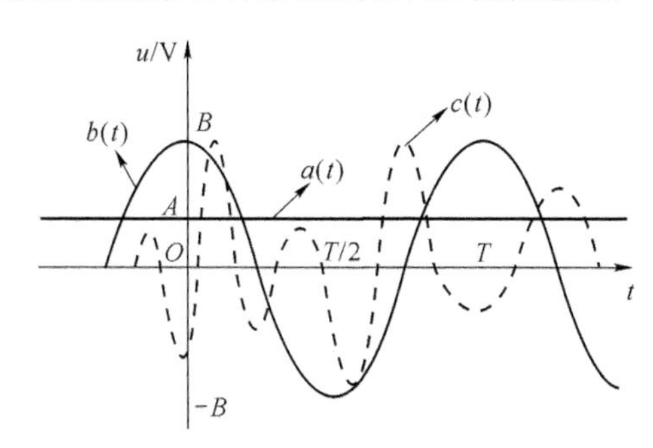

图0.3　时域波形图

2. 频域描述法

频域描述是以频率 f(或角频率 ω)为变量研究信号幅值、频率和相位变化的描述方法,可以用频谱图和频域表达式来表示。对于图0.3中的直流信号 $a(t)$ 来说,由于其频率,故其表达式可写为 $A(f)=A(f=0\text{ Hz})$,其频谱图如图0.4(a)所示,其中横轴为频率 f,纵轴为信号幅值;对于正弦信号 $b(t)$ 来说,由于其频率为定值 $1/T$,表达式可写为 $B(f)=B\ (f=1/T)$,其频谱图如图0.4(b)所示;而对于复杂信号来说,根据正弦信号和复杂信号的内在联系，可以将其分解为许多不同频率的正弦信号之和，再利用频谱图显示各频率分量在频谱图中的分布情况，就可以直观地反映信号的频率组成及其特点。例如，对于语音信号，其频率范围在几百 Hz 到几 kHz 之间。如果规定在电话通信中从 300～3 400 Hz 为一个话路，则一般通话的主要频率成分就分布在该频率范围内，如图 0.4(c)所示。其中，语音信号中各频率成分连续变化，频带宽度约为 3 100 Hz。

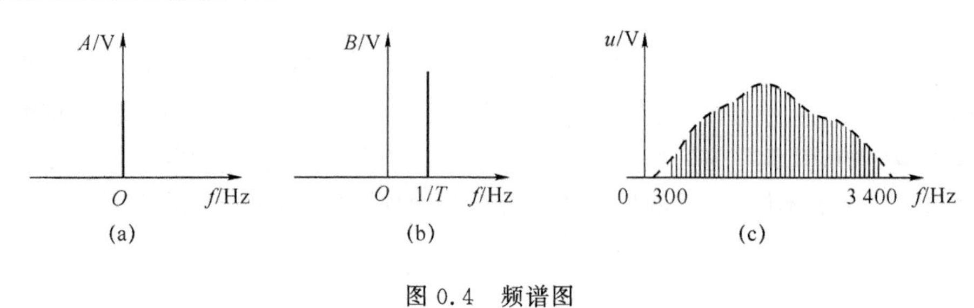

图 0.4　频谱图

三、无线电波的传播特性

无线电波在空间的传播速度与光速相同，约为 3×10 m/s。无线电波的波长、频率和传播速度的关系满足 $\lambda=c/f$，式中，λ 为波长，c 为传播速度，f 为频率。

由于电波的传播速度固定不变，所以信号频率越高，波长越短。

不同波长的无线电波传播规律不同，应用范围也不同，通常把无线电波划分为不同的波段。无线电波频段的划分如表 0.1 所示。任何载有消息的无线电波都占据一定的频带。频率越高，可利用的总频带(或称波段)就越宽，因此，利用高频已调波可在同一波段同时传送多个不同的信息。另外，某些频带很宽的原始信息(如雷达信号、电视图像、多路话音)只能在高频率上传输。例如，电视图像信号的频带宽度约为 6 MHz，它适宜在几十 MHz 以上的频率上传输。不同波段的无线电波应选择不同的传播方式。传播方式的不同决定了传播的距离和传播特性(如信号的稳定性、衰耗等)的差异。通常无线电波的传播方式主要有视距传播、地波传播、电离层传播(天波传播)、对流层散射传播、卫星传播及散射传播等，如图 0.5 所示。

表 0.1　频段划分与常用信道的工作频率范围

波段名称	波长范围	频率范围	主要传播方式和用途
长波	1 000～10 000 m	30～300 kHz	地波、较远距离通信
中波	100～1 000 m	300～3 000 kHz	地波、天波，广播、通信、导航
短波	10～100 m	3～3 MHz	地波、天波，广播、通信
超短波	1～10 m	30～300 MHz	视距传播、对流层散射，通信、电视、雷达
分米波	10～100 cm	300～3 000 MHz	视距传播、对流层散射，通信、电视、雷达
厘米波	1～10 cm	3～30 GHz	视距传播、对流层散射，通信、电视、雷达
毫米波	0.1～1 cm	30～300 GHz	视距传播、对流层散射，通信、电视、雷达

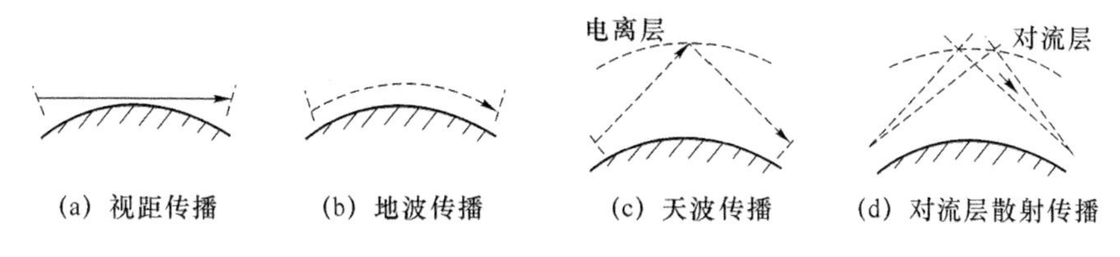

图 0.5　无线电波的几种传播方式

显然，对各种无线电通信系统，尽管它们在传递信息形式、工作方式及设备体制等方面有所不同，但设备中所包含的对高频信号的产生、接收及检测处理的基本电路大都是相类似的，这些电路统称为高频电子线路。可见，高频电子线路是随着无线电通信手段的出现而出现，且随着通信容量的不断增大、使用的频率不断提高而发展。高频电子线路的各种功能电路的组成及性能则随微电子技术的发展而发展。它经历了电子管电路、晶体管电路和集成电路 3 个重要阶段。目前高频电路和模拟电路、数字电路一样，电路的集成度越来越高，各种高频集成电路新器件不断问世，应用越来越广泛，计算机技术也在高频电子线路中得到了应用。高速 DSP(数字信号处理器)结合 MCU(微处理器)，把传统的模拟高频电信号变成数字信号进行处理，使得现代无线电信号的处理速度更快，通信质量更高。

本书将结合无线电通信电路，以集成电路为主线，从分立元件电路入手，分析高频电路中的基本单元电路的组成及工作原理；并根据目前高频集成电路的发展，尽可能多地介绍高频集成电路的特性及其典型应用电路。

第1章 选频和滤波电路

1.1 概　　述

无线电信号有不同波段，它们的频率相差很大，用途也各不相同。例如，调幅广播中波的频率范围为526.6～1 606.5 kHz，调幅广播短波的频率范围为2～18 MHz，调频广播长波的频率范围为87～108 MHz。无线电视广播分为4个波段，Ⅰ波段频率范围为48.5～92 MHz，Ⅲ波段频率范围为165～223 MHz，Ⅳ波段频率范围为470～566 MHz，Ⅴ波段频率范围为606～958 MHz（注：92～165 MHz的频率范围称为Ⅱ波段，该波段没有用于无线电视广播，而是用于其他无线电通信）。移动通信有900 MHz频段和1 800 MHz频段等。要选择所需要的某一波段或频段的信号来接收，首先就要选频和滤波。

携带有用信息的高频已调波信号的特点是频率高，相对频带宽度较窄。以调幅广播中波为例，其频率范围规定为526.6～1 606.5 kHz，频道间隔规定为9 kHz，信号的相对频带宽度为1/58～1/178（此处以频道间隔代替频带宽度计算）。按以上频率范围和频道间隔的规定，在调幅广播中波波段可以设置110多个广播电台（为避免邻近电台相邻频率的干扰，某地区实际可按收中波广播数远少于此数）。又如我国无线电视广播分为4个波段，共68个频道（为避免邻近电视台相邻频道的干扰，某地区实际可接收无线电视频道数少于此数），要从多个高频信号中选取需要接收的信号，选频和滤波电路不可缺少。

*LC*谐振回路是最常用的选频网络，它有串联回路和并联回路两种类型。

用*LC*谐振回路的选频特性，可以从输入信号中选出有用频率信号而抑制无用频率信号。例如用在接收机的输入回路和选频放大器中。*LC*回路还可进行频幅和频相转换，如用在鉴频器电路中。此外*LC*回路还可组成阻抗变换电路用于级间耦合和阻抗匹配。所以*LC*谐振回路是高频电路中不可缺少的组成部分。

传统广播接收机的输入回路，常由电感线圈和可变电容器组成*LC*谐振回路，靠手转动可变电容器改变电容量来选择不同信号频率。为实现自动调谐选台，现已使用变容二极管代替可变电容器来调谐选台，这在电视机的电调谐高频中已广泛使用。

在整机生产中为了减少人工调谐的麻烦，陶瓷滤波器、石英晶体滤波器和声表面波滤波器已广泛使用，它们常用做集中滤波器，在集成电路选频放大和信号选取分离上起着重要作用。

1.2　LC 选频网络

1.2.1　选频网络的基本特性

所谓选频，实际上是允许特定信号不失真通过，而其他信号不能通过。利用频域分析法进行分析，假设输入信号为 $\dot{U}_i(\omega)$，输出信号为 $\dot{U}_o(\omega)$，而选频网络传输特征函数为 $\dot{H}(\omega)$，则有：$\dot{U}_o(\omega)=\dot{H}(\omega)\dot{U}_i(\omega)$。若要求该选频网络能够令频率在 $\omega_1 \sim \omega_2$ 之间的信号无失真通过，而超出该频率范围的信号不能通过，则必须满足以下条件

$$|\dot{H}(\omega)|=\begin{cases} H(\omega_0) & \omega_1 \leqslant \omega \leqslant \omega_2 \\ 0 & \omega<\omega_1, \omega>\omega_2 \end{cases}$$

其幅频曲线如图 1.1 中实线所示，这就是理想选频特性。而在现实情况下选频特性是达不到理想状态的，实际选频特性曲线如图 1.1 中虚线所示。衡量选频网络性能的指标主要有两个，即通频带和选择性。

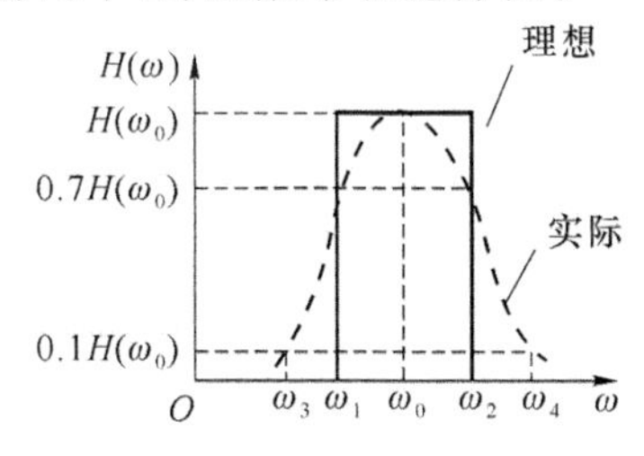

图 1.1　选频电路的幅频特性

1. 通频带

通频带定义为传输函数的值比最大值下降 3 dB 或下降到最大值的 $1/\sqrt{2}$ 时的上限截止频率与下限截止频率之差，用 $BW_{0.7}$ 表示，如图 1.1 所示。实际工作时，为了不失真地通过有用信号，要求选频网络的通频带应大于有用信号的频谱宽度，即容许输入信号总能正常通过电路。

2. 选择性

选择性表示选频网络对通频带以外的各种干扰信号及其噪声的滤除能力，或者说，从各种干扰中选出有用信号的能力。理想条件下，选频网络应该对通频带以内的各种信号频谱分量具有相同的线性作用，而对通频带以外的信号则应完全抑制。为了评价实际幅频特性曲线接近理想矩形的程度，我们引入矩形系数 $K_{0.1}$ 来表示，其定义为

$$K_{0.1}=BW_{0.1}/BW_{0.7} \tag{1.1}$$

其中，$BW_{0.1}$ 是 $H(\omega)$ 的值下降到最大值的 0.1 倍时的频带宽度，$BW_{0.1}$ 和 $BW_{0.7}$ 之间的频率范围称为过渡带。$K_{0.1}$ 的大小是衡量信号能通过的频宽与能正常放大的频宽之比，它间接

反映了过渡带与通频带的频宽比。$K_{0.1}$越小，过渡带越窄，选择性越好。理想情况的 $K_{0.1}$ 等于 1，实际情况总是大于 1 的。

1.2.2 LC 串并联谐振回路的基本特性

1. LC 串联谐振回路的基本特性

在 LC 谐振回路中，当信号源与电容和电感及负载串接时，就组成串联谐振(series resonance)回路，如图 1.2 所示，其中 R_L是负载电阻，r 是电感 L 的损耗电阻。

由电路原理知识，可得出串联谐振回路总阻抗为

$$\dot{Z}_S = R_L + r + j\left(\omega L - \frac{1}{\omega C}\right) \tag{1.2}$$

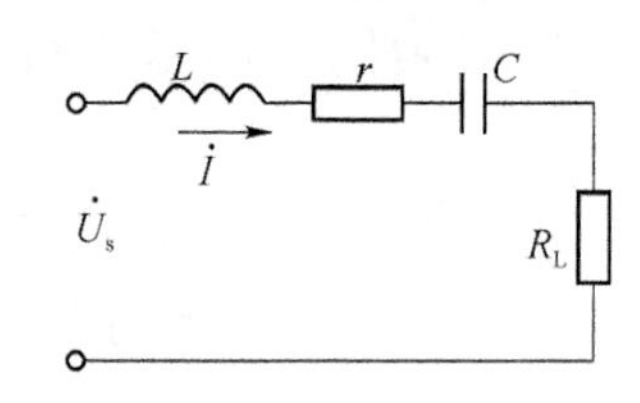

图 1.2　LC 串联谐振回路

在某一特定频率 ω_0 时，回路电抗为 0，串联谐振回路阻抗为一纯电阻，这种现象被称为谐振。一般把 ω_0 称为串联谐振回路的固有谐振角频率。此时，回路总阻抗为最小值，回路电流达到最大值。由回路电抗

$$X = \omega_0 L - \frac{1}{\omega_0 C} = 0$$

得谐振角频率

$$\omega_0 = \frac{1}{\sqrt{LC}} \tag{1.3}$$

由于 $\omega_0 = 2\pi f_0$，可得谐振频率

$$f_0 = \frac{1}{2\pi\sqrt{LC}} \tag{1.4}$$

当回路发生谐振时，即 $\omega_0 L = 1/\omega_0 C$。把回路谐振时的感抗(或容抗)值与回路的损耗电阻之比定义为回路的品质因数，以 Q 表示。它是谐振回路的一个重要指标，表征回路谐振状态下电抗元件的储能与电阻元件耗能状况的比值。

当不考虑回路负载 R_L时，品质因数被称为空载品质因数，为

$$Q_0 = \frac{\omega_0 L}{r} = \frac{1}{\omega_0 C r} = \frac{1}{r}\sqrt{\frac{L}{C}} \tag{1.5}$$

考虑回路包括负载在内的所有损耗电阻时，品质因数被称为有载品质因数，为

$$Q_L = \frac{\omega_0 L}{R_L + r} = \frac{1}{\omega_0 C(R_L + r)} \tag{1.6}$$

若不考虑回路负载，在输入电压的作用下，流过回路的电流为

$$\dot{I} = \frac{\dot{U}_S}{r + j\left(\omega L - \frac{1}{\omega C}\right)}$$

谐振时空载回路电流为

$$\dot{I}_0 = \frac{\dot{U}_S}{r}$$

则电感 L 和电容 C 两端电压分别为

$$\dot{U}_L = \mathrm{j}\omega L \cdot \dot{I}_0 = \mathrm{j}\omega L \frac{\dot{U}_S}{r} = \mathrm{j}Q_0 \dot{U}_S$$

$$\dot{U}_C = \frac{1}{\mathrm{j}\omega C} \cdot \dot{I}_0 = \frac{\dot{U}_S}{\mathrm{j}\omega C r} = -\mathrm{j}Q_0 \dot{U}_S$$

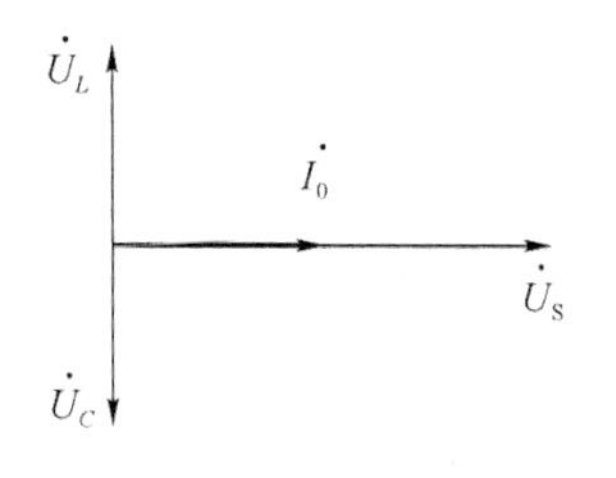

图 1.3　电感、电容电压相位关系

可见，此时电感 L 和电容 C 两端电压大小相等，方向相反，其相位关系如图 1.3 所示。因此，串联谐振也叫做电压谐振。

图 1.4 显示了空载 LC 串联回路的阻抗频率特性。由图可知，当输入信号频率等于回路的谐振频率时，即 $\omega=\omega_0$，回路的阻抗值最小，等于纯电阻 r；当 $\omega \neq \omega_0$，则阻抗的模将增大，回路将呈现容抗特性或感抗特性，相角趋向于 $\pi/2$ 或 $-\pi/2$。

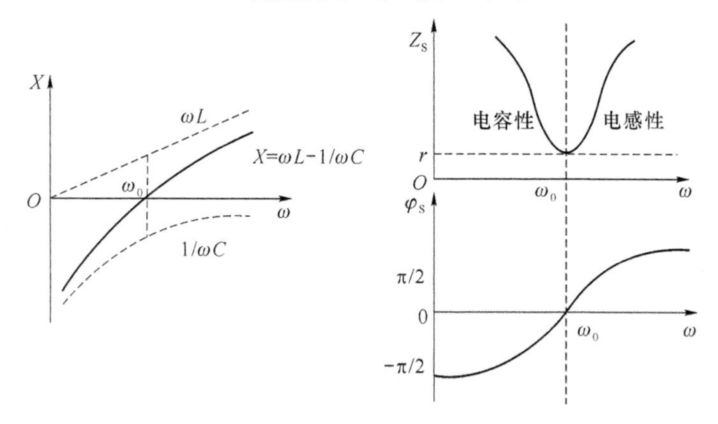

图 1.4　串联谐振回路的阻抗频率特性

2. LC 并联谐振回路的基本特性

当信号源与电感和电容并接时，就构成并联谐振回路，如图 1.5 所示。图 1.5(a)中 R_L 是负载电阻，r 是电感 L 的损耗电阻，数值较小，通常都满足 $\omega L \gg r$ 的条件，因此有

$$\dot{Z}_P = \frac{(r+\mathrm{j}\omega L)\frac{1}{\mathrm{j}\omega C}}{r+\mathrm{j}\omega L+\frac{1}{\mathrm{j}\omega C}} / R_L \approx \frac{L/C}{r+\mathrm{j}\omega L+\frac{1}{\mathrm{j}\omega C}} / R_L = \frac{1}{\frac{rC}{L}+\mathrm{j}\left(\omega C-\frac{1}{\omega L}\right)} / R_L$$

由此可将图 1.5(a)转换为图 1.5(b)用导纳分析较为方便，其中 R_P 即为 r 的等效谐振电阻，且 $R_P = L/rC$。

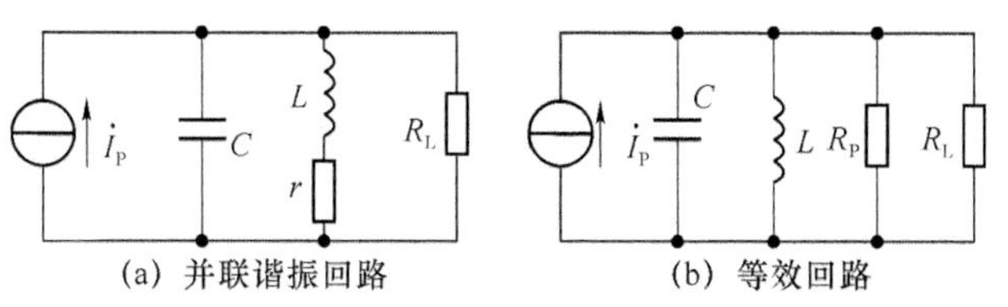

图 1.5　LC 并联谐振回路

由图 1.5(b)可见,回路端口导纳为

$$\dot{Y}_{\mathrm{P}}=\frac{1}{R_{\mathrm{P}}}+\frac{1}{R_{\mathrm{L}}}+\mathrm{j}\omega C+\frac{1}{\mathrm{j}\omega L}=G_{\mathrm{P}}+G_{\mathrm{L}}+\mathrm{j}\left(\omega C-\frac{1}{\omega L}\right) \tag{1.7}$$

根据谐振定义,当 $\omega=\omega_0$ 时,有电纳 $B=\omega C-\frac{1}{\omega L}=0$,可求出谐振角频率 $\omega_0=\frac{1}{\sqrt{LC}}$,与串联谐振回路一致。

根据品质因数的定义,并联回路空载品质因数 Q_0 为

$$Q_0=\frac{\omega_0 L}{r}=\frac{1}{\omega_0 Cr}=\frac{1}{r}\sqrt{\frac{L}{C}}=\frac{R_{\mathrm{P}}}{\omega_0 L}=R_{\mathrm{P}}\omega_0 C=R_{\mathrm{P}}\sqrt{\frac{C}{L}} \tag{1.8}$$

有载品质因数为

$$Q_{\mathrm{L}}=\frac{1}{\omega_0 L(G_{\mathrm{P}}+G_{\mathrm{L}})}=\frac{1}{G_{\mathrm{P}}+G_{\mathrm{L}}}\omega_0 C=\frac{1}{G_{\mathrm{P}}+G_{\mathrm{L}}}\sqrt{\frac{C}{L}} \tag{1.9}$$

由式(1.8)及式(1.9)可见,对于并联损耗电阻而言,品质因数可以描述为:把回路谐振时的并联损耗电阻与回路的感抗(或容抗)值之比。

若不考虑回路负载,在输入电流的作用下,回路两端的电压为

$$\dot{U}=\dot{I}_{\mathrm{P}}/\dot{Y}_{\mathrm{P}}=\frac{\dot{I}_{\mathrm{P}}}{G_{\mathrm{P}}+\mathrm{j}\left(\omega C-\frac{1}{\omega L}\right)}$$

谐振时空载回路电压为

$$\dot{U}_0=\frac{\dot{I}_{\mathrm{P}}}{G_{\mathrm{P}}}=\dot{I}_{\mathrm{P}}R_{\mathrm{P}}$$

则流过电感 L 和电容 C 的电流分别为

$$\dot{I}_L=\dot{U}_0/\mathrm{j}\omega_0 L=\frac{\dot{I}_{\mathrm{P}}R_{\mathrm{P}}}{\mathrm{j}\omega_0 L}=-\mathrm{j}Q_0\dot{I}_{\mathrm{P}}$$

$$\dot{I}_C=\dot{U}_0\mathrm{j}\omega_0 C=\mathrm{j}\dot{I}_{\mathrm{P}}R_{\mathrm{P}}\omega_0 C=\mathrm{j}Q_0\dot{I}_{\mathrm{P}}$$

可见,此时流过电感 L 和电容 C 的电流大小相等,方向相反,其相位关系如图 1.6 所示。因此,并联谐振也叫做电流谐振。

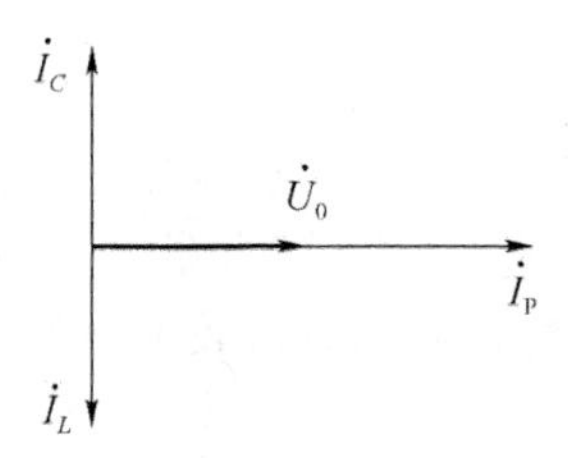

图 1.6　电感、电容电流相位关系

图 1.7 显示了空载 LC 并联回路的阻抗频率特性。由图可知,当输入信号频率等于回路的谐振频率时,即 $\omega=\omega_0$,回路的阻抗值最大,等于纯电阻 R_{P};当 $\omega\neq\omega_0$,则阻抗的模将减小,回路将呈现容抗特性或感抗特性,相角趋向于 $\pi/2$ 或 $-\pi/2$。

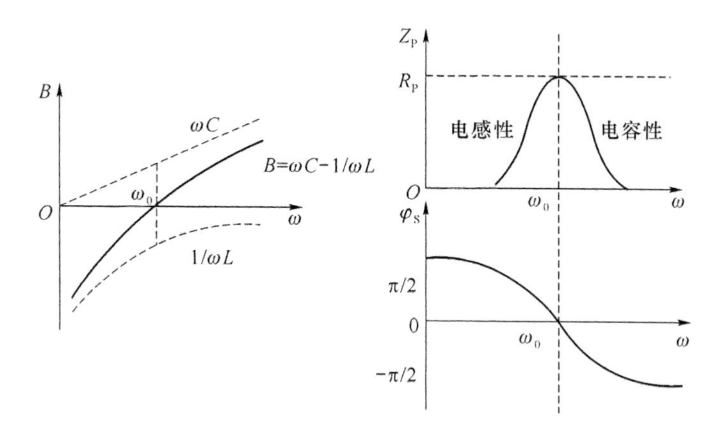

图 1.7　并联谐振回路的阻抗频率特性

1.2.3 LC 串并联谐振回路的选频特性

分析串并联回路的选频特性首先需要知道其传输特征函数。对于串并联回路而言，输入信号和输出信号的关系分别为

$$\dot{H}_S(\omega)=\frac{\dot{I}}{\dot{U}_S}=\frac{1}{\dot{Z}_S(\omega)}=\frac{1}{r+j\left(\omega L-\dfrac{1}{\omega C}\right)} \tag{1.10}$$

$$\dot{H}_P(\omega)=\frac{\dot{U}}{\dot{I}_P}=\frac{1}{\dot{Y}_P(\omega)}=\frac{1}{G_P+j\left(\omega C-\dfrac{1}{\omega L}\right)} \tag{1.11}$$

实际应用中常用归一化函数代替传输函数对 LC 谐振回路进行分析，即实际值与谐振时最大值之比。根据式(1.10)和式(1.11)，有

$$\dot{\alpha}_S(\omega)=\frac{\dot{H}_S(\omega)}{\dot{H}_S(\omega_0)}=\frac{r}{r+j\left(\omega L-\dfrac{1}{\omega C}\right)}=\frac{1}{1+j\dfrac{\omega_0 L}{r}\left(\dfrac{\omega}{\omega_0}-\dfrac{\omega_0}{\omega}\right)}=\frac{1}{1+jQ\left(\dfrac{\omega}{\omega_0}-\dfrac{\omega_0}{\omega}\right)} \tag{1.12}$$

$$\dot{\alpha}_P(\omega)=\frac{\dot{H}_P(\omega)}{\dot{H}_P(\omega_0)}=\frac{G_P}{G_P+j\left(\omega C-\dfrac{1}{\omega L}\right)}=\frac{1}{1+jR_P\omega_0 C\left(\dfrac{\omega}{\omega_0}-\dfrac{\omega_0}{\omega}\right)}=\frac{1}{1+jQ\left(\dfrac{\omega}{\omega_0}-\dfrac{\omega_0}{\omega}\right)} \tag{1.13}$$

由式(1.12)和式(1.13)可见，串并联谐振回路幅频特性相同。通常情况下，谐振回路实际工作频率与谐振频率差值 $\Delta\omega\ll\omega_0$，故式(1.12)和式(1.13)可简化为

$$\dot{\alpha}(\omega)=\dot{\alpha}_P(\omega)=\frac{1}{1+jQ\left(\dfrac{\omega^2-\omega_0^2}{\omega_0\omega}\right)}=\frac{1}{1+jQ\dfrac{(\omega+\omega_0)\Delta\omega}{\omega_0\omega}}\approx\frac{1}{1+jQ\dfrac{2\Delta\omega}{\omega_0}}=\frac{1}{1+j\xi} \tag{1.14}$$

其中，$\xi=Q\dfrac{2\Delta\omega}{\omega_0}$为广义失谐。由式(1.14)可求得谐振回路幅频特性为

$$\alpha_S(\omega)=\alpha_P(\omega)=\frac{1}{\sqrt{1+\xi^2}} \tag{1.15}$$

而谐振回路相频特性可描述为

$$\Psi_S=-\arctan\frac{\omega L-\dfrac{1}{\omega C}}{r}=-\arctan\xi \tag{1.16}$$

$$\Psi_P=-\arctan\frac{\omega C-\dfrac{1}{\omega L}}{G_P}=-\arctan\xi \tag{1.17}$$

可见，串并联谐振回路相频特性也是一致的。根据式(1.15)到式(1.17)，可绘出幅频特性曲线和相频特性曲线如图1.8所示。

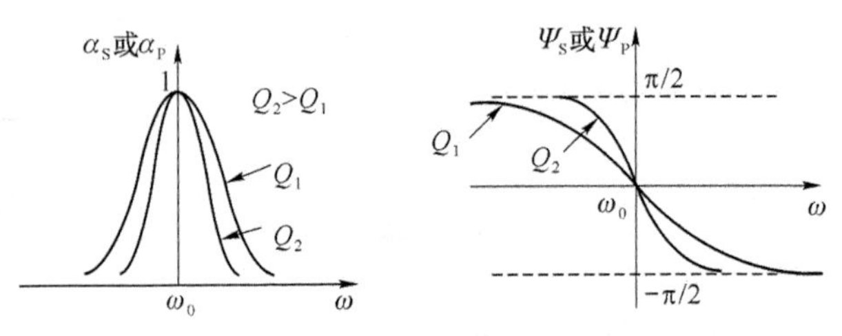

图1.8 幅频和相频特性曲线

1. 回路通频带

由通频带定义可知，令 $\alpha(\omega)=\dfrac{1}{\sqrt{1+\xi^2}}=1$，求得 $\xi=Q\dfrac{2\Delta\omega_{0.7}}{\omega_0}=\pm1$，故带宽为

$$BW_{0.7}=|2\Delta\omega_{0.7}|=\frac{\omega_0}{Q} \tag{1.18}$$

所以由式(1.18)可知通频带 $BW_{0.7}$ 与回路品质因数成反比，回路的品质因数又代表回路的选择性，即回路的通频带和选择性是互相矛盾的两个性能指标。

实际谐振回路品质因数越高，谐振曲线就越尖锐，选择性就越好，而通频带就越窄；如果要增宽频带，就要使品质因数下降，而这样选择性就差了。

2. 矩形系数

由矩形系数的定义可知，理想谐振回路 $K_{0.1}=1$，实际回路中 $K_{0.1}$ 总是大于1的。其数值越大，表示偏离理想值越大；其值越小，表示偏离越小，显然其值越小越好。

令 $\alpha(\omega)=\dfrac{1}{\sqrt{1+\xi^2}}=0.1$，求得 $\xi=Q\dfrac{2\Delta\omega_{0.7}}{\omega_0}=\pm\sqrt{99}$，故 $BW_{0.1}=|2\Delta\omega_{0.1}|=\sqrt{99}\dfrac{\omega_0}{Q}$，根据矩形系数定义，则有

$$K_{0.1}=\frac{BW_{0.1}}{BW_{0.7}}=\sqrt{99}\approx9.95$$

由此可知，单振荡谐振回路的矩形系数是一个定值，与回路的品质因数和谐振频率无关，其值约为9.95，偏离理想回路值较大，说明单振荡谐振回路的幅频特性不理想，选择性不好。

1.2.4 激励源内阻及负载对回路的影响

考虑串并联回路负载后，比较式(1.5)和式(1.6)、式(1.8)和式(1.9)，可看出接入负载后串并联回路的有载品质因数 Q_L 小于空载品质因数 Q_0，因而使选择性变差，抑制外界干扰

的能力降低。通常为了降低负载对回路的影响，应尽量使负载 R_L 的值更大。

【例 1.1】 如图 1.5 所示电路，已知 $L=586\ \mu H$，$C=200\ pF$，$r=12\ \Omega$，R_L 为负载电阻。试求：未接入 R_L 时和 $R_L=200\ k\Omega$ 时，回路的等效品质因数、谐振电阻、通频带。

解：(1) 未接入 R_L 时，依题意可得

$$f_0=\frac{1}{2\pi\sqrt{LC}}=\frac{1}{2\pi\sqrt{586\times10^{-6}\times200\times10^{-12}}}=465\ \text{kHz}$$

$$R_P=\frac{L}{rC}=\frac{586\times10^{-6}}{200\times10^{-12}\times12}=244\ \text{k}\Omega$$

由式(1.8)、式(1.18)有

$$Q_0=R_P\omega_0C=244\times10^3\times2\pi\times465\times10^3\times200\times10^{-12}=143$$

$$\text{BW}_{0.7}=\frac{f_0}{Q_0}=\frac{465\times10^3}{143}=3.3\ \text{kHz}$$

(2) 接入负载电阻 $R_L=200\ k\Omega$ 时，则

$$R_\Sigma=\frac{R_PR_L}{R_P+R_L}=\frac{244\times200}{244+200}\approx110\ \text{k}\Omega$$

$$Q_L=R_\Sigma\omega_0C=110\times10^3\times2\pi\times465\times10^3\times200\times10^{-12}\approx64.5$$

$$\text{BW}_{0.7}=\frac{f_0}{Q_L}=\frac{465\times10^3}{64.5}\approx7.2\ \text{kHz}$$

1.3 回路的阻抗变换

1.3.1 串并联回路的阻抗等效互换

前面已讨论过串联和并联 LC 回路的特性，实际电路中可能既有串联又有并联回路，为分析方便，需要把一种形式转换成另一种形式，所以要讨论串并联回路的阻抗等效互换。

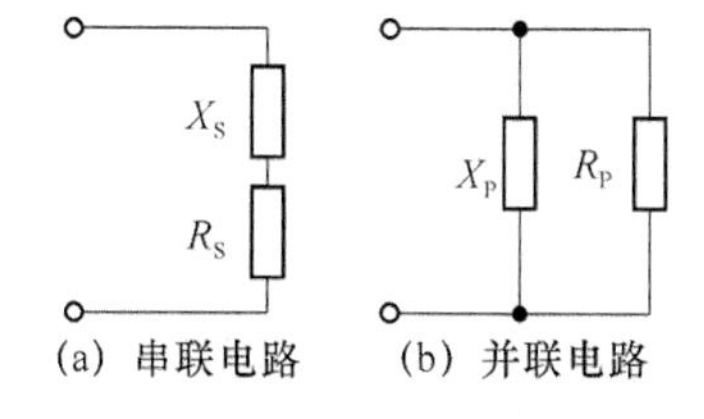

图 1.9　串并联等效互换

图 1.9 是串联与并联回路等效互换电路，其中，图 1.9(a)是串联回路，由电抗 X_S 与电阻 R_S 串联组成；等效后的并联回路如图 1.9(b)所示，由电抗 X_P 和电阻 R_P 并联组成。等效是指在相同工作频率条件下，以上串联和并联回路两端的阻抗相等，即

$$R_S+jX_S=\frac{R_PjX_P}{R_P+jX_P}=\frac{R_PX_P^2}{R_P+X_P^2}+j\,\frac{R_P^2X_P}{R_P^2+X_P^2}\tag{1.19}$$

所以有

$$R_S=\frac{R_PX_P^2}{R_P^2+X_P^2}=\frac{R_P}{\left(\frac{R_P}{X_P}\right)^2+1}\tag{1.20}$$

$$X_S=\frac{R_P^2X_P}{R_P^2+X_P^2}=\frac{X_P}{1+\left(\frac{X_P}{R_P}\right)^2} \tag{1.21}$$

由于串并联回路等效，故品质因数 $Q_1=\frac{X_S}{R_S}=Q_2=\frac{R_P}{X_P}$，代入式(1.20)、式(1.21)得

$$R_P=R_S(Q_1^2+1) \tag{1.22}$$

$$X_P=X_S\left(1+\frac{1}{Q_1^2}\right) \tag{1.23}$$

通常 $Q\gg1$，所以 $R_P=R_SQ_1^2, X_P\approx X_S$。

结果说明，串并联等效转换后，并联回路的 R_P 为串联回路 R_S 的 Q^2 倍，而并联回路电抗 X_P 和串联回路电抗 X_S 相同。

1.3.2 回路部分接入的阻抗变换

并联谐振回路常用作放大器的负载，要与本级晶体管的集电极和下级负载相连接。晶体管的输出阻抗较低，下一级晶体管的输入阻抗通常更低。并联回路谐振阻抗很高，如直接并接，阻抗不能匹配，晶体管放大器的输出功率会下降，电压增益降低，回路品质因数下降，选择性变差。为避免这种情况出现，通常采用回路部分接入的方式。

1. 变压器耦合连接

图 1.10(a)是变压器耦合连接及其阻抗变换等效电路，其中 U_1、U_2 分别为初次级回路电压幅值；N_1、N_2 分别为变压器初次级电感绕组匝数；R_L 为二次绕组抽头接入的负载电阻；R'_L 为 R_L 等效到初级回路的电阻。根据变压器原理有

$$\frac{U_1}{U_2}=\frac{N_1}{N_2}, \frac{L_1}{L_2}=\frac{N_1}{N_2} \tag{1.24}$$

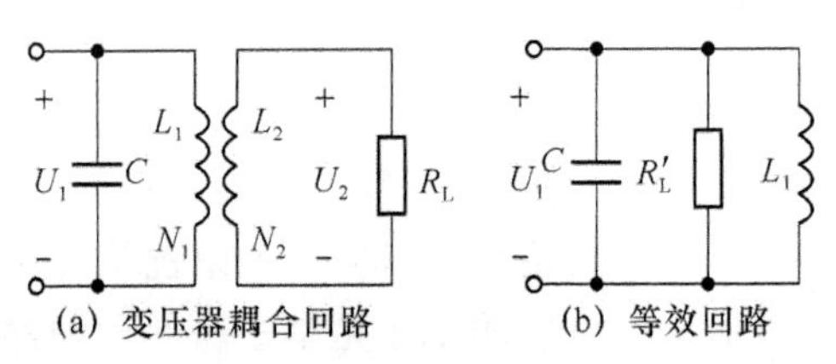

图 1.10 变压器耦合连接及其阻抗变换等效电路

由于图 1.10(a)、(b)等效，故在负载电阻 R_L 和 R'_L 上消耗功率相等，即

$$P_L=\frac{U_1^2}{2R_L}=P'_L=\frac{U_2^2}{2R'_L} \tag{1.25}$$

联立式(1.24)和式(1.25)可得

$$R'_L=\frac{U_1^2}{U_2^2}R_L=\frac{L_1^2}{L_2^2}R_L=\frac{N_1^2}{N_2^2}R_L=R_L/p^2 \tag{1.26}$$

式中，$p=L_2/L_1=N_2/N_1$，称为耦合系数或接入系数。接入系数 p 越小，次级回路负载 R_L 等效到初级回路阻抗 R'_L 越大，对回路的影响越小。

变压器式耦合连接能实现阻抗变换，还可以避免一、二次回路间的直流影响，常用作上、下级放大器间的耦合连接。

2. 自耦变压器耦合连接

图 1.11 是自耦变压器抽头接入电路及其阻抗变换的等效电路。

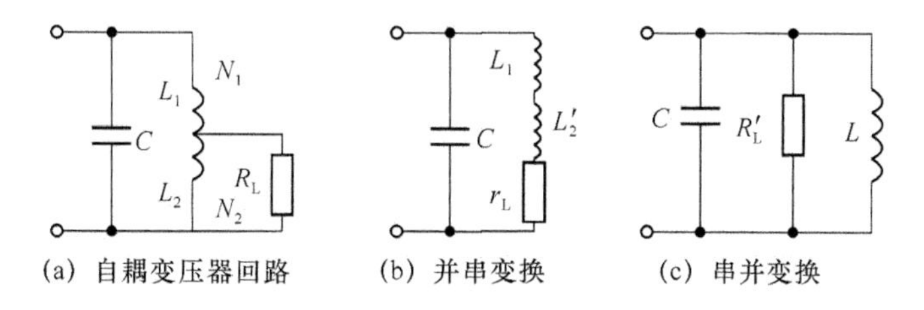

图 1.11　自耦变压器连接及其阻抗变换等效电路

首先，利用串并联变换关系将图 1.11(a)变换为图 1.11(b)的串联形式，根据式(1.22)和式(1.23)，有

$$r_{\mathrm{L}} \approx \frac{R_{\mathrm{L}}}{Q_1^2} = \frac{R_{\mathrm{L}}}{\left(\dfrac{R_{\mathrm{L}}}{\omega_0 L_2}\right)^2} = \frac{(\omega_0 L_2)^2}{R_{\mathrm{L}}} \tag{1.27}$$

$$L'_2 = L_2\left(1 + \frac{1}{Q_1^2}\right) \approx L_2 \tag{1.28}$$

再将图 1.11(b)变换为图 1.11(c)的并联形式，则

$$L = L_1 + L'_2 \tag{1.29}$$

$$R'_{\mathrm{L}} \approx r_{\mathrm{L}} Q_2^2 = r_{\mathrm{L}}\left[\frac{\omega_0 (L_1 + L'_2)}{r_{\mathrm{L}}}\right]^2 = \frac{\omega_0^2 (L_1 + L'_2)^2}{r_{\mathrm{L}}} \tag{1.30}$$

联立式(1.27)到式(1.30)，可得

$$R'_{\mathrm{L}} = \left(\frac{L}{L_2}\right)^2 R_{\mathrm{L}} = \left(\frac{N_1 + N_2}{N_2}\right)^2 R_{\mathrm{L}} = R_{\mathrm{L}}/p^2 \tag{1.31}$$

式中，接入系数 $p = L_2/L = N_2/(N_1 + N_2)$，定义 $p = N_2/N_1$ 为接入系数，即抽头接入的匝数 N_2 与总匝数 N_1 之比。

3. 电容分压耦合连接

图 1.12 是电容分压接入电路及其阻抗变换等效电路。变换前后电阻之间的关系仍可利用串并联变换网络进行推导。

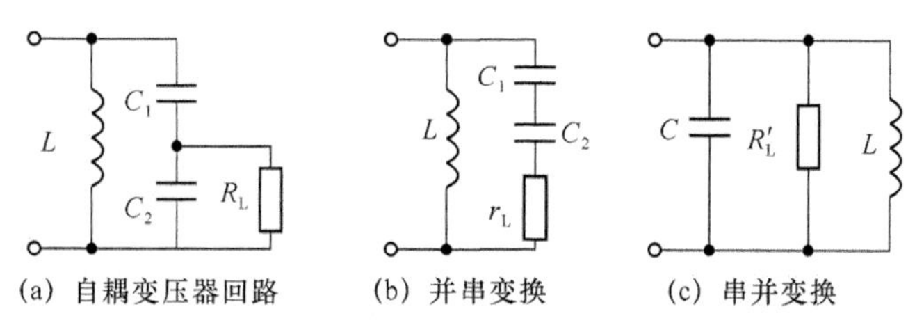

图 1.12　电容分压耦合连接及其阻抗变换等效电路

可推导出

$$C=\frac{C_1C_2}{C_1+C_2} \tag{1.32}$$

$$R'_{\mathrm{L}}=R_{\mathrm{L}}\left(\frac{\frac{1}{C}}{\frac{1}{C_2}}\right)^2=R_{\mathrm{L}}\left(\frac{C_1+C_2}{C_1}\right)^2=R_{\mathrm{L}}/p^2 \tag{1.33}$$

由式(1.33)可知,$R'_{\mathrm{L}} \geqslant R_{\mathrm{L}}$,接入系数 p 越小,负载 R_{L} 的等效阻抗 R'_{L} 越大,对回路的影响越小。电容分压耦合连接方式,可通过改变分压电容的数值来实现阻抗变换,可避免线圈抽头的麻烦。

综合上述 3 种变换网络,可知变换前后电阻关系式均为

$$R'_{\mathrm{L}}=R_{\mathrm{L}}/\ p^2 \tag{1.34}$$

其中,接入系数或耦合系数 p 的求取方法可描述为:变换前电阻 R_{L} 对应的感抗或容抗比变换后电阻 R'_{L} 对应的感抗或容抗的值。

4. 部分接入等效变换的推广

上面以电阻 R_{L} 的等效变换为例推导了各种连接形式的变化关系,可进一步将上述变化关系推广到电导、电抗、电容、电流源和电压源的等效变换。

由式(1.34)推广到其他量可得

$$\left.\begin{aligned} g'_{\mathrm{L}}&=p^2 g_{\mathrm{L}}\\ X'_{\mathrm{L}}&=\frac{X_{\mathrm{L}}}{p^2}\\ C'_{\mathrm{L}}&=p^2 C_{\mathrm{L}}\\ I'_{\mathrm{S}}&=pI_{\mathrm{S}}\\ U'_{\mathrm{S}}&=\frac{U_{\mathrm{S}}}{p} \end{aligned}\right\} \tag{1.35}$$

其中,接入系数或耦合系数 p 为变换前元件对应的感抗或容抗比变换后元件对应的感抗或容抗的值。

1.4* 耦合回路

1.4.1 耦合回路的概念

LC 单调谐回路虽有一定的选频作用,但选频特性不理想,单调谐回路的谐振曲线与理想的矩形曲线相差很远,其矩形系数 $K_{0.1}$ 远大于 1($K_{0.1} \approx 9.95$)。为得到接近矩形的幅频特性,可用两个或以上的单振荡回路组成耦合回路来获得较好的选频性能。

图 1.13 是两种常用的耦合回路。图 1.13(a)是互感耦合串联型回路,图 1.13(b)是电

容耦合并联型回路。为分析方便，串并联回路可以等效互换。

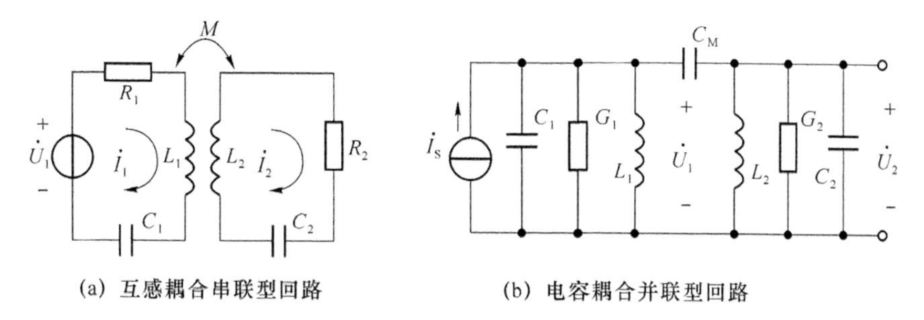

(a) 互感耦合串联型回路　　(b) 电容耦合并联型回路

图 1.13　电容分压耦合连接及其阻抗变换等效电路

耦合回路中接有激励信号源的回路称为一次回路，与负载相接的回路称为二次回路。一、二次回路一般都是谐振回路。

对于耦合回路，其特性和功能与两回路的耦合程度密切相关。按耦合参量的大小，耦合回路可分为强耦合、弱耦合和临界耦合3种情况。为说明回路间的耦合程度，常用耦合系数k来表示。耦合系数的定义是耦合回路中耦合元件电抗绝对值(电阻耦合回路为电阻值)与一、二次回路中同性元件电抗(或电阻值)的几何中项的比值。

图 1.13(a)中，互感耦合回路耦合系数

$$k=\frac{M}{\sqrt{L_1L_2}} \tag{1.36}$$

式中，M为互感耦合回路的互感量。

图 1.13(b)中，电容耦合回路耦合系数

$$k=\frac{C_M}{\sqrt{(C_1+C_M)(C_2+C_M)}} \tag{1.37}$$

由耦合系数的定义可知，耦合系数是一个无量纲的常数，其值是小于1的正数。

1.4.2 耦合回路的频率特性

为分析方便，假定一、二次回路参量相同，即图 1.13 中，$L_1=L_2=L$，$C_1=C_2=C$，$f_{01}=f_{02}=f_0$，$Q_1=Q_2=Q$。

由于串并联回路可以等效互换，并联回路分析较方便，下面就以图 1.13(b)所示电容耦合并联回路进行分析，写出电路的节点电流方程

$$\left.\begin{aligned}\dot{U}_S&=\dot{I}_1\left(R_1+j\omega L_1+\frac{1}{j\omega C_1}\right)-j\omega M\dot{I}_2\\0&=\dot{I}_2\left(R_2+j\omega L_2+\frac{1}{j\omega C_2}\right)-j\omega M\dot{I}_1\end{aligned}\right\} \tag{1.38}$$

通过分析求解和适当简化，定义$\xi=Q\dfrac{2\Delta\omega}{\omega_0}$为广义失谐因子；$\eta=kQ=\dfrac{M}{L}\cdot\dfrac{\omega M}{R}=\dfrac{\omega M}{R}$为耦合因数。

可得耦合回路的转移导纳为

$$\dot{Y}_{21}=\frac{\dot{I}_2}{\dot{U}_1}=\frac{-\mathrm{j}\omega M/R}{R[(1+\mathrm{j}\xi)^2+(\omega M)^2]}=-\frac{1}{R}\frac{\mathrm{j}\eta}{(1+\eta^2-\xi^2)+2\mathrm{j}\xi} \tag{1.39}$$

显然，当 $\eta=1,\zeta=0$ 时，$\dot{Y}_{21}$ 取最大值 $\dot{Y}_{21\max}=-\mathrm{j}/2R$，于是可得转移导纳归一化值为

$$\dot{\alpha}(\xi,\eta)=\frac{\dot{Y}_{21}}{\dot{Y}_{21\max}}=\frac{2\eta}{(1+\eta^2-\xi^2)+2\mathrm{j}\xi} \tag{1.40}$$

其幅频特性为

$$\alpha(\xi,\eta)=\frac{Y_{21}}{Y_{21\max}}=\frac{2\eta}{\sqrt{(1+\eta^2-\xi^2)^2+4\xi^2}}=\frac{2\eta}{\sqrt{(1+\eta^2)^2+2(1-\eta^2)\xi^2+\xi^4}} \tag{1.41}$$

这就是耦合谐振回路谐振曲线的通用表示式。它对于各种单一电抗耦合方式，各种谐振方法都是适用的。

式(1.41)与单回路谐振曲线方程相比，耦合回路的归一化函数 $\alpha(\xi,\eta)$ 不仅是广义失谐量 ζ 的函数，而且也是耦合因数 η 的函数。可画出耦合回路归一化函数幅频曲线，如图 1.14 所示。

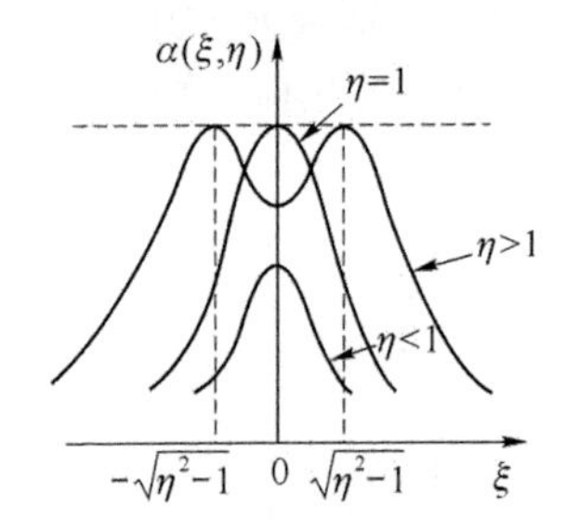

图 1.14　耦合回路归一化函数幅频曲线

可以看出，$\alpha(\xi,\eta)$ 曲线随 ζ 和 η 值变化，耦合因数 η 的值不同，回路频率特性也不同。

(1) $\eta=1$，即 $kQ=1$ 称为临界耦合，这是最常用的耦合情况。

由图 1.14 可见临界耦合时谐振曲线是顶部较平坦的单峰曲线。在谐振点上，$\zeta=0$，此时 $\alpha(\xi,\eta)$ 为最大值。可求出临界耦合时：

① 谐振曲线的通频带 $\mathrm{BW}_{0.7}$

由

$$\alpha(\xi,\eta)|_{\eta=1}=\frac{2}{\sqrt{4+\xi^4}}=\frac{1}{\sqrt{2}}$$

可得

$$\mathrm{BW}_{0.7}=2\Delta f_{0.7}=\sqrt{2}\frac{f_0}{Q} \tag{1.42}$$

即耦合回路通频带是单谐振回路通频带的 $\sqrt{2}$ 倍。

② 矩形系数 $K_{0.1}$

由

$$\alpha(\xi,\eta)|_{\eta=1}=\frac{2}{\sqrt{4+\xi^4}}=\frac{1}{10}$$

可得

$$\mathrm{BW}_{0.1}=2\Delta f_{0.1}=\sqrt[4]{100-1}\,\frac{\sqrt{2}f_0}{Q}$$

故
$$K_{0.1}=\frac{BW_{0.1}}{BW_{0.7}}=\sqrt[4]{99}\approx 3.16 \tag{1.43}$$

可见耦合回路的矩形系数 3.16 远小于单振荡回路的矩形系数 9.95，距离理想数值 1 较近。这说明耦合回路的谐振特性较为理想，其选择性较好，通频带较宽，较好地解决了回路选择性和通频带之间的矛盾。

(2) $\eta<1$，即 $kQ<1$ 称为弱耦合，其谐振曲线与单谐振回路相似，也呈单峰形式。当耦合很弱时，双调谐回路的通频带比单调谐回路要窄。

(3) $\eta>1$，即 $kQ>1$ 称为强耦合，其谐振曲线为双峰曲线，在 $\zeta=0$ 处出现谷点，曲线峰与峰间的宽度可由下式计算

$$B_{P-P}=\sqrt{\eta^2-1}\,\frac{f_0}{Q} \tag{1.44}$$

当 η 越大时，谐振曲线两峰间距离越宽，在 $\zeta=0$ 处出现谷点。

此时
$$\alpha(\xi,\eta)\big|_{\xi=0}\frac{2\eta}{1+\eta^2}<1 \tag{1.45}$$

可见，当 η 越大时，式(1.45)数值越小，即谐振曲线在谐振频率处的凹陷越大。

显然 η 值太大时造成谐振曲线顶部明显凹陷将偏离理想矩形特性。所以耦合回路通常选择 $\eta=1$ 的临界状态和 η 稍大于 1 时的情况，此时谐振曲线顶部较宽而平坦，较接近理想矩形特性，通频带较宽，选择性较好。

以上分析是在假定一、二次回路参量相同的情况下获得的，实际情况假定的条件不一定满足，但仍可参考以上分析。

耦合回路的谐振曲线较接近理想特性，在需兼顾选择性相通频带的情况下经常采用，例如用在双调谐放大电路，但因其有两个谐振回路，调整较复杂。

1.5　滤波电路

在无线电通信电路中，经常需要从含有多个频率分量的复杂信号中分离出所需要的频率分量或频段，或者滤除不需要的频率分量或频段。为此把对信号的某些频率或频段有通过或阻挡作用的电路，即有分离信号中频率分量作用的电路称为滤波器。滤波器是一种对频率有选择作用的二端口网络。

把容易通过滤波器的信号频率范围称为滤波器的通带；把不能通过滤波器的信号频率范围称为滤波器的阻带；位于通带和阻带交界处的频率称为截止频率。

理想滤波器的性能如下。

(1) 在通带内信号的衰减为 0，可顺利通过。

(2) 在阻带内信号的衰减为无穷大，不能通过。

(3) 在截止频率处，衰减发生突变。

实际滤波器的性能只能是接近于理想滤波器的性能，即在通带内信号的衰减很小，容易通过；在阻带内信号的衰减很大，难以通过；在截止频率处，衰减变化很大。

滤波器有许多不同的种类。根据组成元件的不同可分为：

(1) 由电感和电容组成的 LC 滤波器；

(2) 由电阻和电容组成的 RC 滤波器；

(3) 由压电晶体材料制成的晶体滤波器和陶瓷滤波器等。

根据滤波器的性能和通频带范围又可分为：

(1) 低通滤波器，通频带范围从 0 到某一截止频率 f_c；

(2) 高通滤波器，通频带范围从某一截止频率 f_c 到无穷大；

(3) 带通滤波器，通频带范围在两个截止频率 f_{c1} 到 f_{c2} 之间，低于 f_{c1} 或高于 f_{c2} 的信号频率均不能通过；

(4) 带阻滤波器，信号在两个截止频率 f_{c1} 到 f_{c2} 之间不能通过，而低于 f_{c1} 或高于 f_{c2} 的信号频率都可以通过。

本章开始所介绍的 LC 串并联谐振回路就属于 LC 谐振滤波器，也是窄带带通滤波器。下面再简单介绍几种其他形式的滤波器。

1.5.1 石英晶体滤波器

无线电通信技术的发展，对滤波器性能要求越来越高。要求其工作频率稳定，阻带衰减特性陡峭，这就要求滤波器元件品质因数(Q 值)很高。前述 LC 谐振滤波器，由于电感 L 的品质因数不高(Q 通常为 70～200)，因此很难满足这样的要求。用特殊方式切割的石英晶体片构成的石英晶体谐振器，其品质因数很高，可达几万。因此用石英晶体谐振器组成的滤波器有很好的性能，其工作频率稳定度很高，阻带衰减特性陡峭，通带衰减很小，而且体积小，不需调谐，使用方便。

1. 石英晶体的压电效应与谐振

石英是一种高硬度的六角形晶体，它的化学成分是二氧化硅，性质很稳定。按一定方位切割的石英晶体片有正反压电效应。按一定方向给晶体片施力或机械振动，晶体表面会产生电荷或电振荡，这称为正压电效应。当给晶体加上交变电压时，石英晶体片会产生相应频率的机械振动，这称为反压电效应。

石英晶体的机械振动有一个固有振动频率，此频率与晶体的厚度成反比，即晶体片越薄则其固有振动频率越高。当给晶体外加的交变电压频率与晶体的固有振动频率相同时，晶体片就产生谐振。这时机械振动幅度最大，相应晶体表面产生的电荷量最大，外电路中电流也最大。因此石英晶体具有谐振电路特性。

2. 石英晶体谐振器

在石英晶体片的两面喷涂金属层，并夹在一对金属片之间，再从两金属片上引出电极，就构成了一个石英晶体谐振器，如图 1.15(a)所示。石英晶体谐振器的电路图形符号如图 1.15(b)所示。石英晶体谐振器的等效电路如图 1.15(c)所示，图中 L_S、r_S、C_S 支路是谐振器的等效电路。其中，等效电感 L_S 相当于晶体的质量(惯性)；等效电容 C_0 相当于晶体的等效弹性模数；等效损耗电阻 r_S 相当于振动的摩擦损耗；静电容 C_0 是晶体两面金属层形成的电容，其值为几 pF 到几十 pF。

石英晶体的特点是等效电感 L_S 特别大，而等效电容 C_S 特别小，等效损耗电阻 r_S 也很小。由于 $Q_S=\frac{1}{r_S}\sqrt{\frac{L_S}{C_S}}$，所以石英晶体的品质因数 Q_S 非常高，可达几万甚至几百万，远高于普通 LC 回路。由于品质因数高，所以石英晶体谐振器选择性很好，通频带很窄。

石英晶体谐振器有两个谐振频率，一个是串联谐振频率 f_S，另一个是并联谐振频率 f_P。

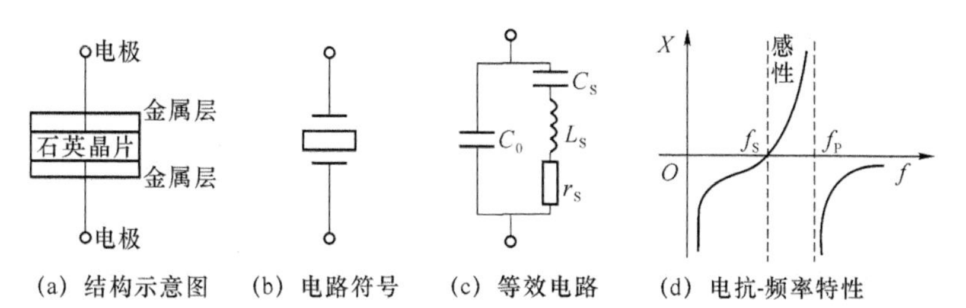

图 1.15　石英晶体谐振器

串联谐振频率为

$$f_S=\frac{1}{2\pi\sqrt{L_S C_S}} \tag{1.46}$$

此时石英晶体谐振器的等效阻抗最小。

并联谐振频率为

$$f_P=\frac{1}{2\pi\sqrt{L_S\frac{C_S C_0}{C_S+C_0}}} \tag{1.47}$$

因 $C_S \ll C_0$，所以 f_P 略高于 f_S。

石英晶体谐振器的电抗特性如图 1.15(d)所示，由图 1.15(d)可看出，在区间 $f_S<f<f_P$，电抗为感性，在区间外电抗为容性。

3. 石英晶体滤波器

利用石英晶体谐振时的阻抗特性可以作滤波器，由于其品质因数很高，所以滤波器选择性很好，阻带衰减特性陡峭，工作频率稳定。石英晶体两个谐振频率 f_S 和 f_P 之间的宽度就决定了滤波器的通带宽度。因两谐振频率很接近，所以通带宽度很窄。有时希望适当移动滤波器的通带，通常可外加电感与石英晶体串联或并联来实现。

石英晶体与电感串联后，由于串联电感增加，串联谐振频率下降，所以通带向低频方向偏移。如石英晶体与电感并联，并联谐振频率变高，通带向高频方向偏移。

1.5.2 陶瓷滤波器

陶瓷滤波器(ceramic filter)是用具有压电性能的陶瓷，如铁钛酸铅为材料做成的滤波器，它的电性能与石英晶体滤波器相似。当其两端加上和陶瓷薄片几何尺寸相应频率的交变电压时，就会产生谐振，呈现低阻抗，而对其他频率的交变电压，则呈现高阻抗。这种性能和 LC 串联谐振回路类似，因此可代替电路中的 LC 谐振回路用作滤波器。陶瓷滤波器的等

效品质因数 Q 可达几百，比 LC 滤波器高，但比石英晶体滤波器低。因此其选择性比 LC 滤波器好，比石英晶体滤波器差；其通带比石英晶体滤波器宽，比 LC 滤波器窄。陶瓷滤波器具有体积小、易制作、稳定性好、无须调整等优点，现广泛用于接收机和电子仪器电路中。

陶瓷滤波器有两端和三端两种类型。

1. 两端陶瓷滤波器

两端陶瓷滤波器的结构示意图、电路图形符号及等效电路如图 1.16 所示。它的等效电路与石英晶体相同，它也有串联和并联两个谐振频率。

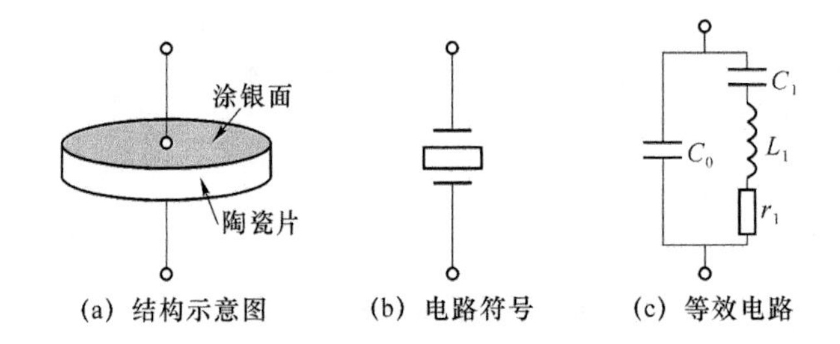

图 1.16 两端陶瓷滤波器及其等效电路

串联谐振频率为

$$f_S=\frac{1}{2\pi\sqrt{L_1C_1}} \tag{1.48}$$

此频率时，陶瓷滤波器阻抗最小。

并联谐振频率为

$$f_P=\frac{1}{2\pi\sqrt{L_1\dfrac{C_1C_0}{C_1+C_0}}} \tag{1.49}$$

此频率时，陶瓷滤波器阻抗极大。

两端陶瓷滤波器相当于一个单谐振回路，由于它频率稳定，选择性好，具有适当的带宽，常把它做成固定的中频滤波器使用。

2. 三端陶瓷滤波器

图 1.17 是三端陶瓷滤波器的结构示意图、电路图形符号和等效电路，图中 1 和 3 端是输入端；2 和 3 端是输出端。

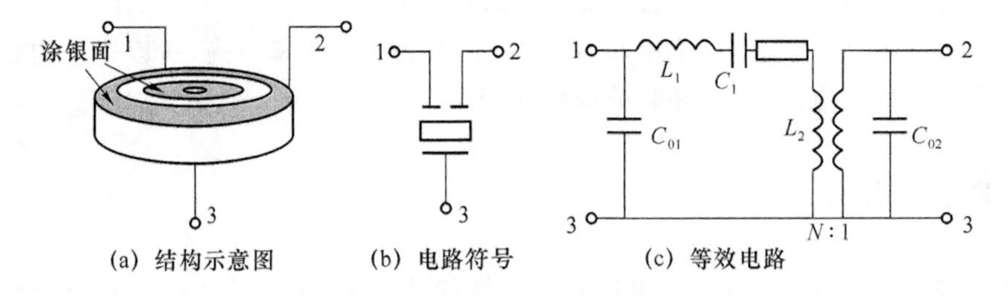

图 1.17 三端陶瓷滤波器及其等效电路

当 1 和 3 端输入信号时，如果信号频率等于陶瓷滤波器的串联谐振频率，则陶瓷片便产生相当于谐振频率的机械振动。由于压电效应，2 和 3 端将产生频率为谐振频率的输出电压。三端陶瓷滤波器的等效电路相当于一个双调谐耦合回路，具有较好的选择性和适当的带宽，它可以代替中频放大电路中的中频变压器，它的优点是无需调整。图 1.18 是三端陶瓷滤波器代替中频变压器的应用电路。现在，三端陶瓷滤波器在集成电路接收机中被广泛使用。

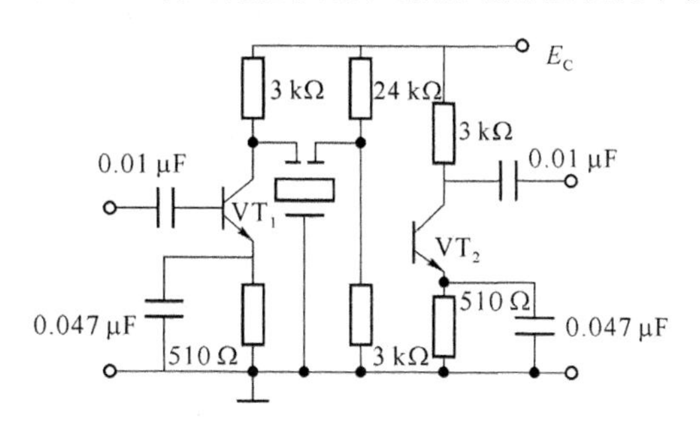

图 1.18　三端陶瓷滤波器应用电路

1.5.3 声表面波滤波器

声表面波滤波器是一种新型电子元件，常称为 SAWF(Surface Acoustic Wave Filter)。这种滤波器有体积小，中心频率很高，相对带宽较宽，接近理想的矩形选频特性，稳定性好，无须调整等特点，在电视接收机中被广泛使用。

1．声表面波滤波器的工作原理

图 1.19 是声表面波滤波器结构示意图。在压电材料基片表面上，敷有金属膜，光刻成叉指形的两组金属电极，称为叉指换能器。输入端的电声换能器称为输入换能器，输出端的声电换能器称为输出换能器。

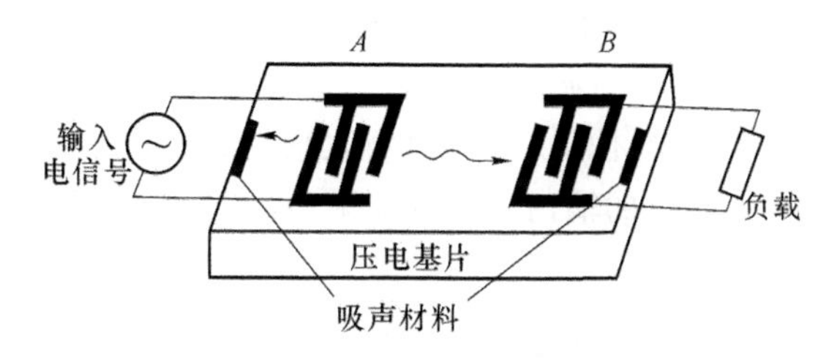

图 1.19　声表面波滤波器结构示意图

如果在输入换能器上加上交变电信号，在金属叉指间就产生相应的交变电场。由于压电材料的反压电效应，在压电材料基片表面上激起声表面波，声表面波沿基片表面向输出端传递。内于压电材料的正压电效应，输出换能器又将声表面波转换为交变电信号加到外接负载上。

2．声表面波滤波器的幅频特性

声表面波滤波器的频率特性取决于叉指电极的几何形状，与它的数量、位置和疏密相关，通过改变叉指电极的几何条件，就可控制声表面波的中心频率、带宽、幅度和相位。

图 1.19 中可见，由于第一叉指电极和第二叉指电极的极性相反，它们激起的声波相位相差 180°；如果将两叉指的距离做成某一频率的半波长，则第一叉指激起的声波传到第二叉指延时 180°，正好与第二叉指激起的声波相差 360°，因相位相同，叠加后振幅最大。而对其他频率的声波，则由于相位不同振幅迅速衰减，所以一对叉指就相当于一个 LC 谐振回路。由于声表面波的传播速度比电磁波速度慢很多，大约只有电磁波速度的 $1/10^5$，所以它的波长很短，如频率为 30 MHz 的声表面波的波长约为 1 mm，因此在一个 SAWF 上可做许多对叉指电极。由于一对叉指就相当于一个 LC 谐振回路，所以一个 SAWF 在性能上就相当于一个多级 LC 滤波器，具有很好的选频性能和较宽的通频带。由此可见，SAWF 的频率特性只与叉指形电极的几何形状和数量有关，只要设计合理，用光刻技术制造，可保证有较高精度，使用时不需调整。

实际做成的声表面波电视中频滤波器的幅频特性如图 1.20 所示。可见它有接近矩形的幅频特性，具有很好的选择性和较宽的频带宽度。但由于其内部有多次电声转换，因此存在损耗较大和有回波干扰的缺点。

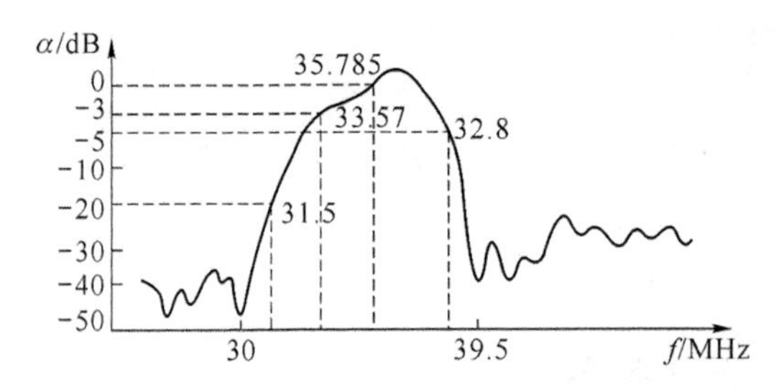

图 1.20　声表面波电视中频滤波器的幅频特性

3. 声表面波滤波器的应用

声表面波滤波器常用在电视机中对中频进行选频滤波，如图 1.21 所示，图中 Z_{101} 就是声表面波滤波器(SAWF)，由于声表面波滤波器的插入损耗较大，因此通常在它的前面加一级前置中频放大，称为预中放，以补偿 SAWF 的插入损耗；图中 VT_{161} 就是预中放管；L_{102} 是 SAWF 的匹配电感，它与 SAWF 的输出电容构成谐振回路，使 SAWF 的输出端与集成电路 IC_{101} 的输入端匹配。

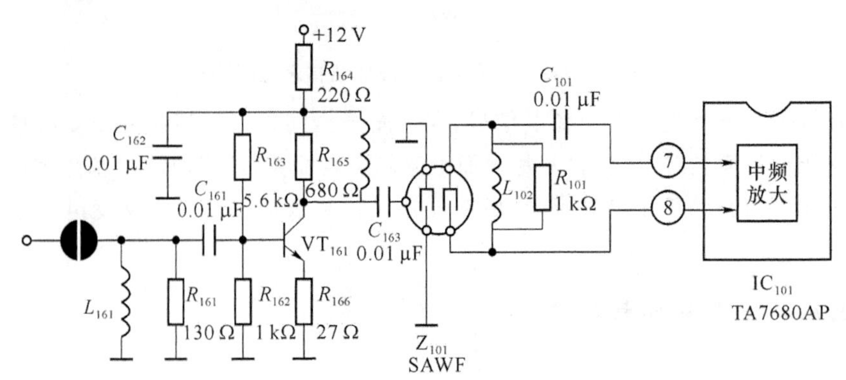

图 1.21　声表面波滤波器在电视中的应用

习　　题

1.1　已知并联谐振回路的电感 $L=1\ \mu\mathrm{H}$，$C=20\ \mathrm{pF}$，空载 $Q=100$。求：谐振频率 f_0，谐振电阻 R_P，通频带 $BW_{0.7}$。

1.2　并联谐振回路的 $f_0=10\ \mathrm{MHz}$，$C=50\ \mathrm{pF}$，$BW_{0.7}=150\ \mathrm{kHz}$。求：回路的电感 L，空载 Q 值。

1.3　在题图 1.1 所示电路中，信号源频率 $f_0=10\ \mathrm{MHz}$，信号源电压振幅 $U_{sm}=0.1\ \mathrm{V}$，回路空载 Q 值为 100，r 是回路损耗电阻。将 1～2 端短路，电容 C 调至 100 pF 时回路谐振。如将 1～2 端开路后再串接一阻抗 Z_x（由电阻 R_x 与电容 C_x 串联），则回路失谐；C 调至 200 pF 时重新谐振，这时回路空载 Q 值为 50。试求电感 L、电阻 R_x 和电容 C_x。

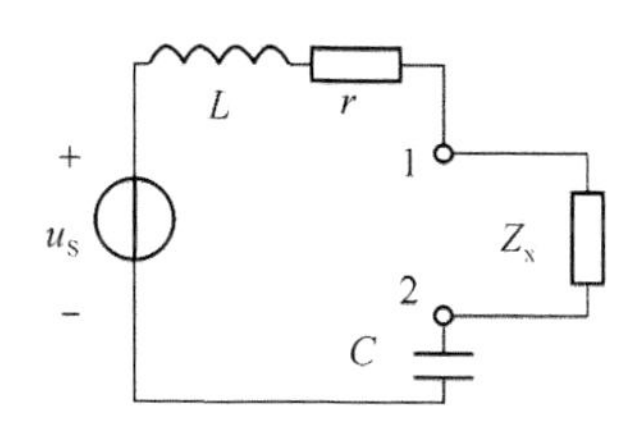

题图 1.1

1.4　在题图 1.2 所示电路中，已知回路谐振频率 $f_0=465\ \mathrm{kHz}$，$Q_0=100$，$N=160$ 匝，$N_1=40$ 匝，$N_2=10$ 匝，$C=200\ \mathrm{pF}$，$R_S=16\ \mathrm{k\Omega}$，$R_L=1\ \mathrm{k\Omega}$。试求回路电感 L、有载 Q 值和通频带 $BW_{0.7}$。

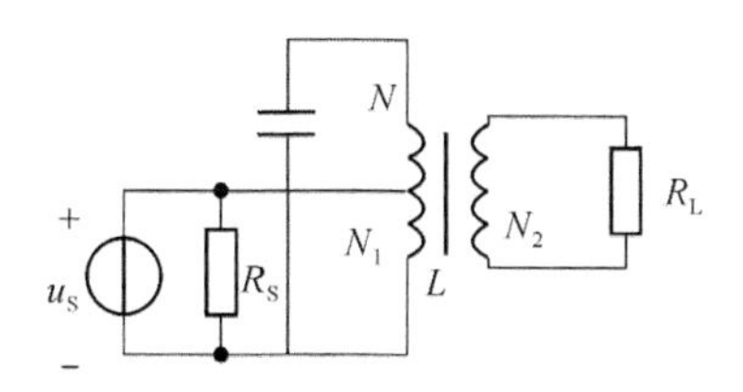

题图 1.2

1.5　设计一个 LC 选频匹配网络，使 50 Ω 的负载与 20 Ω 的信号源电阻匹配。如果工作频率是 20 MHz，则各元件值为多少？

1.6　(1) 并联谐振回路如题图 1.3 所示。已知通频带 $BW_{0.7}=2\Delta f_{0.7}$，电容为 C，若回路总电导 $g_\Sigma=g_S+G_P+G_L$。试证明：$g_\Sigma=4\pi\Delta f_{0.7}C$。

(2) 若给定 $C=20\ \mathrm{pF}$，$2\Delta f_{0.7}=6\ \mathrm{MHz}$，$R_P=10\ \mathrm{k\Omega}$，$R_S=10\ \mathrm{k\Omega}$，求 R_L。

1.7　如题图 1.4 所示电路中，已知 $C_1=50\ \mathrm{pF}$，$C_2=15\ \mathrm{pF}$，$R_S=75\ \Omega$，$R_L=300\ \Omega$。为使

电路实现匹配，则 N_1/N_2 应是多少？

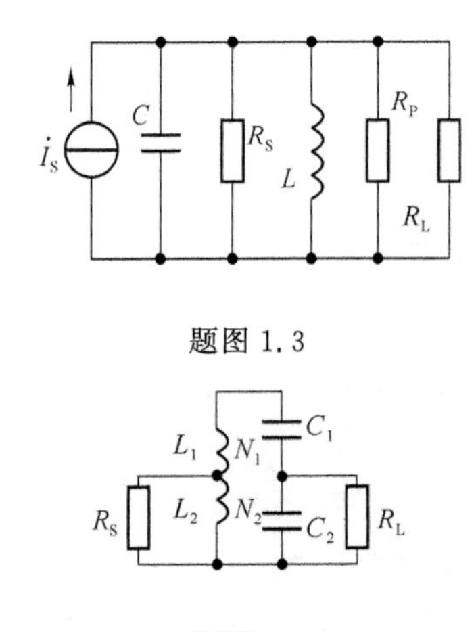

题图 1.3

题图 1.4

1.8　什么是临界耦合？临界耦合时谐振曲线有什么特点？耦合回路与单谐振回路相比有什么优缺点？

1.9　电容耦合双调谐回路的耦合电容加大时，回路的通频带、选择性将如何变化？为什么？

高频小信号放大器

2.1 概　述

高频小信号放大器是通信设备中常用的功能电路，其功能是从接收到的有用信号和大量干扰信号的混合产物中，选择出一个具有一定带宽的有用信号并且加以放大，同时有效地抑制其他的无用信号（称为干扰信号），即同时具备放大功能和选频功能。因此，高频小信号放大器是由放大器件和选频器件组合而成的。

高频小信号放大器按使用的器件可分为晶体管放大器、场效应管放大器和集成电路放大器；若按放大信号的通带宽窄可分为窄带放大器和宽带放大器；按负载的性质可分为谐振放大器和非谐振放大器。

高频小信号放大器的主要性能指标包括电压增益与功率增益、通频带、矩形系数、工作稳定性和噪声系数。

1. 电压增益与功率增益

电压增益等于放大器输出电压与输入电压之比；而功率增益 A_P 等于放大器输出给负载的功率与输入功率之比，通常用分贝（dB）来表示。

2. 通频带

通频带的定义是放大器的电压增益下降到最大值的 $1/\sqrt{2}$ 倍时，所对应的频带宽度，常用 $BW_{0.7}$ 或 $2\Delta f_{0.7}$ 来表示。

3. 选择性

从各种不同频率的信号的总和（有用的和有害的）中选出有用信号，抑制干扰信号的能力称为放大器的选择性。选择性常采用矩形系数和抑制比来表示。

(1) 矩形系数

矩形系数是表征放大器选择性好坏的一个参量。而选择性是表示选取有用信号,抑制无用信号的能力。理想的频带放大器应该对通频带内的频谱分量有同样的放大能力,而对通频带以外的频谱分量要完全抑制,不予放大。所以,理想的频带放大器的频率响应曲线应是矩形。但是,实际放大器的频率响应曲线与矩形有较大的差异,矩形系数用来表示实际曲线形状接近理想矩形的程度,通常用 $K_{0.1}$ 来表示,其定义为

$$K_{0.1}=\frac{2\Delta f_{0.1}}{2\Delta f_{0.7}} \tag{2.1}$$

式中,$2\Delta f_{0.7}$ 为放大器的通频带;$2\Delta f_{0.1}$ 为放大器的电压增益下降至最大值的 0.1 倍时所对应的频带宽度。

(2) 抑制比

表示对某个干扰信号 f_n 的抑制能力,用 d_n 表示,其定义为

$$d_n=\frac{A_{U0}}{A_n} \tag{2.2}$$

式中,A_n 为干扰信号的放大倍数,A_{U0} 为谐振点 f_0 的放大倍数。

4. 工作稳定性

工作稳定性是指在电源电压变化或器件参数变化时,增益、通频带、选择性 3 个参数的稳定程度。一般的不稳定现象是增益变化、中心频率偏移、通频带变化、谐振曲线变形等。不稳定状态的极端情况是放大器自激,以致使放大器完全不能工作。对于设计放大器来说应特别注意工作稳定性。

5. 噪声系数

噪声系数是用来表征放大器的噪声性能好坏的一个参量,其定义为

$$N_f=\frac{P_{si}/P_{ni}(\text{输入信噪比})}{P_{so}/P_{no}(\text{输出信噪比})}$$

对于放大器来说,总是希望放大器本身产生的噪声越小越好,即要求噪声系数接近于 1。在多级放大器中,前二级的噪声对整个放大器的噪声起决定作用,因此要求它的噪声系数应尽量小。

以上这些要求,相互之间既有联系又有矛盾。增益和稳定性是一对矛盾,通频带和选择性是一对矛盾。因此应根据需要决定主次,进行分析和设计。

2.2 晶体管高频小信号等效模型

高频小信号放大器由于其工作信号小,可以认为它的晶体管工作在线性范围内,因此常采用有源线性四端网络进行分析。晶体管在高频运用时,常采用 Y 参数等效电路和混合 π 型等效电路来作为描述晶体管工作状况的重要模型。

Y参数与混合π参数有对应关系，Y参数不仅与静态工作点有关，而且是工作频率的函数。

晶体管在高频运用时，它的等效电路不仅包含着一些和频率基本没有关系的电阻，而且还包含着一些与频率有关的电容，这些电容在频率较高时的作用是不能忽略的。

2.2.1 Y参数等效电路

小信号谐振放大器常用到Y参数等效电路，因为它电路简单，运算方便。Y参数等效电路把晶体管等效为有源四端网络，其等效电路如图2.1所示。

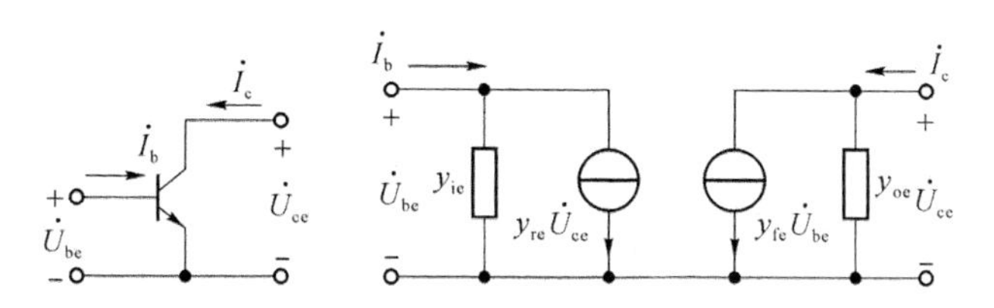

图2.1 晶体管Y参数等效电路

设输入端有输入电压$\dot{U}_{be}$和输入电流$\dot{I}_b$，输出端有输出电压$\dot{U}_{ce}$和输出电流$\dot{I}_c$。若选输入电压$\dot{U}_{be}$和输出电压$\dot{U}_{ce}$为自变量，输入电流$\dot{I}_b$和输出电流$\dot{I}_c$为参变量，则得到Y参数方程组

$$\left.\begin{aligned}\dot{I}_b=y_{ie}\dot{U}_{be}+y_{re}\dot{U}_{ce}\\ \dot{I}_c=y_{fe}\dot{U}_{be}+y_{oe}\dot{U}_{ce}\end{aligned}\right\} \tag{2.3}$$

其中

$$y_{ie}=\dot{I}_b/\dot{U}_{be}\,|_{U_{ce}=0}=g_{ie}+j\omega C_{ie}$$

$$y_{re}=\dot{I}_b/\dot{U}_{ce}\,|_{U_{be}=0}=|y_{re}|\,e^{j\varphi_{re}}$$

$$y_{fe}=\dot{I}_c/\dot{U}_{be}\,|_{U_{ce}=0}=|y_{fe}|\,e^{j\varphi_{fe}}$$

$$y_{oe}=\dot{I}_c/\dot{U}_{ce}\,|_{U_{be}=0}=g_{oe}+j\omega C_{oe}$$

这4个参量具有导纳的量纲，故称为导纳参数，也叫Y参数。其中，y_{ie}称为输出端短路（交流电压$U_{ce}=0$）时的输入导纳，它表示了输入交流电压对输入交流的控制作用；y_{re}为输入端短路（$U_{be}=0$）时的反向传输导纳，它表示了输出端对输入端的反馈作用，实际中希望$|y_{re}|$尽量小，这样可使放大器能稳定工作；y_{fe}为输出端短路时的正向传输导纳，它表示了输入电压对输出电流的控制能力，体现了晶体管的放大作用，与g_m有相似的物理意义；y_{oe}为输入端短路时的输出导纳，表示输出电压对输出电流的控制作用。

2.2.2 共发射极混合π型等效电路

1. 晶体管高频等效电路

晶体管高频性能的特殊性，主要是由于晶体管有结电容，以及载流子发射极发出穿过基极到集电极需要一定时间（称为渡越时间）。在低频情况下，结电容通过的电流非常小，载流子的渡越时间与低频周期比起来也非常小，都可以忽略不计，但在高频下这些矛盾就暴露出来。为了便于分析晶体管的高频性能，可把影响晶体管性能的一些主要因素用一个等效电路来表示，即晶体管的共发射极混合 π 型等效电路，如图 2.2 所示。图 2.2 中 b、c、e 三点分别代表晶体管基极、集电极、发射极 3 个电极的外部端子；b'代表设想的基极内部端子。

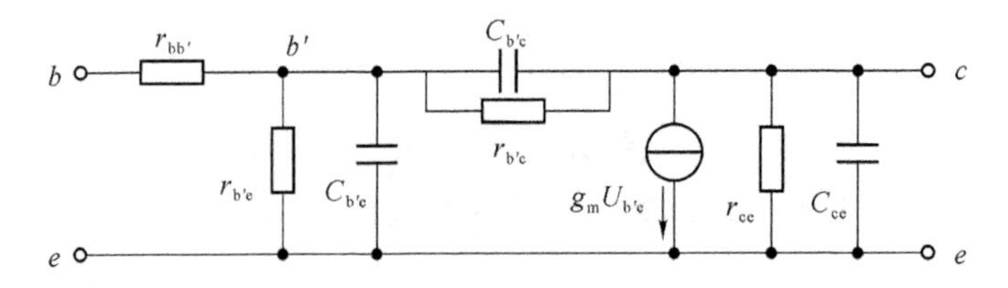

图 2.2　晶体管的共发射极混合 π 型等效电路

这个等效电路共有 8 个元件，比较复杂。在分析共发射极晶体管高频放大器时，晶体管的混合 π 型是较常用的一种电路。所谓混合 π 型是因为晶体管的 b'、c、e 三个电极用一个 π 型电路等效，而由 b 至 b' 又串联一个基极体电阻 $r_{bb'}$，因而称为混合 π 型电路。

下面分别介绍各元件参数。

(1) $r_{b'e}$是发射结电阻。晶体管作为放大运用时，发射结总是处于正向偏置的状态，所以 $r_{b'e}$的数值比较小，一般是几百 Ω。它的大小随工作点电流而变，可近似表示为

$$r_{b'e}=(1+\beta_0)\frac{26}{I_e}(\Omega)$$

式中，β_0 为晶体管的低频电流放大系数；电压为 26 mV；I_e 为晶体管发射极电流，单位为 mA。

(2) $r_{b'c}$是集电结电阻。由于集电结总是处于反向偏置，所以 $r_{b'c}$较大，为 10 kΩ～10 MΩ，一般可忽略不计(在以后的分析中将不画 $r_{b'c}$)。

(3) $C_{b'e}$是发射结电容。它随工作点电流增大而增大。它的数值范围为 20 pF～0.01 μF。

(4) $C_{b'c}$是集电结电容。它随 c、b'间反向电压的增大而减小，它的数值是 10 pF 左右。

(5) $r_{bb'}$是基极体电阻。它是从基极引线端 b 到有效基区 b'的电阻。不同类型的晶体管 $r_{bb'}$的数值也不一样，低频小功率管可达几百 Ω，高频晶体管一般在 15～50 Ω 之间。

(6) $g_m U_{b'e}$是电流源。代表晶体管的电流放大作用，它与加到发射结上的实际电压 $U_{b'e}$ 成正比；比例系数 g_m，称为晶体管的跨导。为了更好地理解上述等效电路，可将它与低频情况联系起来看。在低频下，$C_{b'e}$、$C_{b'c}$可以忽略，这就变成图 2.3 的电路。可见，晶体管的跨导与工作点电流 I_e 成正比，而与管子的 β_0 值无关。

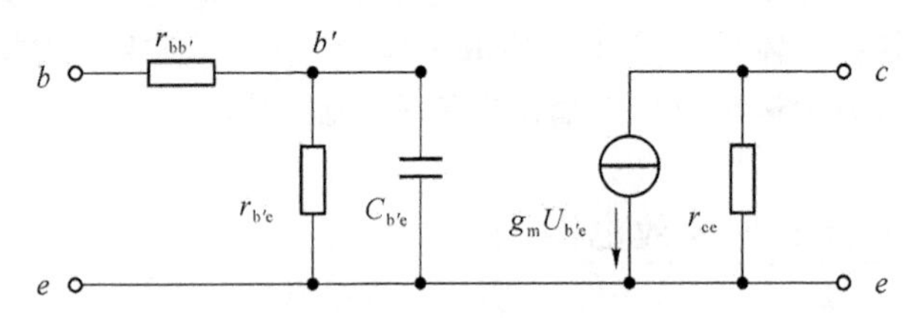

图 2.3　晶体管的低频等效电路

(7) r_{ce}是集-射极电阻。它表示集电极电压 U_{ce}对电流 I_c 的影响。r_{ce}的数值一般在几十 kΩ 以上，典型值为 30～50 kΩ。

(8) C_{ce}是集-射极电容。这个电容通常很小,一般在 2～10 pF 之间。

用图 2.2 的混合 π 型等效电路来表示晶体管有一些优点,即物理概念比较清楚;对晶体管放大作用的描述也较全面;各个参量基本上与频率无关。因此,这种电路可以适用于相当宽的频率范围。但这个等效电路比较复杂,在实际应用中,可以根据具体情况,把某些次要因素忽略。例如,高频时,$C_{b'c}$的容抗较小,和它并联的集电结电阻 $r_{b'c}$就可忽略;此外,集-射极电容 C_{ce}可以合并到集电极回路之中,考虑这些情况,则混合 π 型等效电路可简化成如图 2.4 的形式。这种简化的等效电路,基本上能满足工程计算的要求。

$r_{bb'}$、$C_{b'c}$和 β_0 的数值可以用仪器测量,电导 $g_{b'e}=1/r_{b'e}$可以计算。图 2.4 比图 2.2 简单些,但计算起来仍嫌烦琐,各元件的数值不易测量。

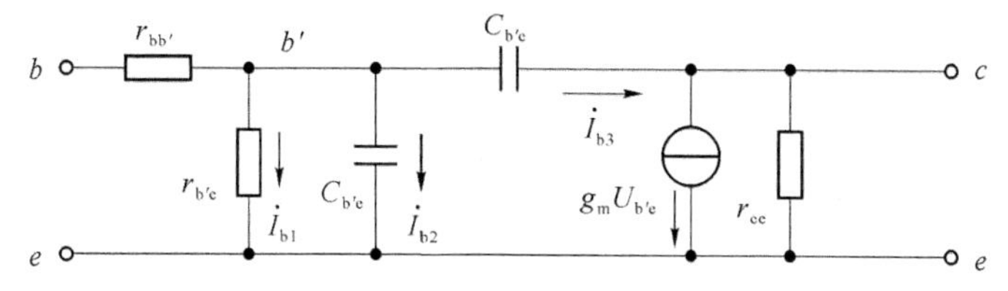

图 2.4　简化的混合 π 型等效电路

2. 晶体管的高频参数

表征晶体管高频特性可以用下列几个参数。这些参数对于分析和设计各种高频电子线路是较为重要的。

(1) 截止频率 f_β

β 是晶体管共发射极电流放大系数,其数值大小与工作频率有关。当工作频率增高到一定值后,β 值将随工作频率增高而下降。截止频率 f_β 的定义是,当 β 下降到低频电流放大系数 β_0 的 $1/\sqrt{2}$ 倍时,所对应的频率称为 β 的截止频率 f_β,如图 2.5 所示。

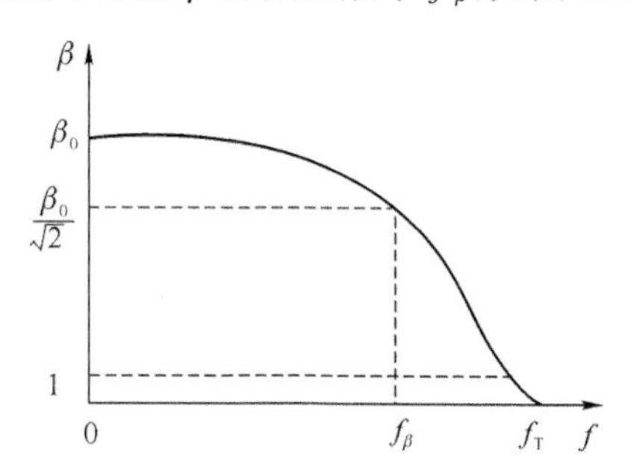

图 2.5　β 截止频率和特征频率

可证明

$$\beta=\frac{\beta_0}{1+\mathrm{j}\dfrac{f}{f_\beta}} \tag{2.4}$$

取其模为

$$|\beta|=\frac{\beta_0}{\sqrt{1+\left(\dfrac{f}{f_\beta}\right)^2}} \tag{2.5}$$

式(2.5)可用来计算任意频率时晶体管的$|\beta|$。

(2) 特征频率 f_T

特征频率 f_T 的定义是,当$|\beta|$下降到1时所对应的频率。根据定义,可得

$$\frac{\beta_0}{\sqrt{1+\left(\frac{f_T}{f_\beta}\right)^2}}=1$$

则

$$f_T=f_\beta\sqrt{\beta_0^2-1} \tag{2.6}$$

一般来说,晶体管的 $\beta_0\gg1$,所以

$$f_T\approx\beta_0 f_\beta \tag{2.7}$$

特征频率 f_T是晶体管共发射极运用时能得到电流增益的最高频率的极限。当 $f>f_T$ 时,$\beta<1$。但这并不意味着晶体管已经没有放大作用,这时放大器电压增益还有可能大于1。

(3) 最高振荡频率 f_{max}

晶体管的功率增益 $A_p=1$ 时所对应的频率称为最高振荡频率 f_{max}。可以证明

$$f_{max}=\frac{1}{2\pi}\sqrt{\frac{g_m}{4r_{bb'}C_{b'e}C_{b'c}}} \tag{2.8}$$

f_{max}表示一个晶体管所能适用的最高极限频率。在此频率下,晶体管已不可能得到功率放大。通常,为了使电路工作稳定,且有一定的功率增益,晶体管的实际工作频率约为最高振荡频率的1/3~1/4。以上3个频率大小的顺序是 f_{max}最高,f_T 次之,f_β 最低。

2.2.3 Y参数与混合π参数间的关系

利用混合π型电路参数,可以推导出相应的Y参数。图2.6(a)是求 y_{ie}和 y_{fe}的电路,图2.6(b)是求 y_{re}和 y_{oe}的电路。

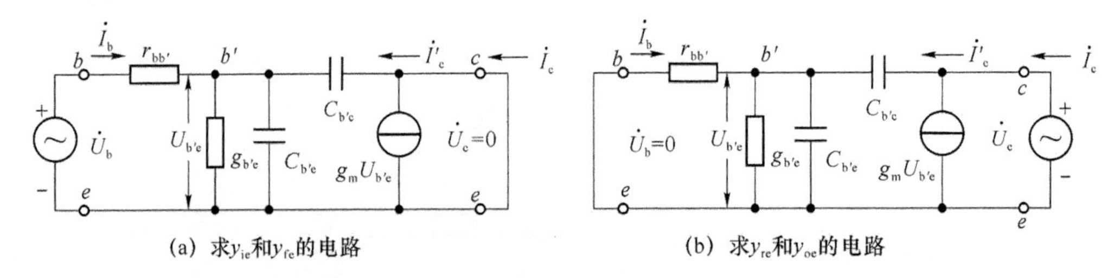

(a) 求y_{ie}和y_{fe}的电路 (b) 求y_{re}和y_{oe}的电路

图2.6 求Y参数的电路

由于晶体管制造工艺和结构的进步,电容 $C_{b'c}$可以做得很小,通常 $C_{b'c}\ll C_{b'e}$,可推导出Y参数与混合等效π型电路参数的关系由以下4个导纳的表达式来表示

$$y_{ie}=\frac{g_{b'e}+j\omega C_{b'e}}{1+r_{bb'}(g_{b'e}+j\omega C_{b'e})} \tag{2.9}$$

$$y_{fe}=\frac{g_m}{1+r_{bb'}(g_{b'e}+j\omega C_{b'e})} \tag{2.10}$$

$$y_{re}=\frac{-j\omega C_{b'c}}{1+r_{bb'}(g_{b'e}+j\omega C_{b'e})} \tag{2.11}$$

$$y_{oe}=\frac{j\omega C_{b'c}r_{bb'}g_m}{1+r_{bb'}(g_{b'e}+j\omega C_{b'e})}+j\omega C_{b'c} \tag{2.12}$$

高频放大器的谐振回路，负载阻抗和晶体管大都是并联的。因此，在分析放大器时，用 Y 参数等效电路比较适合，因为这时各并联支路的导纳可以直接相加，运算方便，此外，晶体管的 Y 参数可以用仪器直接测量。

2.3　谐振放大器

2.3.1　单调谐回路放大器

1. 电路组成与特点

图 2.7 是单调谐回路谐振放大器电路，晶体管 VT_1 和 LC 并联谐振回路组成一个单级单调谐放大器。晶体管 VT_1 是共射组态，其直流偏置由 R_1、R_2 和 R_e 实现，C_b、C_e 是高频旁路电容，其集电极负载是 LC 并联谐振回路，回路谐振频率应调谐在输入信号的中心频率上。回路与晶体管的连接采用自耦变压器部分接入方式，可减少晶体管输出导纳对回路的影响。负载与回路采用变压器部分接入方式，可减少负载(或下级放大器)对回路的影响，还可使前后级直流电路分开。上述耦合方式也能较好实现前、后级间的阻抗匹配。

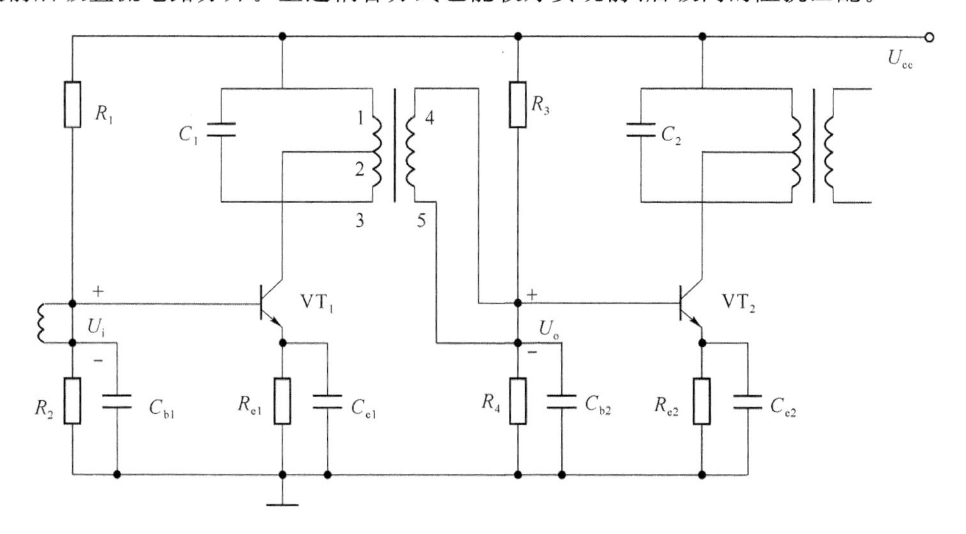

图 2.7　单调谐回路谐振放大器

2. 放大器的等效电路

图 2.8 是晶体管 VT_1 组成的单级单调谐放大器的等效电路，其中晶体管采用 Y 参数等效电路。忽略反向传输导纳 y_{re} 的影响，信号源用 I_s 和 y_s 等效。变压器二次则为下一级放

大器的输入导纳 y_{ie}。晶体管集电极与 LC 回路的接入系数为 p_1，下一级放大器的输入导纳与 LC 回路耦合的接入系数为 p_2。

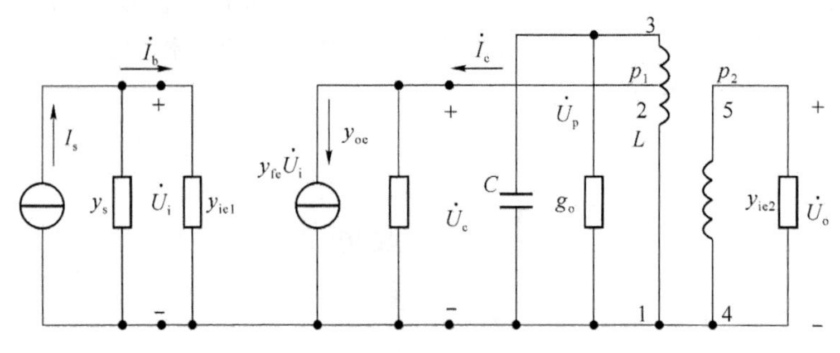

图 2.8　单级单调谐放大器的等效电路

3. 放大器的性能

(1) 电压增益 $\dot{A}_u$。根据定义

$$\dot{A}_u=\frac{\dot{U}_o}{\dot{U}_i}$$

由图 2.8 可得

$$Y_\Sigma=g_\Sigma+j\omega C_\Sigma+\frac{1}{j\omega L}$$

式中

$$g_\Sigma=p_1^2g_{oe}+g_o+p_2^2g_{ie},C_\Sigma=p_1^2C_{oe}+C+p_2^2C_{ie}$$

从部分接入等效关系可得

$$\frac{\dot{U}_o}{p_2}=-\frac{p_1y_{fe}\dot{U}_i}{Y_\Sigma}=-\frac{p_1y_{fe}\dot{U}_i}{g_\Sigma+j\omega C_\Sigma+\frac{1}{j\omega L}}$$

所以

$$\dot{A}_u=\frac{\dot{U}_o}{\dot{U}_i}=-\frac{p_1p_2y_{fe}}{g_\Sigma+j\omega C_\Sigma+\frac{1}{j\omega L}} \tag{2.13}$$

放大器谐振时，$\omega_0C_\Sigma-1/\omega_0L=0$，对应的谐振频率

$$\omega_0=\frac{1}{\sqrt{LC_\Sigma}}$$

$$f_0=\frac{1}{2\pi\sqrt{LC_\Sigma}} \tag{2.14}$$

回路有载品质因数

$$Q_L=\frac{\omega_0C_\Sigma}{g_\Sigma}=\frac{1}{\omega_0Lg_\Sigma} \tag{2.15}$$

谐振时电压增益

$$A_{u0}=-\frac{p_1p_2y_{fe}}{g_\Sigma} \tag{2.16}$$

式(2.16)表示，谐振时电压增益 A_{u0} 与晶体管的正向传输导纳 y_{fe} 成正比，与回路两端总电导 g_Σ 成正比。负号表示放大器的输入和输出电压反相。但由于 y_{fe} 是一个复数，它有一个相角 φ_{fe}，所以，$\dot{U}_o$ 和 $\dot{U}_i$ 的相位差应是 $180°+\varphi_{fe}$。

在电路计算中，电压增益用其模 $|\dot{A}_{u0}|$ 表示

$$|\dot{A}_{u0}|=\frac{p_1 p_2 |y_{fe}|}{g_\Sigma} \tag{2.17}$$

(2) 谐振时的功率增益 A_{P0}。放大器谐振时的功率增益可定义为输出到负载的功率 P_o 与输入功率 P_i 的比值。由

$$P_o=U_o^2 g_{ie2}, P_i=U_i^2 g_{ie1}$$

所以有

$$A_{P0}=\frac{P_o}{P_i}=\frac{U_o^2 g_{ie2}}{U_i^2 g_{ie1}}=A_{u0}^2\frac{g_{ie2}}{g_{ie1}} \tag{2.18}$$

如 VT_1 和 VT_2 采用相同型号的晶体管，且工作电流相同时，可得

$$A_{P0}=A_{u0}^2$$

(3) 归一化谐振函数。单级单调谐放大器的归一化谐振函数 $\alpha(f)$ 与其并联谐振回路的归一化谐振函数相同，可写成

$$\alpha(f)=\frac{U_o}{U_{omax}}=\frac{U_i A_u}{U_i A_{u0}}=\frac{A_u}{A_{u0}}=\frac{1}{\sqrt{1+\xi^2}} \tag{2.19}$$

其中，$\xi=\frac{2\Delta f_{0.7}Q_L}{f_0}$。

(4) 通频带。单级单调谐放大器通频带根据通频带定义，由式(2.19)可得

$$\alpha(f)=\frac{1}{\sqrt{1+\xi^2}}=\frac{1}{\sqrt{2}}$$

所以有

$$BW_{0.7}=2\Delta f_{0.7}=\frac{f_0}{Q_L} \tag{2.20}$$

其表达式与并联谐振回路通频带相同，但 $Q_L<Q_0$，所以放大器的通频带比并联谐振回路宽。

(5) 矩形系数。单级单调谐放大器的矩形系数，根据矩形系数定义

$$K_{0.1}=\frac{2\Delta f_{0.1}}{2\Delta f_{0.7}}$$

由式(2.19)可得

$$\alpha(f)=\frac{1}{\sqrt{1+\xi^2}}=0.1$$

得

$$2\Delta f_{0.1}=\sqrt{99}\frac{f_0}{Q_L}$$

则矩形系数

$$K_{0.1}=\sqrt{99}\approx 9.95 \tag{2.21}$$

单级单调谐放大器的矩形系数远大于 1，说明它的谐振曲线与理想矩形相差很远，选择性很差。

【例 2.1】 在图 2.7 中，调频中频放大器 VT_1 的工作频率 $f_0=10.7\ \text{MHz}$，谐振回路 $L_{13}=4\ \mu\text{H}$，$Q_0=100$，$N_{13}=20$、$N_{23}=8$、$N_{45}=3$，晶体管在直流工作点的参数为 $g_{oe}=200\ \mu\text{S}$、

$C_{oe}=7\ pF$、$g_{ie}=2\ 860\ \mu S$、$C_{ie}=7\ pF$、$|y_{fe}|=45\ mS$、$\varphi_{fe}=-54°$，$y_{re}=0$。

试求：单级放大器谐振时电压增益 A_{u0}，等效品质因数(Q值)，回路电容 C 和通频带 $BW_{0.7}$。

解：

$$g_o=\frac{1}{Q_0\omega_0 L}=\frac{1}{100\times 2\pi\times 10.7\times 10^6\times 4\times 10^{-6}}\approx 37.2\times 10^{-6}\ S$$

$$p_1=\frac{N_{12}}{N_{13}}=\frac{20-8}{20}=0.6$$

$$p_2=\frac{N_{45}}{N_{13}}=\frac{3}{20}=0.15$$

回路总电导

$$g_\Sigma=g_o+p_1^2 g_{oe}+p_2^2 g_{ie}=37.2\times 10^{-6}+0.6^2\times 200\times 10^{-6}+0.15^2\times 2\ 860\times 10^{-6}=174\times 10^{-6}\ S$$

谐振电压增益 $$A_{u0}=\frac{p_1 p_2|y_{fe}|}{g_\Sigma}=\frac{0.6\times 0.15\times 45\times 10^{-3}}{174\times 10^{-6}}\approx 23$$

回路总电容 $$C_\Sigma=\frac{1}{(2\pi f_0)^2 L}=\frac{1}{(2\pi\times 10.7\times 10^6)^2\times 4\times 10^{-6}}\approx 55\ pF$$

电容 C 应为 $$C=C_\Sigma-(p_1^2 C_{oe}+p_2^2 C_{ie})=55-(0.6^2\times 7+0.15^2\times 18)\approx 52\ pF$$

等效品质因数 $$Q_L=\frac{\omega_0 C_\Sigma}{g_\Sigma}=\frac{2\pi\times 10.7\times 10^6\times 55\times 10^{-12}}{174\times 10^{-6}}\approx 21$$

通频带 $$BW_{0.7}=\frac{f_0}{Q_L}=\frac{g_\Sigma}{2\pi C_\Sigma}=\frac{174\times 10^{-6}}{2\pi\times 55\times 10^{-12}}\approx 504\ kHz$$

矩形系数 $$K_{0.1}=\frac{2\Delta f_{0.1}}{2\Delta f_{0.7}}\approx 9.95\gg 1$$

由上述计算可知，单调谐放大器计算时要考虑晶体管输出参数和负载(下级晶体管的输入参数)的影响，因是部分接入要考虑相应的接入系数。

单级放大器电压增益不高，回路等效品质因数下降，放大器通频带因 Q_L 下降而变宽，放大器矩形系数与单 LC 谐振回路相同，远大于1，选择性差。

2.3.2 多级单调谐放大器

单级单调谐放大器电压增益不高，而实际运用需要较高电压增益，就要用多级放大器来实现。下面讨论多级单调谐放大器主要技术指标。

1. 多级单调谐放大器的电压增益

如放大器有 m 级，各级电压增益分别为 A_{u1}，A_{u2}，…，A_{um}，则总电压增益 $A_{m\Sigma}$是各级电压增益的乘积，即

$$A_{m\Sigma}=A_{u1}\ A_{u2}\cdot\cdots\cdot A_{um}\tag{2.22}$$

如多级放大器是由完全相同的单级放大器组成，各级电压增益相等，则 m 级放大器的总电压增益为

$$A_{m\Sigma}=(A_{u1})^m\tag{2.23}$$

2. 多级单调谐放大器的单位谐振函数

m 个相同的放大器级联时，它的归一化谐振函数等于各单级放大器归一化谐振函数的

乘积

$$\alpha_{m\Sigma}=\alpha_1^m \tag{2.24}$$

3．多级单调谐放大器的通频带

根据通频带定义，令 $\alpha_{m\Sigma}=1/\sqrt{2}$ 可得

$$(\mathrm{BW}_{0.7})_{m\Sigma}=\sqrt{2^{\frac{1}{m}}-1}\,\frac{f_0}{Q_\mathrm{L}} \tag{2.25}$$

由于 m 是大于 1 的整数，所以多级放大器总的通频带比单级放大器的通频带要窄，级数越多，总通频带越窄。

4．多级单调谐放大器的矩形系数

令 $\alpha_{m\Sigma}=0.1$，求得

$$(2\Delta f_{0.1})_{m\Sigma}=\sqrt{100^{\frac{1}{m}}-1}\,\frac{f_0}{Q_\mathrm{L}}$$

所以 m 级单调谐放大器的矩形系数为

$$(K_{0.1})_{m\Sigma}=\frac{\sqrt{100^{\frac{1}{m}}-1}}{\sqrt{2^{\frac{1}{m}}-1}} \tag{2.26}$$

由式(2.26)可计算出 m 取不同值时，矩形系数的变化关系如表 2.1 所示。

表 2.1　$(K_{0.1})_{m\Sigma}$ 与 m 的关系

级数 m	1	2	3	4	5	6	7	8	9	∞
矩形系数 $(K_{0.1})_{m\Sigma}$	9.95	4.90	3.74	3.40	3.20	3.10	3.00	2.93	2.89	2.56

可见，级数越多，矩形系数越小，与理想矩形特性越接近，但不能无限接近。

【例 2.2】 由 3 个例 2.1 的单级单调谐放大器组成三级调频中频单调谐放大器。求：三级放大器的总电压增益、总通频带和总矩形系数。

解：由例 2.1 单级单调谐放大器的计算得谐振电压增益 $A_\mathrm{u}=23$，分贝数 $20\lg A_{\mathrm{u0}}=20\lg 23\approx 27$ dB，通频带 $\mathrm{BW}_{0.7}=504$ kHz，矩形系数 $K_{0.1}=9.95$，可得三级放大器的谐振总电压增益为

$$A_{m0}=(A_{\mathrm{u0}})^3=23^3=12\,167$$

分贝数

$$20\lg A_{m0}=20\lg 12\,167\approx 82\ \mathrm{dB}$$

三级放大器总通频带为

$$(\mathrm{BW}_{0.7})_3=\sqrt{2^{\frac{1}{3}}-1}\,(\mathrm{BW}_{0.7})_1=\sqrt{2^{\frac{1}{3}}-1}\times 504\ \mathrm{kHz}\approx 257\ \mathrm{kHz}$$

三级放大器总矩形系数为

$$(K_{0.1})_3=\frac{\sqrt{100^{\frac{1}{3}}-1}}{\sqrt{2^{\frac{1}{3}}-1}}=\frac{1.91}{0.51}=3.74$$

由本例计算可知，多级放大器可根据实际需要的总的电压增益来选择放大器的级数。级数多，增益高。多级放大器总的通频带和总的矩形系数，比单级放大器的通频带和总的矩形系数小，这对于提高整个放大器的选择性是有利的。特别是总矩形系数减小很多，说明谐振曲线

较接近理想矩形，比单级放大器有很大改善。多级放大器通频带的缩减，对窄带放大器来说是有利的，如本例的三级调频中频放大器，因单级放大器通频带相对较宽为 504 kHz，三级放大器通频带缩减为 257 kHz，更接近于调频信号的频谱宽度 150 kHz，对提高选择性是有利的。多级放大器总通频带的缩减对于信号频谱宽的放大器是不利的，如电视中频信号频谱宽度为 8 MHz，中频为 38 MHz，相对带宽较宽，为保证信号能不失真地放大，多级放大器的总通频带应达 8 MHz，每个单级放大器的通频带就要达 15.7 MHz 才能满足要求。因此多级单调谐放大器的总增益和总通频带还是存在矛盾，即级数越多，增益越高，通频带越窄。

2.3.3* 双调谐回路放大器

提高放大器选择性，解决增益和通频带间的矛盾，有效方法之一是采用双调谐放大器。

双调谐放大器采用两个相互耦合的单调谐回路作放大器的选频回路，两个单调谐回路的谐振频率都调谐在信号的中心频率上。

双调谐放大器就是将单管调谐回路放大器中单调谐回路改成双调谐回路，双调谐回路放大器电路如图 2.9 所示。其等效电路如图 2.10 所示。

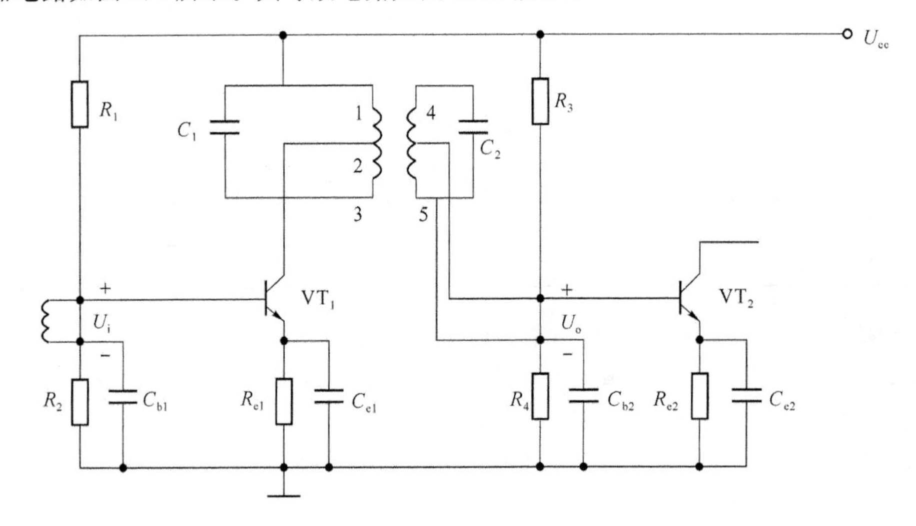

图 2.9　双调谐回路放大器

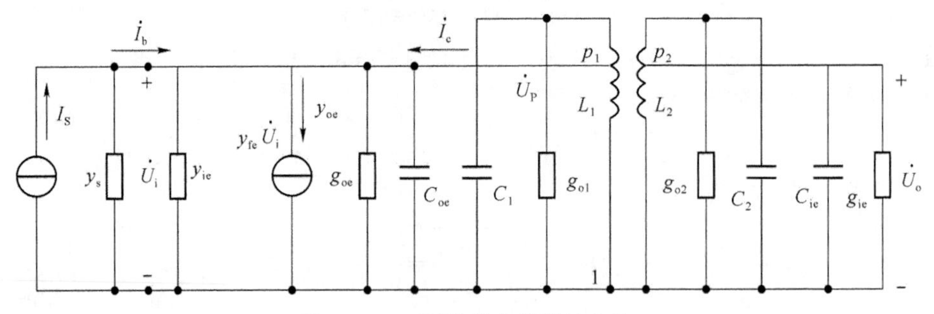

图 2.10　双调谐放大器等效电路

设两个回路元件参数都相同并考虑晶体管接入的影响，即电感 $L_1=L_2=L$；一、二次回路总电容 $C_1+p_1^2C_{oe}\approx C_2+p_2^2C_{ie}=C$；折算到一、二次回路的电导 $g_{o1}+p_1^2g_{oe}\approx g_{o2}+p_2^2g_{ie}=$

g;回路谐振角频率 $\omega_1=\omega_2=\omega_0=1/\sqrt{LC}$;一、二次回路有载品质因数 $Q_{L1}=Q_{L2}=Q_L=1/(g\omega_0 L)=\omega_0 C/g$。这样考虑晶体管接入影响后,再引入第 1 章中讨论耦合回路的结果,分析双调谐回路放大器性能指标。

1. 电压增益

$$A_u=\frac{p_1 p_2 |y_{fe}|}{g}\cdot\frac{\eta}{\sqrt{(1-\xi^2+\eta^2)^2+4\xi^2}} \tag{2.27}$$

在谐振 $\xi=0$ 时,则

$$A_{u0}=\frac{\eta}{1+\eta^2}\cdot\frac{p_1 p_2 |y_{fe}|}{g} \tag{2.28}$$

在临界耦合 $\eta=1$ 时,有

$$A_{u0}=\frac{p_1 p_2 |y_{fe}|}{2g} \tag{2.29}$$

2. 谐振曲线

双调谐回路放大器归一化谐振函数为

$$\alpha=\frac{A_u}{A_{u0}}=\frac{2\eta}{\sqrt{(1-\xi^2+\eta^2)^2+4\xi^2}} \tag{2.30}$$

当在 $\eta<1$ 弱耦合、$\eta=1$ 临界耦合和 $\eta>1$ 强耦合时,谐振曲线有不同的形状,并且与第 1 章中分析过的双耦合回路谐振曲线一致。

在常用的临界耦合 $\eta=1$ 时

$$\alpha=\frac{2}{\sqrt{4+\xi^2}} \tag{2.31}$$

3. 通频带

双调谐放大器通频带与耦合回路相同

$$BW_{0.7}=\sqrt{2}\frac{f_0}{Q_L} \tag{2.32}$$

4. 矩形系数

双调谐放大器矩形系数与耦合回路相同

$$K_{0.1}=\frac{BW_{0.1}}{BW_{0.7}}=3.15 \tag{2.33}$$

由上述对双调谐放大器的性能分析可知,单级双调谐回路放大器的通频带是单级调谐放大器通频带的 $\sqrt{2}$ 倍。与单调谐放大器相比,双调谐放大器的矩形系数较小,它的谐振曲线较接近于理想矩形。双调谐放大器矩形系数较小,选择性较好;同时也较好地解决了通频带和增益的矛盾,但双调频放大器有两个调谐回路,调试比较复杂。

双调谐放大器也可组成多级双调谐放大器,其计算方法可参照多级单调谐放大器方式进行,由于多级双调谐放大器调试更为复杂,所以实际上较少采用。

2.3.4* 参差调谐回路放大器

为了克服多级单调谐放大电路随着级数增加，通频带越来越窄的缺陷，可以采用参差调谐的方式，即将级联的单调谐放大电路每一级的谐振频率参差错开，分别调整到约高于和约低于中心频率上，这种电路称为参差调谐放大电路，常用的有双参差调谐与三参差调谐。如果将超外差调幅接收机3个中周依次调谐在465 kHz、462 kHz、468 kHz，就组成了典型的三参差调谐放大电路。

图2.11(a)为双参差调谐放大电路的交流等效电路，图中，放大器 A_1、A_2 与各自的选频器 LC 回路组成两级调谐放大电路。第一级的谐振频率为 f_{01}，第二级的谐振频率为 f_{02}。图2.11(b)中的细线为单级电路的谐振曲线，当两个 LC 回路的谐振频率与中心频率 f_0 的偏调值 Δf_d 恰为 $\pm\frac{1}{2}BW_{0.7}$ 时，合成后电路的总曲线如图中粗线所示。偏调值不同，合成后总曲线的形状也不同。

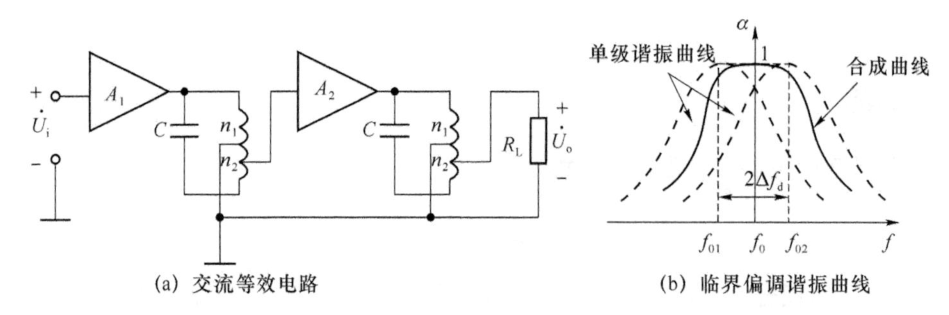

(a) 交流等效电路　　(b) 临界偏调谐振曲线

图2.11　双参差调谐放大电路

从图2.11(b)中可以看出，在 $f_{01}\sim f_{02}$ 这段频率范围内，第一级的放大倍数随频率的增加而减少，第二级的放大倍数随频率的增加而增加，两者的变化趋势互相抵消。而在小于 f_{01} 大于 f_{02} 的频率范围内，当频率降低或升高时，两级的放大倍数随着对中心频率偏移而减少，两者的下降趋势互相加强。如果适当地选取单回路的品质因素 Q_L 与失谐量 Δf，就可以保证在 $f_{01}\sim f_{02}$ 这段频率范围内曲线平坦，使频带变宽，而在此范围以外，曲线陡峭，矩形系数变小，选择性提高。

下面以临界调谐的双参差电路为例，与两级单调谐放大电路作一个比较。

设双参差电路的中心频率为 f_0，Δf_d 为频率的偏调值（当 Δf_d 等于 $0.5\ BW_{0.7}$ 时称为临界偏调），为此，第一、二级的谐振频率分别为

$$f_{01}=f_0-\Delta f_d \tag{2.34}$$

$$f_{02}=f_0+\Delta f_d \tag{2.35}$$

又设在各自谐振频率下电路的放大倍数分别为 A_{01} 与 A_{02}，根据多级放大电路放大倍数相乘的特点，电路的电压放大倍数可以表示为

$$A=A_1A_2=A_{01}\alpha_1A_{02}\alpha_2 \tag{2.36}$$

由式(2.34)及式(2.35)可分别写出两级回路的广义失谐因子为

$$\xi_1=2\,\frac{f-f_1}{f_1}Q_L\approx 2\,\frac{f-f_0+\Delta f_d}{f_0}Q_L=\xi+\eta_d$$

$$\xi_2=2\,\frac{f-f_{02}}{f_{02}}Q_L\approx 2\,\frac{f-f_0-\Delta f_d}{f_0}Q_L=\xi-\eta_d$$

这里假定 f_{01} 及 f_{02} 与 f_0 相差不大，故 $f_{01}\approx f_0\approx f_{02}$，$\eta_d$ 为偏调系数，且 $\eta_d=\frac{2\Delta f_d}{f_0}Q_L$。

则式(2.36)可写为

$$A=A_1A_2=\frac{A_{01}A_{02}}{\sqrt{1+(\xi+\eta_d)^2}\cdot\sqrt{1+(\xi-\eta_d)^2}}=\frac{A_{01}A_{02}}{\sqrt{(1-\xi^2+\eta_d^2)^2+4\xi^2}}$$

当临界偏调,即 $\eta_d=1$ 时,可得　$\Delta f_d=\frac{f_0}{2Q_L}=\frac{1}{2}BW_{0.7}$

此时,谐振时总增益为

$$A_0=\frac{1}{2}A_{01}A_{02} \tag{2.37}$$

归一化谐振函数为

$$\alpha=\frac{A_u}{A_{u0}}=\frac{2}{\sqrt{4+\xi^4}} \tag{2.38}$$

令式(2.38)等于 $1/\sqrt{2}$,可求出电路的通频带为

$$BW_{0.7}=\sqrt{2}\frac{f_0}{Q_L}$$

令式(2.38)等于 0.1,可求出 $BW_{0.7}$,由此得到电路的矩形系数为

$$K_{0.1}=\frac{BW_{0.1}}{BW_{0.7}}=3.15$$

与两级单调谐放大电路比较,临界偏调的双参差放大电路的电压放大倍数为其 1/2,通频带 $0.64\frac{f_0}{Q_L}$变为 $1.4\frac{f_0}{Q_L}$,矩形系数由 4.8 变为 3.15,通过牺牲一定的增益,极大地改变了电路的频率特性。

2.3.5 调谐放大器的稳定性

1. 晶体管内部反馈对放大器稳定性的影响及克服方法

晶体管的反向传输导纳是引起晶体管内部反馈的主要因素,y_{re}越大,反馈越强,对放大器工作稳定性影响越大。主要表现有两个方面:一方面是由于内部反馈作用使放大器的输入回路与输出回路之间互相牵连。这种互相牵连的现象,也即电路的双向性给电路调试、综合调整带来了许多麻烦。另一方面是使放大器工作不稳定。因为放大后的输出电压通过反馈导纳 y_{re},将一部分输出信号反馈到输入端,反馈到输入端后又经晶体管再次放大,然后通过 y_{re}又反馈到输入端,如此循环不止,往往产生寄生振荡(或自激),从而破坏了放大器的正常工作。

解决上述不良影响的方法如下。

(1) 从晶体管本身想办法,使 y_{re}减小。因为 y_{re}主要决定于晶体管集电结的结电容 $C_{b'c}$,设计时应尽量选用 $C_{b'c}$小的晶体管。由于晶体管制造工艺上的进步,这个问题已获得较好的解决。

(2) 从电路上想办法,削弱或消除 y_{re}的有害影响。也就是说从电路上设法消除晶体管内部反馈作用,即变双向化为单向化。这类方法很多,一种是失配法。失配法 (单向化)的道理很容易理解,当输出电路严重失配时,输出电压相应减小,反馈到输入端的信号就进一步减弱,对输入电路的影响也随之减小。失配越严重,输出电路对输入回路的反馈作用就越小,这样,放大器基本上可以看作是单向化的。常用的办法是将两晶体管按共射-共基方式连接,做成复合管形式,使其输入和输出导纳基本上不再互相影响,实际应用时,就可以把它看做单向化,如图

2.12(a)所示。另一种办法是增加稳定电导 g_L。放大器的调谐回路并接上大的稳定电导 g_L 后，负载导纳将显著增大，可以改变放大器的稳定性，如图 2.12(b)所示。

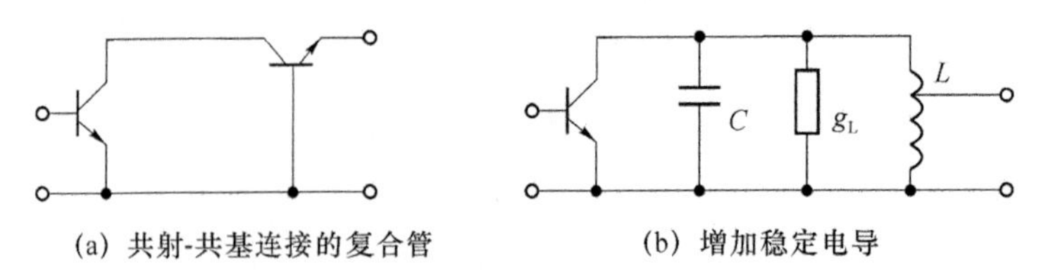

图 2.12　用失配法消除晶体管内部反馈影响

2. 外部干扰产生的反馈对放大器稳定性的影响及克服方法

在实用装置中，放大器外部的寄生反馈，均是以电磁耦合的方式出现的。引起电磁干扰必然存在发射电磁干扰的源、能接收干扰的敏感装置及两者之间的耦合途径。

电磁干扰的耦合途径如下。

(1) 电容耦合。导线与导线之间、导线与器件之间、器件与器件之间，均存在着分布电容。当工作频率高到一定程度时，这些电容可能会起作用，将信号从后级耦合到前级。

(2) 互感耦合。导线与导线之间、导线与电感之间、电感与电感之间，除分布电容外，在高频情况下，还存在互感。流经导线或电感的后级高频电流产生的交变磁场，可以与前级回路交链，产生不必要的耦合。

(3) 电阻耦合。当前、后级信号电流流经同一导线时，由于导线存在电阻，后级电流在导线上产生的电压会对前级产生影响。

(4) 电磁辐射耦合。当工作频率达到射频(150 kHz 以上)时，后级高频信号可以通过电磁辐射的方式耦合到前级。

针对寄生耦合的途径，在实际装置中，可以通过如下方法予以克服。

(1) 整体布局时，加大级与级之间的距离。以消除由级间分布电容与回路间互感产生的寄生耦合。

(2) 使器件引脚尽量短，并贴近底板。尽量使铜箔或引线短、截面积大；尽量缩小回路所包围的面积，减少回路的套合，减少连线电感与回路间的互感。

(3) 电感器件、变压器等应采取屏蔽措施。变压器与底板之间应采用非导磁材料隔离；变压器绕组轴线应互相垂直，以减少磁场耦合。

(4) 对强干扰源或敏感接收装置应根据其性质分别采取电场、磁场与电磁场屏蔽措施。任何金属接地后可对隔离部分实现电场屏蔽，导电率高的薄金属可屏蔽高频磁场；导电率高、磁阻小的铁磁性材料可以屏蔽低频磁场，密闭的金属可以屏蔽电磁场。

(5) 合理选择接地点。地线与电源线尽量增加截面积。可能的话，每级电路之间的供电线或长的信号线中间插入退耦网络。

2.4　宽频带放大器

随着电子技术的发展及其应用日益广泛，被处理信号的频带越来越宽。例如，模拟电视接收机里的图像信号所占频率范围为0～6 MHz，而雷达系统中信号的频带可达几千 MHz。要放大如此宽的频带信号，以前所介绍的许多放大器是不能胜任的，必须采用宽带放大器。按待放大信号的强弱，宽带放大器可分为小信号和大信号宽带放大器。本节讨论的是小信号放大器。大信号宽带放大器又称宽带功放，将在后面讨论。

2.4.1 宽带放大器的主要特点

宽带放大器由于待放大的信号频率很高，频带又很宽，因此有着下述与低频放大器和窄带谐振放大器不同的特点。

(1) 三极管采用 f_T 很高的高频管，分析电路时必须考虑三极管的高频特性。

(2) 对于电路的技术指标要求高。例如，视频放大器放大的是图像信号，它被送到显像管显示，由于接收这个信号时，人的眼睛对相位失真很敏感，因此对视频放大器的相位失真应提出较严格的要求。而在低频放大器中，接收信号的往往是对相位失真不敏感的耳朵，故不必考虑相位失真问题。

宽带放大器的主要技术指标有通频带、增益和失真等，不再一一说明。

(3) 负载为非谐振的。由于谐振回路的带宽较窄，所以不能作为带宽放大器的负载，即它的负载只能是非谐振的。

2.4.2 扩展通频带的方法

要得到频带较大的放大器，必须提高其上限截止频率。为此，除了选择 f_T 足够高的管子和高速宽带的电流模拟集成运放等器件外，还广泛采用组合电路和负反馈等方法。

1. 组合电路法

影响放大器的高频特性除器件参数外，还与三极管的组态有关。

我们知道，不同组态的电路具有不同的特点。因此，如果我们将不同组态电路合理的混合连接在一起，就可以提高放大器的上限截止频率，扩展其通频带，这种方法称为组合电路法。组合电路的形式很多，如图2.13所示，常用的是“共射-共基”和“共集-共射”两种组合电路。

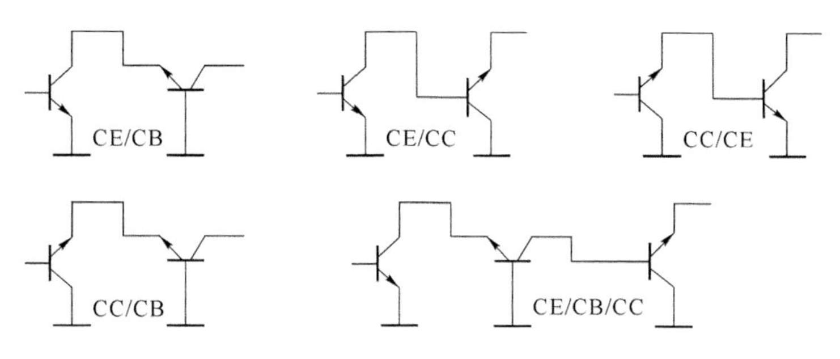

图2.13 常见组合电路形式

2. 负反馈法

我们知道,引入负反馈可扩展放大器的通频带,而且反馈越深,通频带扩展得越宽。利用负反馈技术来扩展放大器的通频带,被广泛应用于宽带放大器。但是引入负反馈容易造成放大器工作的不稳定,甚至出现自振荡,这是必须注意的问题。

常用的单级负反馈是电流串联负反馈和电压并联反馈,也可以采用交替负反馈电路:由单级负反馈电路组成多级宽带放大器时,若前级采用电流串联负反馈,则后级应采用电压并联负反馈;反之,若前级采用电压并联负反馈,则后级应采用电流串联负反馈。

在多级宽带放大器中,为了加深反馈,使频带扩展得到更宽一些,可采用两级放大器的级间反馈方式,常用的有两级电流并联负反馈放大器和两级电压串联负反馈放大器。

3. 集成宽带放大器

随着电子技术的发展,宽带放大器已实现集成化。集成宽带放大器性能优良,使用方便,已得到广泛的应用。例如,国产宽带放大器集成电路 ER4803(与国外产品 U2350、U2450 相当),其带宽为 1 GHz,这种集成电路常用作 350 MHz 以上宽带高频、中频和视频放大。

2.5 电噪声

在通信系统中,放大电路对微弱信号的放大要受到内部噪声的限制。由于放大电路具有内部噪声,当外来信号通过放大电路放大输出的同时,也有内部噪声输出。若外来信号小到一定值时,放大器的输出信号和噪声大小差不多,此时在放大器的输出端就难于分辨出有用信号。内部噪声又称之为电噪声,就是在放大电路或电子设备的输出端与有用信号同时存在的随机变化的电流或电压。没有有用信号时电噪声也存在,例如,收音机中常听到的“沙沙”声;电视图像的背景上常看到的黑白斑点。

2.5.1 噪声的来源和特点

噪声对有用信号的接收会产生干扰,特别是当有用信号较弱时,噪声的影响就更为突出,严重时会使有用信号淹没在噪声之中而无法接收。噪声的种类很多,有的是从器件外部串扰进来的,称为外部噪声;有的是器件内部产生的,称为内部噪声。内部噪声源主要有电阻热噪声、晶体三极管噪声、场效应管噪声和天线噪声 4 种。

1. 电阻热噪声

一个电阻在没有外加电压时,电阻材料的自由电子要作无规则的运动,它的一次运动过程,就会在电阻两端产生很小的电压,电压的正负由电子的运动方向决定。大量的热运动电子就会在电阻两端产生起伏电压。就一段时间看,出现正负电压的概率相同,因而两端的平均电压为零。但就某一瞬时来看,电阻两端电压的大小和方向是随机变化的。这种因热而产生的起伏电压就称之为电阻的热噪声。

噪声电压 $u_n(t)$是随机变化的,无法确切地写出它的数学表达式。大量的实践和理论分析已经找出它们的规律性,可以用概率特性和功率谱密度来描述。例如,电阻热噪声电压 $u_n(t)$具有很宽的频谱,它从零频率开始,连续不断,一直延伸到 $10^{13}\sim10^{14}$ Hz 的频率,而且它的各个频率分量的强度是相等的,如图 2.14 所示。这样的频谱和太阳光的光谱相似,通常就把这种具有均匀的连续频谱的噪声叫做白噪声。

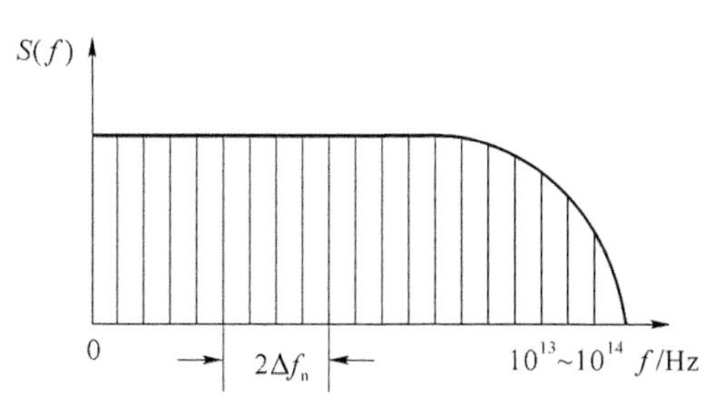

图 2.14　电阻热噪声特性

在较长时间里,噪声电压 $u_n(t)$的统计平均值为零。但是,假如将 $u_n(t)$平方后再取其平均值,就具有一定的数值,称其为噪声电压的均方值,即

$$\overline{u_n^2(t)} = \lim_{T\to\infty}\frac{1}{T}\int_0^T u_n^2(t)\,dt \tag{2.39}$$

而噪声电压作用于 1 Ω 电阻上的平均功率为

$$P = \frac{1}{T}\int_0^T u_n^2(t)\,dt \tag{2.40}$$

若以 $S(f)df$ 表示频率在 f 与 $f+df$ 之间的平均功率,则总的平均功率为

$$P = \frac{1}{T}\int_0^\infty S(f)\,df \tag{2.41}$$

可得

$$\overline{u_n^2(t)} = \lim_{T\to\infty}\frac{1}{T}\int_0^T u_n^2(t)\,dt = \int_0^\infty S(f)\,df \tag{2.42}$$

式中,$S(f)$为噪声功率谱密度,单位为 W/Hz。

因此,电阻热噪声可以用功率谱的形式来表征,即热噪声的频谱在极宽的频带内具有均匀的功率谱密度。根据热运动理论和实践证明,电阻热噪声功率谱密度为

$$S(f)=4kTR \tag{2.43}$$

式中,k 为波尔兹曼常数,$k=1.38\times10^{-23}$ J/K;T 为电阻的绝对温度值,单位为 K。

因为功率谱密度表示单位频带内的噪声电压均方值,故噪声电压的均方值$\overline{u_n^2(t)}$为

$$\overline{u_n^2(t)}=4kTg\Delta f_n \tag{2.44}$$

或表示为噪声电流的均方值为

$$\overline{i_n^2(t)}=4kTg\Delta f_n \tag{2.45}$$

式中,Δf_n为电路的等效噪声带宽,单位为 Hz。

电阻的热噪声可以用一个噪声电压源和一个无噪声的串联电阻 R 等效,也可以用一个

噪声电流源和一个无噪声的电导 g 并联等效。因功率与电压或电流的均方值成正比，电阻热噪声也可以看成是噪声功率源。

2. 晶体三极管的噪声

晶体三极管的噪声主要有 4 个来源。

（1）热噪声

构成晶体管的发射区、基区、集电区的体电阻和引线电阻均会产生热噪声，其中主要是基区电阻 $r_{bb'}$ 产生的热噪声。用噪声功率谱密度表示为

$$S(f)=4kTr_{bb'}$$

（2）散弹噪声

散弹噪声是晶体管的主要噪声源。它是由单位时间内通过 PN 结的载流子数目随机起伏而造成的。在晶体管的 PN 结中（包括二极管的 PN 结），每个载流子都是随机地通过 PN 结的（包括随机注入、随机复合）。大量载流子流过结时的平均值（单位时间内平均）决定了它的直流电流 I_0，因此真实的结电流是围绕 I_0 起伏的。这种由于载流子随机起伏流动产生的噪声称为散弹噪声，或散粒噪声。这种噪声也存在于电子管、光电管之类器件中，是一种普遍物理现象。由于散弹噪声是大量载流子引起的，每个载流子通过 PN 结的时间很短，因此它们的噪声谱和电热噪声相似，具有平坦的噪声功率谱。也就是说散弹噪声也是白噪声。根据理论分析和实验表明，散弹噪声引起的电流起伏均方值与 PN 结的直流电流成正比。其电流功率频谱密度为

$$S_I(f)=2qI_0 \tag{2.46}$$

式中，I_0 为通过 PN 结的平均电流值；q 为每个载流子所载的电荷量，$q=1.59\times10^{-19}$ C（库[仑]）。

一般情况下，散弹噪声大于电阻热噪声，散弹噪声和电阻热噪声都是白噪声。在 $I_0=0$ 时，散弹噪声为零，但是只要不是绝对零度，热噪声总是存在。这是散弹噪声与热噪声的区别。

另外，晶体管中有发射结和集电结，因为发射结工作于正偏，结电流大。而集电结工作于反偏，除了基极来的传输电流外，只有反向饱和电流（它也产生散弹噪声）。因此发射结的散弹噪声起主要作用，而集电结的噪声可以忽略。

（3）分配噪声

晶体管中通过发射结的非平衡少数载流子，大部分由集电极收集，形成集电极电流，而少数部分载流子被基极流入的多数载流子复合，产生基极电流。由于基极中载流子的复合也具有随机性，即单位时间内复合的载流子数目是起伏变化的。晶体管的电流放大系数 α、β 只是反映平均意义上的分配比。这种因分配比起伏变化而产生的集电极电流、基极电流在静态值上下起伏的噪声，称为晶体管的分配噪声。

分配噪声实际上也是一种散弹噪声，但由于渡越时间的影响，当三极管的工作频率高到一定值后，这类噪声的功率谱密度是随频率变化的，频率越高，噪声越大。

（4）闪烁噪声

闪烁噪声是由于半导体材料及制造工艺水平造成表面清洁处理不好而引起的噪声。它与半导体表面少数载流子的复合有关，表现为发射极电流的起伏，其电流噪声谱密度与频率

近似成反比，又称 $1/f$ 噪声。因此，它主要在低频范围起主要作用。其特点是频谱集中在约 1 kHz 以下的低频范围，且功率频谱密度随频率降低而增大。在高频工作时，可以忽略闪烁噪声。这种噪声也存在于其他电子器件中，某些实际电阻器就有这种噪声。晶体管在高频应用时，除非考虑它的调幅、调相作用，这种噪声的影响也可以忽略。

3. 场效应管的噪声

在场效应管中，由于其工作原理不是靠少数载流子的运动，因而散弹噪声的影响很小。场效应管的噪声有以下几个方面的来源：场效应管是依靠多子在沟道中的漂移运动而工作的，沟道中多子的不规则热运动会在场效应管的漏极电流中产生类似电阻的热噪声，称为沟道热噪声，这是场效应管的主要噪声源。其次便是栅极漏电流产生的散弹噪声。在高频时同样可以忽略场效应管的闪烁噪声。

(1) 沟道热噪声

这是由导电沟道电阻产生的噪声。因为沟道电阻的大小不是恒定值，而受到栅极电压的控制，此噪声与场效应管的转移跨导 g_m 成正比。其值为

$$\overline{i_{nd}^2}=4kTg_m\Delta f_n \tag{2.47}$$

(2) 栅极感应噪声

这是沟道中的起伏噪声通过沟道与栅极之间的电容 C_{gs}，在栅极上感应而产生的噪声，此噪声与工作频率 ω 及 C_{gs} 的平方成正比，与跨导 g_m 成反比。

(3) 栅极散弹噪声

这是由栅极内电荷的不规则起伏而引起的，对于结型场效应管，其噪声电流的均方值与栅极漏电流成正比。对于 MOS 型场效应管，由于泄漏电流很小，仅为微安级，其栅极散弹噪声可忽略。

必须指出，前面讨论的晶体管中的噪声，在实际放大器中将同时起作用并参与放大。有关晶体管的噪声模型和晶体管放大器的噪声比较复杂，这里就不讨论了。

4. 天线噪声

天线噪声由天线本身产生的热噪声和天线接收到的各种外界环境噪声组成。天线本身的热噪声功率 $P_{NA}=4kTR_AB_N$，R_A 为天线辐射等效电阻。天线的环境噪声是指大气电离层的衰落和天气的变化等因素引起的自然噪声，以及来自太阳、银河和月球的无线电辐射产生的宇宙噪声。环境是不稳定的，在空间的分布也是不均匀的。例如，自然噪声随季节变化、昼夜时间的变化以及频率的变化都将发生变化；银河系的辐射较强，其主要影响在米波段以下，而且这种影响是稳定的；太阳的电磁辐射是极不稳定的，而且还与太阳的黑子变化、太阳的大爆发有关。

2.5.2 噪声系数

1. 信噪比

噪声的有害影响一般是相对于有用信号而言，脱离了信号的大小只讲噪声的大小是没

有意义的。例如,有一台收音机,输出噪声功率是 8 mW,而有用声音信号的输出功率为 1 W,显然能很好收听到有用信号,因为这时信号的输出功率比噪声功率大得多。若噪声功率和有用信号功率可相比拟,甚至比有用信号输出功率还大,则这时信号将被淹没在噪声之中,以至无法收听。为此,常用信号和噪声的功率比来衡量一个信号的质量优劣。信号和噪声的功率比,又称信噪比(SNR 或 S/N),定义为在指定频带内,同一端口信号功率 P_s 和噪声功率 P_n 的比值,即

$$SNR=\frac{P_s}{P_n} \tag{2.48}$$

用分贝表示信噪比为

$$SNR(dB)=10\lg\frac{P_s}{P_n} \tag{2.49}$$

信噪比越大,信号质量越好。信噪比的最小允许值,取决于具体应用设备的要求。例如,调幅收音机检波器输入端为 10 dB,调频接收机鉴频器输入端为 12 dB,电视接收机检波器输入端为 40 dB。信号通过多级级联放大器时,由于每级都要附加噪声,使信噪比逐级减小。因此,输出端的信噪比总是小于输入端。

2. 噪声系数定义

信噪比虽然能反映信号质量的好坏,但它不能反映该放大器或网络对信号质量的影响,也不能表示放大器本身噪声性能的好坏,因此人们常用噪声系数来表示放大器的噪声性能。

噪声系数的定义是放大电路输入端信号噪声功率比 P_{si}/P_{ni} 与输出端信号噪声功率比 P_{so}/P_{no} 的比值。用 N_f 来表示

$$N_f=\frac{P_{si}/P_{ni}}{P_{so}/P_{no}} \tag{2.50}$$

用分贝数表示

$$N_f(dB)=10\lg\frac{P_{si}/P_{ni}}{P_{so}/P_{no}} \tag{2.51}$$

它表示信号通过放大器后,信号噪声功率比变坏的程度。

如果放大电路是理想无噪声的线性网络。那么,其输入的信号和噪声得到同样的放大。而输出端的信噪比与输入端的信噪比相同,噪声系数 $N_f=1$。若放大电路本身有噪声,则输出噪声功率等于放大后的输入噪声功率和放大电路本身噪声功率之和。显然,经放大后输出端的信噪比低,即 $N_f>1$。

式(2.50)是噪声系数的基本定义。将它作适当的变换,可有另一种表示形式

$$N_f=\frac{P_{si}/P_{ni}}{P_{so}/P_{no}}=\frac{P_{no}}{A_P P_{ni}} \tag{2.52}$$

式中,$A_P=P_{so}/P_{si}$ 为放大电路的功率增益。

$A_P P_{ni}$ 表示信号源产生的噪声通过放大电路放大后在输出端所产生的噪声功率,用 P_{no1} 表示,则式(2.52)可写成

$$N_f=\frac{P_{no}}{P_{no1}} \tag{2.53}$$

式(2.53)表明，噪声系数 N_f 仅与输出端的两个噪声功率 P_{no}、P_{no1} 有关，而与输入信号大小无关。

实际上，放大电路的输出噪声功率 P_{no} 是由两部分组成的，一部分是 $P_{no1}=A_P P_{ni}$，另一部分是放大电路本身产生的噪声在输出端呈现的输出功率 P_{no2}，即

$$P_{no}=P_{no1}+P_{no2} \tag{2.54}$$

所以，噪声系数又可写成

$$N_f=1+\frac{P_{no2}}{P_{no1}} \tag{2.55}$$

由此可以看出噪声系数与放大电路内部噪声的关系。

应该指出，噪声系数的概念仅仅适用线性电路，可用功率增益来描述。对非线性电路，信号与噪声、噪声与噪声之间会相互作用。即使电路本身不产生噪声，输出端的信噪比也和输入端的不同。因此，噪声系数的概念就不能适用。

为了计算和测量方便，噪声系数可用额定功率和额定功率增益来表示。

当信号源内阻 R_s 与放大电路的输入电阻 R_i 相等时，信号源有最大功率输出。这个最大功率称为额定输入信号功率。其值为 $P'_{si}=U_s^2/(4R_s)$。面额定输入噪声功率为 $P'_{ni}=\overline{u_{ni}^2}/(4R_s)=(4kTR_s\Delta f_n)/(4R_s)=kT\Delta f_n$。当 $R_s\neq R_i$ 时，额定信号功率和额定噪声功率的数值不变。但这时的额定功率不表示实际的功率。

同理，对输出端来说，当放大电路的输出电阻 R_o 与负载电阻 R_L 相等时，输出端匹配。输出端的额定信号功率为 P'_{so} 和额定噪声功率为 P'_{no}。当 $R_o\neq R_L$ 时，P'_{so} 和 P'_{no} 数值不变，但不表示输出端的实际功率。

额定功率增益是指放大电路的输入和输出都匹配时($R_s=R_i$，$R_o=R_L$ 时)的功率增益，即 $A_{PH}=P'_{so}/P'_{si}$。额定功率增益的概念在放大电路不匹配时，也是存在的。因此，噪声系数也可以定义为

$$N_f=\frac{P'_{si}/P'_{ni}}{P'_{so}/P'_{no}}=\frac{P'_{no}}{A_{PH}P'_{ni}}=\frac{P'_{no}}{kT\Delta f_n A_{PH}} \tag{2.56}$$

这是噪声系数的又一种表示形式。用此式计算和测量噪声比较方便。

2.5.3 降低噪声系数的措施

1. 选用低噪声器件和元件

在放大和其他电路中，电子器件的内部噪声起着重要作用。因此，选用低噪声的电子器件，就能大大降低电路的噪声系数。对晶体管而言，尽量选用 $r_{bb'}$ 热噪声系数 N_f 小的管子。目前还广泛采用噪声系数小的场效应管做成放大器和混频器。在电路中，有关电阻元件的选用，尽量做到使用金属膜电阻，这是因为金属膜电阻热噪声比较小。

2. 正确选择晶体管放大器的直流工作点

晶体管放大器的噪声系数和晶体管的直流工作点有较大的关系。工作点电流过大或过

小都会引起放大器噪声系数增大，对于一定的信号源内阻存在着一个使噪声系数 N_f 最小的工作点电流，其值一般在 0.3～1 mA。

3. 选据合适的信号源内阻

信号源内阻与放大电路的噪声系数有着密切关系，使放大电路噪声系数最小必存在一最佳信号源内阻。在较低工作频率时，最佳信号源内阻为 500～2 000 Ω，这与共发射极放大器的输入电阻相接近。所以这时可选用共发射极放大器作为前级放大器，不仅可获得最小的噪声系数，而且还能获得最大功率增益。在较高工作频率时，最佳信号源内阻为几十 Ω 到几百 Ω，此时选用共基极放大器比较合适，因共基极放大器输入电阻较低，可与最佳信号源内阻相接近，降低噪声系数。

4. 选择合适的工作带宽

噪声电压大小与通带宽度有关。若接收机或放大器的带宽增大时，则接收机或放大器的各种内部噪声也增大。因此，必须严格地选择接收机或放大器的带宽，既不能过窄，以便满足信号通过时不产生失真，又不能过宽，防止造成放大器信噪比下降。

5. 选用合适的放大电路

例如，共发-共基级联放大器、共源-共栅级联放大器都是性能优良的高稳定、低噪声电路。

6. 降低噪声温度

热噪声是内部噪声的主要来源之一，所以降低放大器、特别是接收机前端主要器件的工作温度，对减小噪声系数是有意义的，对灵敏度要求特别高的设备来说，降低噪声温度是一个重要措施。例如卫星地面站接收机中常用的高频放大器就采用"冷参放"(致冷至 20～80 K 的参量放大器)。其他器件组成的放大器致冷后，噪声系数也有明显的降低。

7. 适当减少接收天线的馈线长度

接收天线至接收机的馈线太长，损耗过大，对整机噪声有很大的影响。所以减少馈线长度是一种降低整机噪声的有效方法。可将接收机前端电路(高放、混频和前置中放)直接置于天线输出端口，使信号经过放大有一定功率后，再经电缆输往主中放，这样可有效降低噪声系数。

习　题

2.1　单级小信号谐振放大器电路如题图 2.1 所示，工作频率 f_0 = 10 MHz，$BW_{0.7}$ = 500 kHz，

要求谐振时电压放大系数 $A_{u0}=100$。已知：$Y_{ie}=(2+j0.5)\,mS$，$Y_{re}\approx 0$，$Y_{fe}=(2-j5)\,mS$，$Y_{oe}=(20+j40)\,\mu S$，线圈的 $Q_0=60$。试求 L、C 和 R_L 的值。

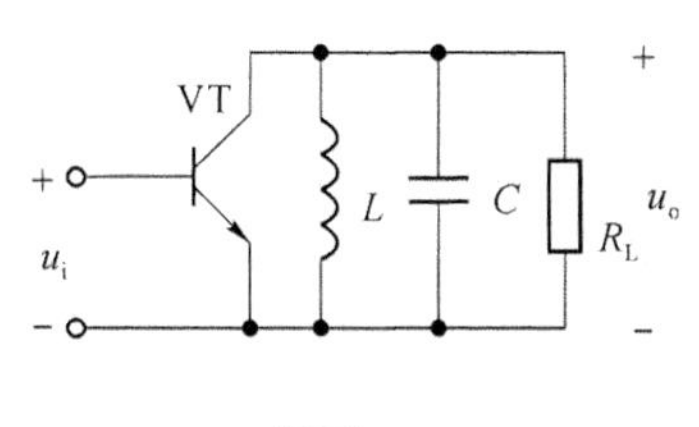

题图 2.1

2.2　如题图 2.2 所示调谐放大器中，工作频率 $f_0=10.7$ MHz，调谐回路电感 $L_{13}=4\,\mu H$，$Q_0=100$，N_{13} 为 20 匝，N_{23} 为 5 匝，N_{45} 为 5 匝。所用晶体管 3DG39 在工作条件下的参数为：$g_{ie}=2\,860\,\mu S$，$C_{ie}=18$ pF，$g_{oe}=200\,\mu S$，$C_{oe}=7$ pF；$Y_{re}\approx 0$，$Y_{fe}=50$ mS，求：

(1) 画出用 Y 参数表示的等效电路；(2) 单级放大器的电压增益和通频带；(3) 若要使通频带 $BW_{0.7}=5$ MHz，则应在回路两端并联多大的电阻？

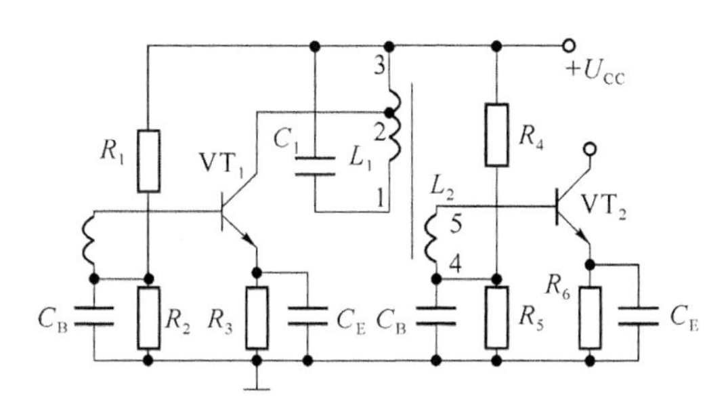

题图 2.2

2.3　如题图 2.3 所示的共基极单调谐放大器，中心频率 $f_0=38$ MHz，BJT 在工作点上的 Y 参数为 $Y_{ie}=(0.5+j4)\,mS$，$Y_{re}=-j0.9$ mS，$Y_{fe}=50$ mS，$Y_{oe}=j0.9$ mS，回路空载品质因数 $Q_0=80$，接入系数 $p_1=1$，$p_2=0.06$，回路电容 $C=20$ pF，$R_L=50\,\Omega$，试求放大器谐振时的电压放大系数 A_{u0} 和通频带 $BW_{0.7}$。

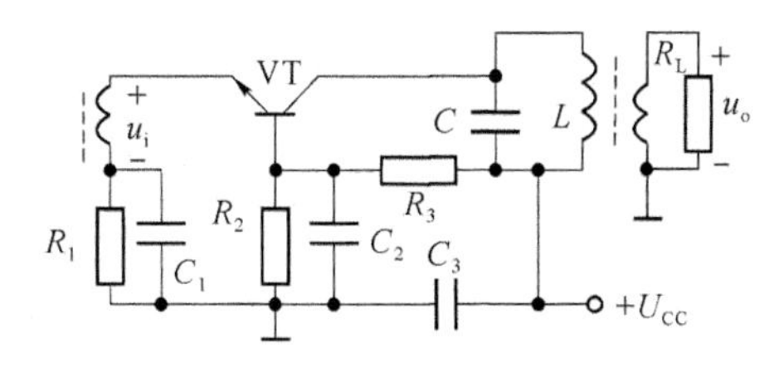

题图 2.3

2.4　将三级题图 2.2 中 VT_1 组成的放大电路(各参数和题图 2.2 相同)级联。(1)试求三级的总电压放大系数 $(A_{u0})_3$、总通频带 $(BW_{0.7})_3$；(2)若要求保持总通频带为单级的通频带 $BW_{0.7}$，则单级的通频带 $BW'_{0.7}$ 应加宽到多少？三级的总放大系数应是多少？

2.5　调谐在中心频率 $f_0=10.7$ MHz 的三级单调谐回路中频放大器，要求 $BW_{0.7}\geqslant$

100 kHz,失谐在±250 kHz 时衰减量≥20 dB。试确定每个回路的有载品质因数 Q_L。

2.6 在小信号谐振放大器中,晶体三极管与回路之间采用部分接入,回路的一次、二次侧之间也常采用部分接入,为什么?

2.7 放大器的内部噪声是如何产生的?对于多级放大器或接收机应如何控制总的噪声系数?

2.8 一个电阻阻值为 10 kΩ,在温度为 27 ℃、工作频率为 10 MHz 情况下工作,试计算它两端产生的噪声电压(有效值)。

2.9 晶体管和场效应晶体管噪声的主要来源是哪些?为什么场效应晶体管内部噪声较小?

2.10 什么是噪声系数?如何降低多级放大器的总噪声系数?

2.11 噪声有哪些类型?如何降低噪声的影响?

高频功率放大器

3.1 概　　述

高频功率放大器是无线通信系统中的重要组成部分。和高频小信号放大器一样，高频功率放大器同样是对信号进行放大处理。但不同的是，前者常用于接收设备的前级电路中，对接收天线所感应到的几十 μV 到几 mV 的高频小信号进行 60～100 dB 的放大，以满足后续电路对输入电压的要求。而后者常用于发送设备的中间级和末级电路中，如发送设备中的缓冲级、中间放大级、推动级和输出级，通过提高已调信号的发射功率，以实现远距离传输。因此，高频功率放大器也被称为高频大信号放大器。

功率放大器可以根据信号在一个周期内放大器件导通的时间分为甲类、甲乙类、乙类、丙类、丁类等不同工作状态。图 3.1 为甲、乙、丙 3 种状态时的晶体管集电极电流波形，这里，θ 为晶体管的半导通角。功率放大器的实质是将直流电源供给的直流功率转换为交流输出功率，在转换过程中，不可避免地存在着能量的损耗。因此，功率放大器研究的主要问题是如何提高效率，减小损耗及获得大的输出功率。

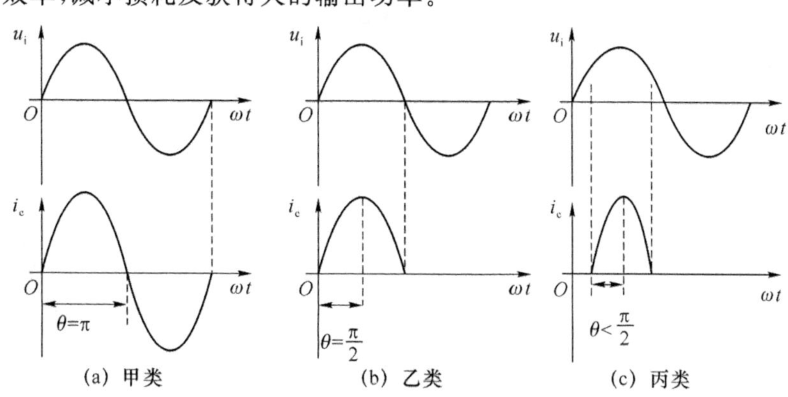

图 3.1　甲、乙、丙 3 种状态时的晶体管集电极电流波形

如图 3.2 所示，若直流电源 E_C 提供的直流功率为 $P_D=I_CE_C$，集电极耗散功率为 $P_C=\frac{1}{2\pi}\int_{-\pi}^{\pi}i_cu_{CE}\,d\omega t=\frac{1}{2\pi}\int_{-\theta}^{\theta}i_cu_{CE}\,d\omega t$，则输出功率为 $P_o=P_D-P_C=\overline{i_cu_c}$，集电极效率为 $\eta_c=\frac{P_o}{P_D}$。由此可以看出，功率放大器的输出功率和效率与其放大器件的导通角即工作状态有直接关系。

高频功率放大器与低频功率放大器有很大差异。首先，二者的工作频率以及相对频带宽度相差较大，低频功率放大器工作频率低较，一般在 20 Hz～20 kHz 范围内，相对频带较宽，所以不能采用谐振负载，而只能采用纯电阻负载；由于高频功率放大器工作频率高，可在几百 kHz 到几万 MHz 范围内，但相对频带较窄，因此可以采用谐振回路作为负载。其次，低频功率放大器主要要求较大的输出功率 P_o，电路工作在乙类、甲乙类甚至甲类；由于高频功率放大器能以谐振电路作为负载，既要有足够的输出功率 P_o，又要求提高放大器的效率 η_c，因此工作在丙类、丁类等工作状态。

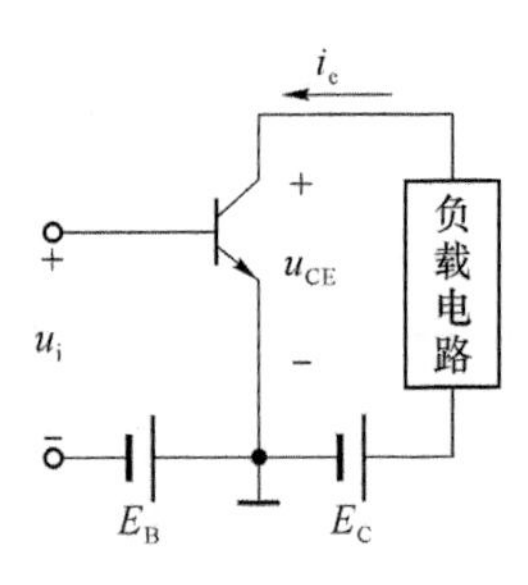

图 3.2　功率放大器

3.2　谐振功率放大器的工作原理

3.2.1　电路的组成及特点

如图 3.3 所示是一个高频谐振功率放大器的原理电路，主要由三部分组成：三极管、LC 谐振回路和直流馈电电路，与小信号放大电路的组成部分基本相同，但其工作状态和功能并不相同。小信号放大器的输入信号为小信号，晶体管工作在线性状态，属于线性放大器；而高频功率放大器的输入信号为大信号，晶体管工作在非线性状态，属于非线性放大器。另外，谐振负载在高频小信号放大器中起选择有用信号、滤除干扰信号的作用，而在高频功率放大器中则起选择基波信号、滤除谐波成分的作用。

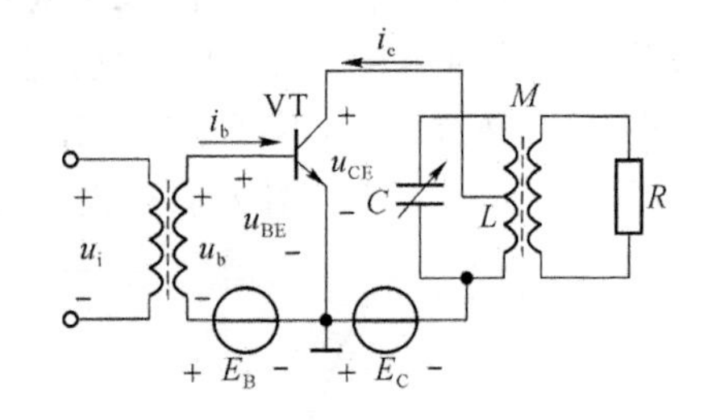

图 3.3　功率放大电路

图中，VT 是高频大功率晶体管，能承受高电压和大电流。E_B 是基极偏置电压，调整它可以改变放大器的工作类型，在这里 E_B 可以选择为负偏压、零偏压或小的正偏压，在输入大激励信号（电压幅度可达 1～2 V）作用下，发射结只在一周期的部分时间内导通，基极电流 i_b 和集电极电流 i_c 均为一系列高频脉冲。

采用 LC 谐振回路作为负载，除了可以滤除高频脉冲电流 i_c 中的谐波分量，输出所需信号频率的电压和功率之外，它还完成阻抗变换与匹配功能，采用变压器耦合的部分接入方式，可以减小后级负载及三极管输出阻抗对负载回路的影响，同时将 R 变换成最佳负载，得以高效率地输出大功率。

3.2.2 电路工作原理及性能指标

1. 特性曲线的折线分析法

高频功率放大器工作在丙类或丁类等状态，放大器件的特性曲线为非线性曲线，因此可采用折线近似分析法简化分析过程。虽然近似分析法与实际情况相比存在较大误差，但是对定性分析谐振功率放大器的性能仍有实用价值。

将特性曲线做折线近似，考虑以下近似条件：忽略高频效应，当工作频率 $f<0.5f_\beta$ 时，认为三极管工作在低频区；忽略管子结电容、载流子基区渡越时间等影响；忽略基区宽度调制效应和管子 β 的非线性，输出特性曲线考虑为水平、平行、等间隔曲线族；忽略穿透电流，认为 $I_{CEO}\approx 0$。由此得到三极管的输入特性、转移特性和输出特性曲线如图 3.4 所示，图中 U_D 为发射结的导通电压，图 3.4(a)中硅管导通电压为 0.4～0.6 V，图 3.4(b)中硅管导通电压为 0.2～0.3 V；g_m 为转移特性的斜率，也称为跨导。由转移特性可得：$i_c=g_m(u_{BE}-U_D)$。输出特性中的参变量采用 u_{BE}。

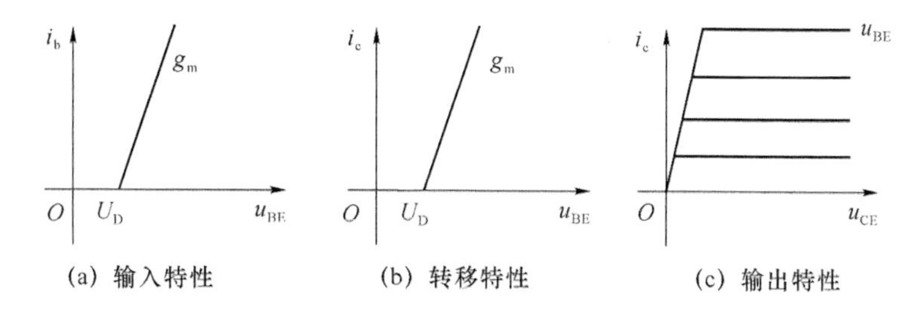

图 3.4 晶体管特性曲线的折线化

2. 工作原理

假设输入高频信号为 $u_b=U_{bm}\cos\omega t$，则放大管基射极间的电压为

$$u_{BE}=E_B+u_b=E_B+U_{bm}\cos\omega t \tag{3.1}$$

晶体管输出电压为

$$u_{CE}=E_C-u_c=E_C-U_{cm}\cos\omega t \tag{3.2}$$

当 $E_B-U_{bm}\geqslant U_D$ 时，晶体管工作在甲类；当 $E_B=U_D$ 时，晶体管工作在乙类；当 $E_B<U_D$，且 $E_B+U_{bm}>U_D$ 时，晶体管工作在丙类，其半导通角 $\theta<90°$。利用转移特性曲线作图，可得到三极管集电极电流 i_c 的波形，如图 3.5 所示。由图可知，当 $\omega t=\pm\theta$ 时，$u_{BE}=U_D$，根据式(3.1)，有 $\cos\theta=\dfrac{U_D-E_B}{U_{bm}}$。

三极管集电极电流 i_c 为

$$i_c=g_m(u_{BE}-U_D)=g_m(E_B+U_{bm}\cos\omega t-U_D)\quad(2n\pi-\theta\leqslant\omega t\leqslant 2n\pi+\theta) \tag{3.3}$$

当 $\omega t=2n\pi$ 时，电流达到最大值为

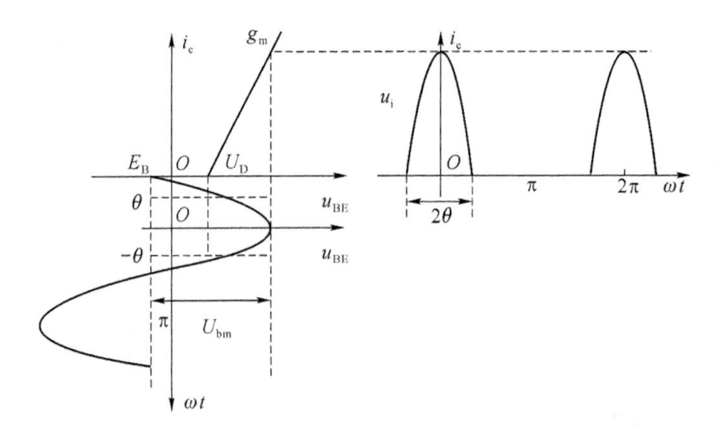

图 3.5　丙类工作状态时的晶体管集电极电流波形

$$I_{cm}=g_m(E_B+U_{bm}-U_D)=g_mU_{bm}(1-\cos\theta)$$

式(3.3)可简化为

$$i_c=\begin{cases} I_{cm}\dfrac{\cos\omega t-\cos\theta}{1-\cos\theta} & (2n\pi-\theta\leqslant\omega t\leqslant2n\pi+\theta) \\ 0 & (\omega t\leqslant 2n\pi-\theta,\omega t\geqslant 2n\pi+\theta)\end{cases} \tag{3.4}$$

将式(3.4)展开为傅里叶级数

$$i_c=I_{c0}+I_{c1}\cos\omega t+I_{c2}\cos 2\omega t+\cdots+I_{cn}\cos n\omega t \tag{3.5}$$

式中，I_{c0}为集电极电流的直流分量；I_{c1}，I_{c2}，…，I_{cn}分别为集电极电流的基波、二次谐波等分量的振幅。其值分别为

$$I_{c0}=\frac{1}{2\pi}\int_{-\pi}^{\pi}i_c(t)\mathrm{d}\omega t=I_{cm}\left(\frac{1}{\pi}\cdot\frac{\sin\theta-\theta\cos\theta}{1-\cos\theta}\right)=\alpha_0(\theta)\cdot I_{cm}$$

$$I_{c1}=\frac{1}{\pi}\int_{-\pi}^{\pi}i_c(t)\cos\omega t\mathrm{d}\omega t=I_{cm}\left(\frac{1}{\pi}\cdot\frac{\theta-\sin\theta\cos\theta}{1-\cos\theta}\right)=\alpha_1(\theta)\cdot I_{cm}$$

$$\vdots$$

$$I_{cn}=\frac{1}{\pi}\int_{-\pi}^{\pi}i_c(t)\cos n\omega t\mathrm{d}\omega t=I_{cm}\left(\frac{2}{\pi}\cdot\frac{\sin n\theta\cdot\cos\theta-n\cdot\cos n\theta\cdot\sin\theta}{1-\cos\theta}\right)=\alpha_n(\theta)\cdot I_{cm}$$

式中的$\alpha_0(\theta)$，$\alpha_1(\theta)$，…，$\alpha_n(\theta)$都是θ的函数，称为余弦脉冲的分解系数。另外，定义$\gamma_1=\dfrac{I_{c1}}{I_{c0}}=\dfrac{\alpha_1(\theta)}{\alpha_0(\theta)}$为波形系数。将$\alpha_0(\theta)$，$\alpha_1(\theta)$，…，$\alpha_n(\theta)$及$\gamma_1$与导通角$\theta$的关系制成曲线，如图3.6所示，具体数值见本书附录。

当i_c流过LC谐振回路时，会在回路两端产生电压u_c。尽管i_c中包含丰富的高次谐波分量，由于LC谐振回路具有选频滤波的特性，当回路调谐于输入信号频率时，回路两端电压u_c只有基波分量幅度较大，其他频率的信号电压幅度较小，予以忽略。设R_P是并联回路谐振时的等效负载电阻，则有

$$u_c=U_{cm}\cos\omega t=U_{c1}\cos\omega t=I_{c1}R_P\cos\omega t \tag{3.6}$$

可以看出，工作在丙类状态的高频谐振功率放大器，由于谐振回路的选频作用，即使集

电极电流是不连续的脉冲电流，在谐振回路两端也可以得到余弦电压，这和以纯电阻为负载的放大器是不同的。

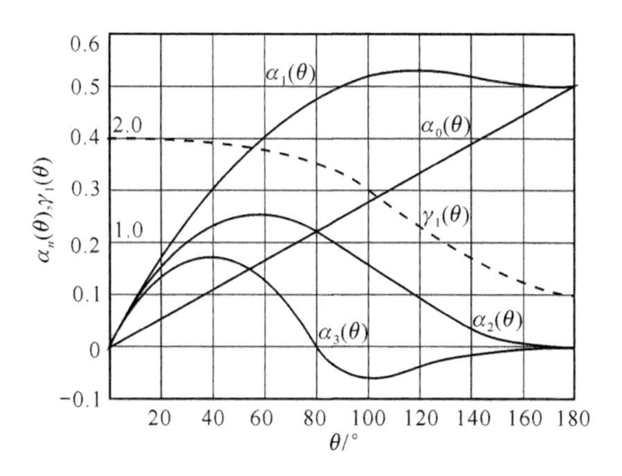

图 3.6　$\alpha_0(\theta),\alpha_1(\theta),\cdots,\alpha_n(\theta)$与$\theta$的关系曲线

如果将谐振回路调谐在输入信号的n次谐波上，即$\omega_0=n\omega$，在回路两端会得到频率为$n\omega$的电压。$u_c=U_{cn}\cos n\omega t$，相当于实现了对输入信号的n倍频。我们称这种谐振功率放大器为倍频器。

3. 功率和效率

分析调谐功率放大器的性能，主要是计算 BJT 集电极直流电源供给的直流功率P_D，集电极交流输出功率P_o，集电极耗散功率P_C及集电极效率η_c。根据余弦脉冲电流中的直流分量和基波分量，可求得直流电源所供给的直流功率为

$$P_D=I_{c0}E_C=E_CI_{cm}\alpha_0(\theta) \tag{3.7}$$

基波电流在调谐回路两端所产生的交流输出功率为

$$P_o=\frac{1}{2}I_{c1}^2R_P=\frac{1}{2}I_{c1}U_{cm}=\frac{1}{2}\xi E_CI_{cm}\alpha_1(\theta) \tag{3.8}$$

其中，ξ为集电极电压利用系数，且$\xi=\dfrac{U_{c1}}{E_C}$。

根据式(3.7)及式(3.8)，可得出集电极效率为

$$\eta_c=\frac{P_o}{P_D}=\frac{\frac{1}{2}\xi E_CI_{cm}\alpha_1(\theta)}{E_CI_{cm}\alpha_0(\theta)}=\frac{1}{2}\cdot\xi\cdot\gamma_1 \tag{3.9}$$

【例 3.1】 某一晶体管谐振功率放大器，已知$E_C=24\ \text{V}$，$I_{c0}=250\ \text{mA}$，$P_o=5\ \text{W}$，电压利用系数$\zeta=1$，试求：P_D，I_{c1}，η_c，R_P和电流半导通角θ。

解：由式(3.7)得

$$P_D=I_{c0}E_C=24\times0.25=6\ \text{W}$$

由式(3.8)得

$$I_{c1}=I_{cm}\alpha_1(\theta)=\frac{2P_o}{\xi E_C}=\frac{2\times5}{1\times24}\approx0.42\ \text{A}$$

$$R_P=\frac{2P_o}{I_{c1}^2}=\frac{2\times5}{0.42^2}\approx56.78\ \Omega$$

$$\gamma_1=\frac{I_{c1}}{I_{c0}}=\frac{\alpha_1(\theta)}{\alpha_0(\theta)}=\frac{0.42}{0.25}\approx 1.68$$

查表得

$$\theta = 76°$$

由式(3.9)得

$$\eta_c=\frac{P_o}{P_D}=\frac{5}{6}\approx 83.3\%$$

3.3 高频功率放大器的动态分析

由于高频功放工作在大信号的非线性状态，显然晶体管小信号等效电路的分析方法已不适用，所以一般可以利用晶体管的静态特性曲线进行分析。但由于晶体管的发射结与集电结电容等影响，当工作频率较高时，晶体管电流放大系数 β 将随信号频率而变化。通常所说的静态特性曲线只适用于放大系数 β 近似等于直流放大系数 β_0 的低频区，而直接在高频或中频工作区进行计算和分析是非常困难的。因此，本节将以低频区的静态特性来近似分析晶体管高频功放的工作特性，虽然存在一定误差，但实践表明，由它对高频功放进行定性分析是完全可行的。

3.3.1 动态特性

晶体管的静态特性是在集电极电路内没有负载阻抗的条件下得到的 $i_c=f(u_{BE},u_{CE})$关系，这是晶体管本身所固有的。对于高频功率放大器，当工作于丙类状态时，其负载是等效的并联谐振回路，回路的谐振频率等于输入信号的频率。

在高频功率放大器的电路和输入、输出条件确定后，也就是在晶体管、电源电压 E_C、E_B、输入信号振幅 U_{bm} 和输出信号振幅 U_{cm}（或 R_P）一定的条件下，$i_c=f(u_{BE},u_{CE})$的关系称为放大器的动态特性。它是由晶体管内部特性和外电路特性相结合的产物。

晶体管内部特性就是静态特性，放大区的折线方程为

$$i_c=g_m(u_{BE}-U_D) \tag{3.10}$$

当放大器工作于谐振状态时，高频功率放大器的外部电路关系式为

$$\left.\begin{aligned}u_{BE}&=E_B+U_{bm}\cos\omega t\\ u_{CE}&=E_C-U_{cm}\cos\omega t\end{aligned}\right\} \tag{3.11}$$

综合式(3.10)与式(3.11)得

$$\begin{aligned}i_c&=g_m\left(E_B+U_{bm}\frac{E_C-u_{CE}}{U_{cm}}-U_D\right)=\\&-g_m\frac{U_{bm}}{U_{cm}}\left(u_{CE}-\frac{U_{bm}E_C-U_DU_{cm}+E_BU_{cm}}{U_{bm}}\right)=g_d(u_{CE}-U_o)\end{aligned} \tag{3.12}$$

显然，这是斜率为 $g_d=-g_m\dfrac{U_{bm}}{U_{cm}}$、截距为 $U_o=\dfrac{U_{bm}E_C-U_DU_{cm}+E_BU_{cm}}{U_{bm}}$即 $U_o=E_C-U_{cm}\cos\theta\left(\text{其中}, \cos\theta=\dfrac{U_D-E_B}{U_{bm}}\right)$的直线方程，如图 3.7 所示。直线的斜率为负值，其物理意义：

对于负载而言，放大器相当于一个信号源，提供能量给负载。图中表明，丙类功率放大器在 $u_{CE}=E_C$ 时 $i_c<0$，且此时 $I_Q=-g_m U_{bm}\cos\theta$，而实际上此时放大管早已截止，电流 I_Q 实际上是不存在的，故称之为虚拟电流。由 u_{CE} 和 I_Q 值便可在 i_c-u_{CE} 平面上找到 Q 点。当 $u_{CE}=U_o=E_C-U_{cm}\cos\theta$ 时，$i_c=0$，可在 i_c-u_{CE} 平面得到 B 点。通过 B、Q 点所作直线就是所要求的动态特性。

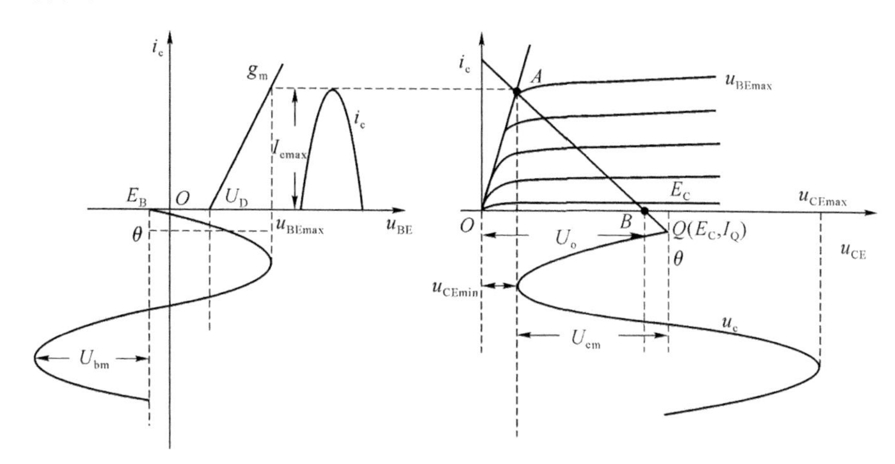

图 3.7　动态特性曲线

3.3.2 负载特性

通过上述讨论可知，动态特性与负载 R_P 有关，R_P 越大，动态线的斜率越小。因此，放大器的工作状态随着负载 R_P 的不同而变化。下面讨论当 E_C、E_B、U_{bm} 等不变时，动态特性曲线及工作状态与负载 R_P 的关系。

1. 欠压状态

当 R_P 较小时，$U_{cm}=I_{cm}R_P$ 也较小，动态特性曲线斜率 $g_d=-g_m U_{bm}/U_{cm}$ 较大，所以动态特性曲线①与 u_{BEmax} 所对应的静态特性曲线的交点 A_1 位于放大区内，如图 3.8 所示。显然这时集电极电流脉冲波形为尖顶余弦脉冲，脉冲幅度较大，负载回路输出电压 U_{cm} 较小，晶体管工作范围在截止区和放大区。通常称这种状态为高频功率放大器的欠压工作状态。

2. 临界状态

如果增大 R_P 的值，动态特性曲线斜率 g_d 将随之减小，动态特性曲线②与所对应的静态特性曲线的交点将沿静态特性曲线向左移动，当动态特性曲线②与临界饱和线 OP，以及 u_{BEmax} 所对应的静态特性曲线交于一点 A_2 时，高频功放工作于临界状态。这时集电极电流脉冲仍为尖顶余弦脉冲，脉冲幅度相较欠压状态略有减小，但负载回路输出电压 U_{cm} 却增大很多。

若设临界饱和线斜率为 g_{cr}，由图 3.8 可看出，尖顶余弦脉冲幅度为

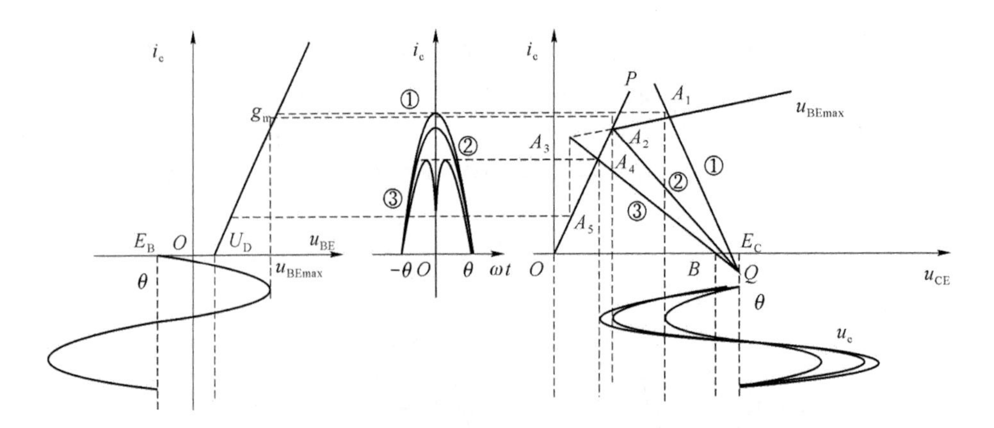

图 3.8　谐振功率放大器的 3 种状态

$$I_{cmax}=g_{cr}u_{CEmin}=g_{cr}(E_C-U_{cm}) \tag{3.13}$$

式中，$u_{CEmin}\approx U_{ces}$。令 $\xi_{cr}=U_{cm}/E_C$，ξ_{cr}称为临界状态的电压利用系数，代入式(3.13)，则有

$$I_{cmax}=g_{cr}E_C(1-\xi_{cr}) \tag{3.14}$$

由式(3.14)可得临界工作状态的电压利用系数

$$\xi_{cr}=1-\frac{I_{cmax}}{g_{cr}E_C} \tag{3.15}$$

可以看出，高频功放在临界状态，有较大集电极电流 i_c（基波电流 $I_{c1}=I_{cmax}\alpha_1(\theta)$）和输出电压 U_{cm}（$U_{cm}=E_C-U_{ces}$），相应的输出功率达到最大，效率也较高，高频功放通常选择这种工作状态。此时的等效负载电阻被称为最佳负载电阻，以 R_{pcr}表示，其大小为

$$R_{pcr}=\frac{U_{cm}}{I_{c1}}=\xi_{cr}\frac{E_C}{I_{cmax}\alpha_1(\theta)} \tag{3.16}$$

3. 过压状态

如果继续增大 R_P 的值，动态特性曲线斜率 g_d 将进一步减小，动态特性曲线③与 u_{BEmax}所对应的静态特性曲线的交点将沿临界饱和线 OP 向下移动，交点 A_4 位于饱和区，$u_{CEmin}<U_{ces}$，集电极电流沿临界饱和线 OP 下降，i_c 波形顶部出现凹陷。动态线与静态特性曲线 $u_{BE}=u_{BEmax}$的延长线相交于 A_3 点，从 A_3 点作垂线交临界线于 A_5，A_5 点的纵坐标确定了电流脉冲的高度。

过压状态集电极电流脉冲顶部出现凹陷现象，是由于集电极负载、并联回路谐振电阻 R_P 过大，使 u_{cm}过大，以致在 $\omega t=0$ 附近，u_{CE}很小而进入饱和区。此时，虽然集电极电流脉冲顶部出现凹陷，但由于并联谐振回路的选频作用，选择出其中的基波分量，因此输出电压 u_c 仍为余弦波。

【例 3.2】 某一高频功率放大器，输入信号幅度 $U_{bm}=1.2$ V，集电极电源电压 $E_C=24$ V，要求工作在临界状态，$\theta=70°$。已知功率管的静态参数：发射结导通电压 $U_D=0.2$ V，跨导 $g_m=0.8$ S，输出特性中临界饱和线斜率 $g_{cr}=0.3$ A/V。试计算基极偏置电压 E_B，输出电压幅度 U_{cm}，临界阻抗 R_{pcr}，输出功率 P_o 和集电极效率 η_c。

解：查表得　　$\cos\theta=0.342$　$\alpha_0=0.253$　$\alpha_1=0.436$　$\gamma_1=1.73$

$$\cos\theta=\frac{U_D-E_B}{U_{bm}}=\frac{0.2-E_B}{1.2}=0.342$$

求得
$$E_B=-0.21\ \text{V}$$

$$i_{cmax}=g_m U_{bm}(1-\cos\theta)=0.8\times1.2\times(1-0.342)=0.63\ \text{A}$$

又有
$$i_{cmax}=g_{cr}(E_C-U_{cm})=0.3\times(24-U_{cm})=0.63\ \text{A}$$

求得
$$U_{cm}=21.9\ \text{V}$$

$$P_o=\frac{1}{2}I_{c1}U_{cm}=\frac{1}{2}i_{cmax}\alpha_1 U_{cm}=3\ \text{W}$$

$$\eta_c=\frac{1}{2}\gamma_1\xi_{cr}=78.9\%$$

$$R_{pcr}=\frac{U_{cm}}{I_{c1}}=\frac{21.9}{0.63\times0.436}=80\ \Omega$$

4. 负载特性

从上面的分析可见，当 U_{bm}、E_C 及 E_B 等维持不变时，改变 R_P 将使放大器工作状态变化，从而使集电极电流脉冲的形状和幅度发生变化，同时也就引起 U_{cm}、P_C 和 η_c 的变化。放大器的电流、电压、功率和效率等随 R_P 变化的曲线称为放大器的负载特性。

由图3.8可见，当 R_P 逐渐增大时，集电极电流脉冲由尖顶形状过渡到凹陷形状，放大器从欠压状态过渡到过压状态。在欠压状态，尖顶脉冲的高度随 R_P 的增大下降不多，流通角 θ_c 几乎不变，集电极电流脉冲中分解出来的 I_{c0}、I_{c1} 下降不多。但在过压状态，i_c 脉冲的凹陷程度随 R_P 的增大而急剧加深，使 i_{cmax} 也急剧减小。I_{c0}、I_{c1} 随 R_P 变化的特性曲线如图3.9(a)所示，由于 $U_{cm}=I_{c1}R_P$，在欠压区 I_{c1} 随 R_P 的增加而缓慢下降，U_{cm} 却随 R_P 的增加而缓慢上升。可近似地认为，欠压区 I_{c1} 基本不变，放大器可视为一个恒流源；过压区 U_{cm} 基本不变，放大器可视为一个恒压源。

放大器的功率与效率随 R_P 变化的曲线如图3.9(b)所示。直流功率 $P_D=E_C I_{c0}$，由于 E_C 不变，故 P_D 随 R_P 变化的曲线与 I_{c0} 变化的规律相同。交流输出功率 $P_o=\frac{1}{2}U_{cm}I_{c1}=\frac{1}{2}R_P I_{c1}^2$，在欠压区，$I_{c1}$ 随 R_P 的增加而缓慢下降，P_o 随 R_P 的增加而增加；在过压区，I_{c1} 随 R_P 的增加而较快下降，所以 P_o 随 R_P 的增加反而下降；在临界状态，P_o 达到最大值，所以，设计功率放大器时，力求工作在临界状态，使输出功率最大。

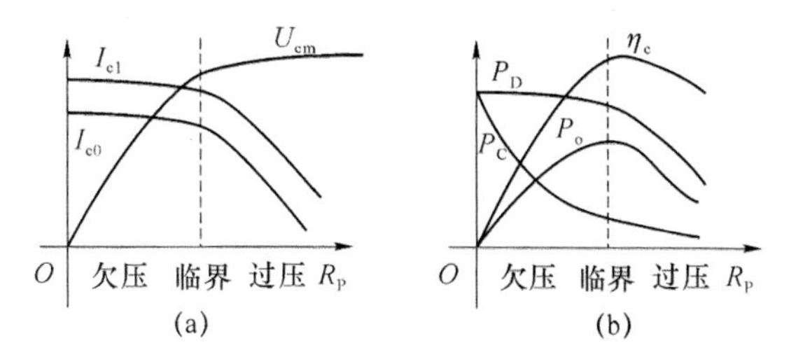

图3.9　负载特性曲线

集电极耗散功率 $P_C=P_D-P_o$，可由 P_D 与 P_o 曲线相减而得。效率 $\eta_c=P_o/P_D$，在欠压区 P_D 变化很小，η_c 随 P_o 的增加而增加，到达临界状态后，开始时 P_o 不如 P_D 下降得快，因此，η_c 先是缓慢增加，然后随 R_P 的增加和 I_{c1} 急剧减小而略有减小。η_c 在靠近临界的弱过压状态出现最大值。

比较这三种工作状态，有以下结论。

(1) 临界状态 P_o 最大，η_c 也较高。这种工作状态主要用于发射机的末级。

(2) 过压状态效率较高(在靠近临界的弱过压状态效率最高)，而且当负载阻抗变化时，输出电压幅度 U_{cm} 基本不变，一般用在发射机的中间级，以提供给后一级平稳的激励。集电极调幅也工作于此状态。

(3) 欠压状态输出功率较小，效率也较低，而且集电极损耗功率大，输出电压又不够稳定，故很少采用。基极调幅电路工作于此状态。

3.3.3 调制特性

谐振功率放大器的调制特性是指当 U_{bm} 和 R_P 一定时，放大器的工作状态随集电极直流电源 E_C 或基极偏压 E_B 变化的特性。它们是高电平振幅调制原理的依据，前者称为集电极调制特性，后者称为基极调制特性。

1. 集电极调制特性

当 E_B、U_{bm} 及 R_P 不变，谐振功率放大器中 I_{c0}、I_{c1} 和 U_{cm} 随 E_C 变化的特性，称为集电极调制特性。若 E_B 和 U_{bm} 保持不变，则半导通角 θ 值保持不变；R_P 保持不变，则 U_{cm} 不变，动态特性曲线的斜率也不变。由图 3.7 可见，当改变 E_C 时，Q 点将平移，因而动态特性曲线随 E_C 的改变将以相同的斜率平行移动，如图 3.10 所示。

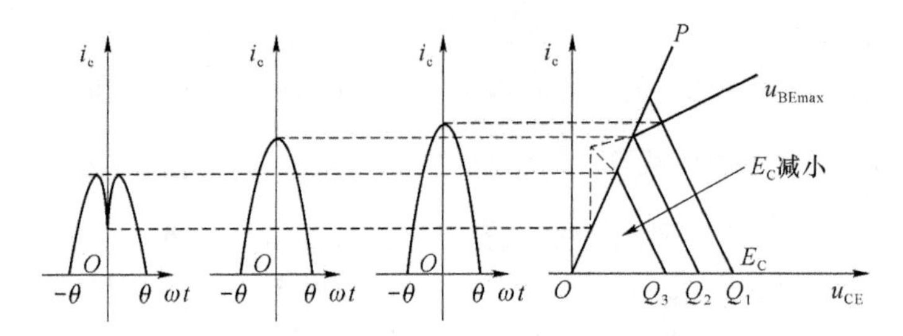

图 3.10　E_C 对工作状态的影响

假定开始时 E_C 为 E'_C，此时放大器工作于欠压状态。由图 3.10 可见，当 E_C 减小时，动态特性曲线左移，放大器的工作状态由欠压状态过渡到临界状态再进入过压状态；集电极电流脉冲由尖顶脉冲变为凹顶脉冲。

当工作状态由欠压状态向临界状态变化时，集电极电流脉冲随 E_C 减小，只是脉冲的幅度略有下降，而流通角保持不变，因而 I_{c0}、I_{c1} 略微减小，可近似地认为不变，由于 R_P 不变，故 $U_{cm}=I_{c1}R_P$ 基本不变。而当 E_C 减小到使放大器进入过压状态后，电流脉冲变为凹顶脉冲，且随 E_C 不断减小，过压越深，脉冲幅度越小，顶部下凹越深，而流通角仍然不变。因此，相应的 I_{c0}、I_{c1} 随 E_C 的减小而减小，U_{cm} 也随之而减小。如图 3.11(a)所示是集电极调制特性。可见，在欠压区，E_C 对 U_{cm} 的控制作用不大，若要求 E_C 能有效地控制 U_{cm} 的变化，则应选定 E_C 的变化范围，使放大器工作在过压状态。P_o、P_D、P_C 随 E_C 的变化特性如图 3.11(b)所示。

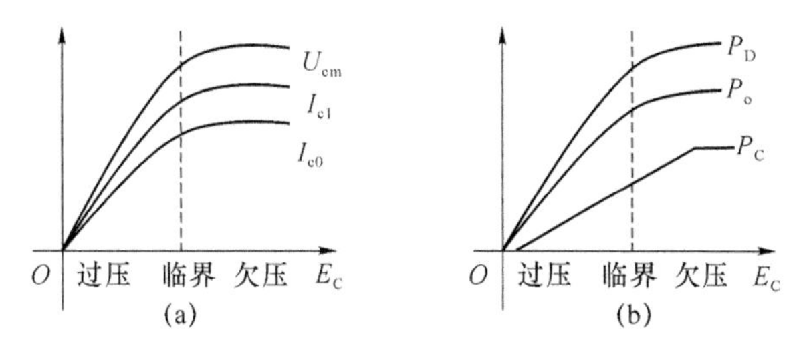

图 3.11　集电极调制特性

2．基极调制特性

当 E_C、U_{bm} 及 R_P 不变，谐振功率放大器中 I_{c0}、I_{c1} 和 U_{cm} 随 E_B 变化的特性，称为基极调制特性。当 U_{bm}、E_C、R_P 保持不变，而 E_B 从负值向正值方向增大时，放大器的工作状态由欠压状态经临界状态进入过压状态。在欠压区内，集电极电流脉冲的幅度及宽度(流通角)随 E_B 的增大而增大，使 I_{c0}、I_{c1} 及 U_{cm} 也因此而增大。

进入过压区后，集电极电流脉冲顶部下凹，其幅度将随 E_B 的增大而略微增大，脉冲宽度增大，但顶部下凹随之加深，因而使 I_{c0}、I_{c1} 和相应的 U_{cm} 增加缓慢。由 I_{c0}、I_{c1} 及 U_{cm} 随 E_B 的变化特性，可求得 P_o、P_D、P_C 随 E_B 的变化特性，如图 3.12 所示。如果要求 E_B 能有效地控制 U_{cm} 的变化，则所选定的 E_B 的变化范围应能使放大器工作在欠压区内。

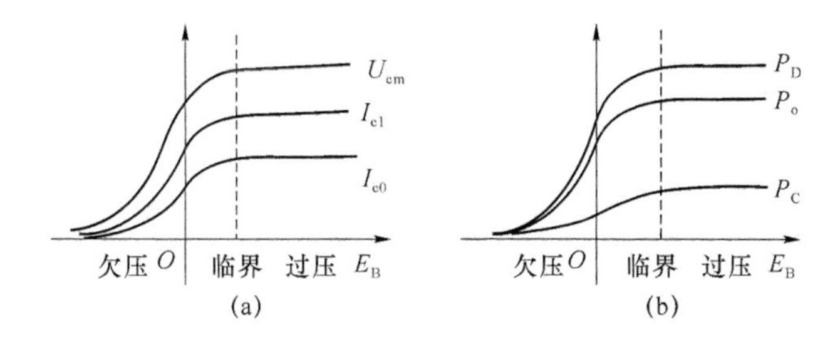

图 3.12　基极调制特性

3.3.4 放大特性

放大特性是指 E_C、E_B 及 R_P 一定时，放大器的性能随 U_{bm} 的变化特性。当 E_C 与 R_P 的值保持不变时，由于 $u_{BE}=-E_B+U_{bm}\cos\omega t$，固定 E_B 增大 U_{bm} 与上述固定 U_{bm} 增大 E_B 的情况相似，它们都使集电极电流脉冲的幅度和流通角增大，放大器的工作状态由欠压区进入过压区。放大器的性能变化规律如图 3.13 所示。了解放大特性的目的在于如何正确选择放大器的工作状态。若要使 U_{bm} 能有效地控制 U_{cm} 的变化，同时放大器在工作过程中又不致引起失真，则放大器应选在欠压状态。此外，由于在过压区内，U_{bm} 对 U_{cm} 的控制作用很微弱，这时放大器可近似视为恒压源，利用这一特性，常选择合适的 E_B，使放大器起限幅放大的作用。

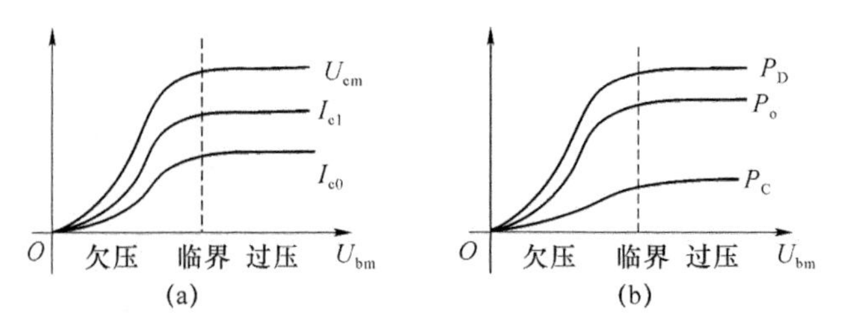

图 3.13 放大特性

上述各种特性都是调谐功放的基本特性。掌握这些特性，有助于调谐功率放大器的工程设计及电路调试。

例如，若某丙类调谐功放的输出功率 P_o 和效率不满足设计要求，则可增大 E_C 来判断放大器原来的工作状态。若增大 E_C，P_o 几乎不变，这说明放大器原来工作在欠压状态，于是可适当减小 E_C 或适当增大 U_{bm} 或 E_B，使放大器工作于临界状态。如果增大 E_C 使 P_o 上升，说明放大器原来工作在过压状态，这时可适当增大 E_C 或适当减小 U_{bm} 或 E_B，使放大器工作在临界状态。但必须注意，在增大 E_C 时应考虑晶体管的极限参数，以保证晶体管能安全工作。

3.4 高频功率放大器实际电路

3.4.1 直流馈电电路

要使谐振功率放大器正常工作，三极管各电极必须接有相应的馈电电源。馈电电路分为集电极馈电和基极馈电。在集电极馈电电路中，要求管外电路对集电极电流的平均分量 I_{c0} 应短路，这样可避免管外电路消耗电源功率，保证 E_C 全部加到集电极上，且要求馈电电路尽可能不消耗高频能量；在基极馈电电路中，要求管外电路对基极电流的平均分量 I_{B0} 应短路，以保证 E_B 全部加到基极上。无论是集电极馈电电路还是基极馈电电路，都可分为串联馈电和并联馈电两种电路形式，串联馈电指三极管、负载回路和直流电源三部分串联连接，并联馈电则是指三部分并联连接。无论何种馈电方式，组成的基本原则都是使直流和交流信号有各自正常的通路，而且相互间的影响尽可能小，并且馈电电路要尽可能地不消耗高频信号能量。

1. 集电极馈电电路

如图 3.14(a)所示是集电极串联馈电电路，L_C 是高频扼流圈，C_C 是旁路电容。直流通路为直流电源 E_C、回路电感 L 和三极管；交流通路为电容 C_C、LC 谐振回路和三极管。L_C 和 C_C 构成电源滤波电路，在信号频率上，L_C 感抗很大近似开路，而 C_C 容抗很小，近似短路，这样可以避免信号电流流过直流电源产生级间反馈造成工作不稳定。

如图3.14(b)所示的集电极并联馈电电路，三极管、直流电源 E_C 和扼流圈 L_C 组成直流通路，LC 谐振回路、电容 C_{C1} 和三极管组成交流通路。C_{C2} 是旁路电容，阻止高频信号通过电源。LC 回路两端的电压 u_C 直接反映到 L_C 上，因而实际加到功率管集电极上的电压为 $u_{CE}=E_C-U_{cm}\cos\omega t$。与串联馈电电路相同，也就是说，对这两种电路的工作状态的分析和计算是一致的。串联馈电或并联馈电仅仅是电路结构的形式不同，实际上调谐功率放大器的工作原理并不会因此而改变，就其电压关系而言，无论是串联馈电还是并联馈电，集电极电路的基本关系式仍为 $u_{CE}=E_C-U_{cm}\cos\omega t$。也就是说，集电极回路交流电压和直流电压总是串联关系。而从直流偏置方面考虑，两种馈电形式的电路具有相同的效果。

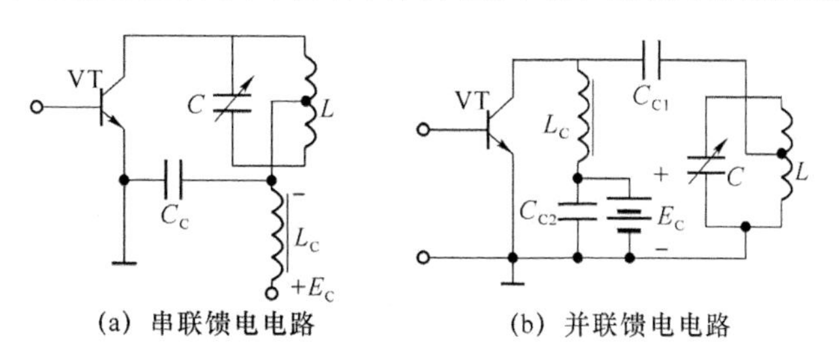

图3.14 集电极馈电电路

串联馈电电路与并联馈电电路各有优缺点。从元件安装调试及分布参数的影响考虑，在并联馈电电路中信号调谐回路两端均处于直流地电位，且回路的一端直接接地，因而回路元件安装比较方便。并且在调整谐振回路时，分布参数对回路的影响较小，调整方便。但是，高频扼流圈 L_C 和耦合电容 C_{C1} 均处于高频高电位，它们对地的分布电容会直接影响回路谐振频率的稳定性，限制了放大器使用于更高频率段。在串联馈电电路中馈电电路元件 L_C、C_C 都处于高频地电位，因而馈电电路的分布参数不会影响信号调谐回路的谐振频率，且元件数目少，这种形式的电路可工作于更高频段。但信号调谐回路上有直流电压，它的一端不能直接接地，外部分布参数对回路影响较大，给安装调试带来不便。

2. 基极馈电电路

对基极馈电电路的要求与集电极馈电类似，在交流通道，信号电压要有效地加到基极和发射极之间，而不被其他元件旁路或损耗；在直流通道，偏置电压 E_B 应有效地加到基极和发射极之间，而不被其他元件所旁路。基极馈电电路也分串馈和并馈两种形式，如图3.15所示。

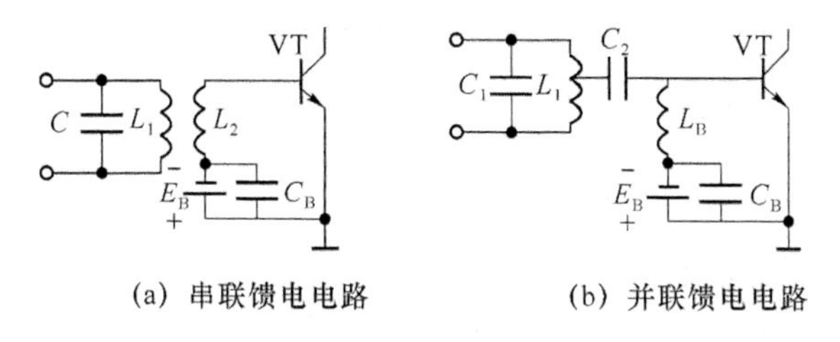

图3.15 基极馈电电路

在实际电路中，为了电路简单、方便，通常 E_B 和集电极直流电源 E_C 共用一个直流电源，这样就需采用其他形式的偏置电路来产生所需的 E_B，如图3.16所示。几种常用的产生基极偏置的电路，如图 3.16(a)所示是利用基极电流的直流分量 I_{B0} 在 R_B 上产生所需的偏置电压 E_B；如图 3.16(b)所示是利用发射电流的直流分量在 R_E上产生所需的偏置电压 E_B。以上两种偏置电路为自给偏置电路，这种电路由于引入直流电流负反馈，能自动维持放大器的工作稳定。如图 3.16(c)所示是利用三极管基极扩散电阻 $r_{bb'}$产生所需的 E_B，当 I_{B0} 流过 $r_{bb'}$时得到 E_B。但由于 $r_{bb'}$较小，因此 E_B 也小，且不够稳定，这种偏置电路只适用于接近乙类的功率放大器。在实际应用中，为保证调谐功放工作于丙类状态，常采用自给偏置电路。

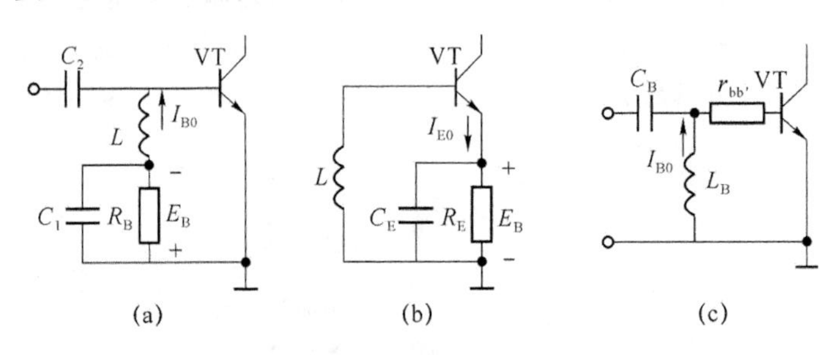

图 3.16　基极偏置电路

自偏压电路还有一个优点，就是能自动维持放大器工作的稳定性。因为自偏压电路提供的偏压数值会随输入信号幅度 U_{bm}而变化，U_{bm}增大则 I_{E0}和 I_{B0}增大，负偏压 E_B 增大，放大倍数会减小。这一特点，对于要求输出电压稳定(如用于放大载波或调频波)的放大器来说是有利的，但对于要求具有线性放大特性(如用于调幅波)的放大器来说则是不利的。

3.4.2 匹配网络

为了使功率放大器能输出负载所需的电流、电压幅度及相应的功率，通常需要多级高频谐振放大器，并可分为输入级、激励级和输出级。输入级前面接信号源，输出级后面接负载，而输入级与输出级之间的各级则称为激励级，又称为中间级，有时又把输出级前面的各级都称作中间级。虽然这些中间级所处的位置不同及用途也不尽相同，但它们的集电极回路都是用以馈给后一级所需的激励功率，故这些回路可称为级间耦合回路。对后级电路而言，这些回路就是输入匹配网络，因而可把这些回路统称为输入匹配网络，而不再区分级间耦合电路与输入匹配网络。用以连接输出负载(如发射天线)的电路称为输出匹配网络。

对输入匹配网络的基本要求是，应具有选频和阻抗变换作用。选频作用是选择所需信号的基波及通带内的频率分量，抑制带外的频率分量。阻抗变换作用是为了使前、后两级实现阻抗匹配，以便从前级或激励信号源获得最大的激励功率。由于输入匹配网络的负载是后一级放大器的输入阻抗，其输入阻抗可认为是由晶体管的电阻 $r_{bb'}$与 $C_{b'e}$串联而成，阻值较低，一般为零点几 Ω 至几十 Ω，且功率越大输入阻抗越低。输入匹配网络的阻抗变换作用就是把晶体管的低输入阻抗变换到与前级放大器所需的负载阻抗。

由于输出级和激励级、输入级的电平和负载不同，因而所选的工作状态也不同，它们的输入、输出阻抗也不同。而且输入阻抗随激励电压的大小及晶体管工作状态的变化而改变，这就使得输入匹配网络的等效阻抗随之而改变，从而引起前级工作状态的变化，使输出不稳定。因此，对中间级来说，最重要的是保证它的输出电压稳定，因而它应工作于过压状态，使放大器等效为一个恒压源，其输出电压几乎不随负载而变化。这就要求输入匹配网络(或级间耦合网络)应能根据前、后级工作状态的变化进行适当的阻抗变换，以使前、后级都有合适的工作状态，同时抑制带外谐波分量。

输出匹配网络介于高频功率管和外接负载之间，如图3.17所示。为保证放大器的输出功率能有效地传送到负载上，输出匹配网络应满足以下要求。

(1) 具有匹配网络的作用。将外接负载R_L变换为放大器所需的最佳负载电阻，以保证放大器输出所需功率。

(2) 应具有良好的滤波作用。有效滤除工作频带以外的高频谐波分量，使外接负载上只有高频基波分量及工作频带内的所需高频分量的功率。

(3) 使输出的信号功率高效率地传送至外负载上，即要求匹配网络的传输效率为$\eta_c=\frac{P_L}{P_o}\approx 1$，其中，$P_L$为外接负载上的功率；$P_o$为放大器输出的功率。

(4) 大多数发射机为波段工作。因此，匹配网络要适应波段工作的要求，改变工作频率时调谐方便，并能在波段内保持较好的匹配和较高的效率。

在高频功放输出级，广泛应用LC变换网络来实现调谐和阻抗匹配，主要有3种基本连接方式：L型、π型和T型。下面分别对它们进行分析。

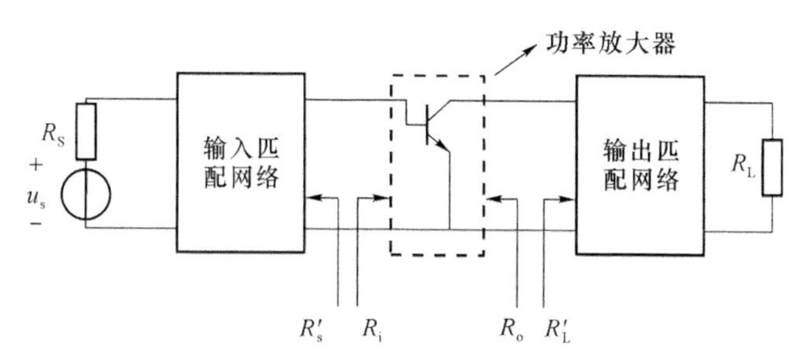

图3.17 高频功放匹配网络

1. L型网络

如图3.18(a)和图3.18(b)所示是L型网络的两种基本形式，R_L是实际负载电阻，R_e是要求的最佳负载电阻。先将网络进行适当的串、并联变换，分别变为图3.18(c)和图3.18(d)所示的形式，根据串并联的阻抗变换公式，可以求得匹配网络各元件的值。图3.18(e)表示谐振时网络的等效阻抗。

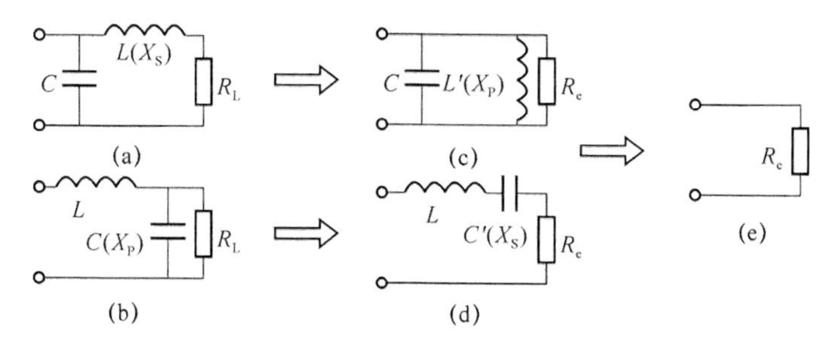

图3.18 L型网络

图 3.18(a)中,由 $R_e=R_L(1+Q^2)$,求得 $Q=\sqrt{\frac{R_e}{R_L}-1}$(只适于 $R_e>R_L$ 的情况),则

$$X_P=\frac{R_e}{Q}=R_e\sqrt{\frac{R_L}{R_e-R_L}},X_S=QR_L=\sqrt{R_L(R_e-R_L)}$$

图 3.18(b)中,由 $R_e=R_L/(1+Q^2)$,求得 $Q=\sqrt{\frac{R_L}{R_e}-1}$(只适于 $R_e<R_L$ 的情况),则

$$X_S=R_eQ=\sqrt{R_e(R_L-R_e)},X_P=\frac{R_L}{Q}=R_L\sqrt{\frac{R_e}{(R_L-R_e)}}$$

2. π 型网络和 T 型网络

如图 3.19 所示的是 π 型网络和 T 型网络,它们都可以看成是两级 L 型网络的级联。但是分解时必须注意,每个 L 型网络都由异性电抗构成,且谐振频率均与原网络谐振频率一致。表 3.1、表 3.2 列出了几种常用 T 型、π 型匹配网络的对应计算公式,供设计时参考。

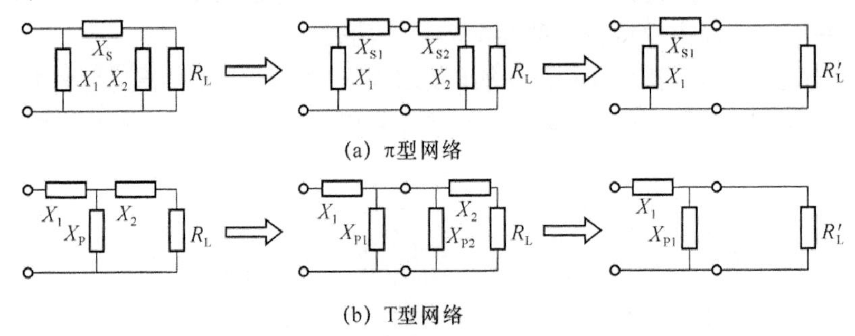

(a) π型网络

(b) T型网络

图 3.19　π 型网络和 T 型网络

表 3.1　常用输入匹配网络及其计算公式

网络形式	计算公式
C_2, C_1, L_1, VT, R_1, R_2	$X_{C1}=R_1/Q_L$ $X_{C2}=\frac{Q_LR_1}{1+Q_L^2}\left(\frac{R_2}{Q_LX_{L1}}-1\right)$ $X_{L1}=R_2/\sqrt{R_2(1+Q_L^2)/R_1-1}$
L_1, C_1, C_2, VT, R_1, R_2	$X_{C1}=R_1/Q_L$　　$X_{C2}=R_2/\sqrt{R_2(1+Q_L^2)/R_1-1}$ $X_{L1}=\frac{Q_LR_1}{1+Q_L^2}\left(1+\frac{R_2}{Q_LX_{C2}}\right)$
L_1, C_1, L_2, C_2, VT, R_1, R_2	$X_{L1}=R_1Q_L$　　$X_{L2}=\frac{R_2}{Q_L}\sqrt{R_1(1+Q_L^2)/R_2-1}$ $X_{C1}=\frac{R_1(1+Q_L^2)}{Q_L}(1-\sqrt{R_2/R_1(1+Q_L^2)})$ $X_{C2}=\frac{R_1}{Q_L}\sqrt{R_2(1+Q_L^2)/R_1}$

说明:R_1 为等效输入电阻;R_2 为后级放大器输入电阻;Q_L 为网络输入端电路的品质因数。

表 3.2　常用输出匹配网络及其计算公式

网络形式	计算公式
VT C_0 C_1 L_1 L_2 C_2 R_L R_1	$X_{C_1}=R_1Q_L$　　$X_{C_2}=R_L/\sqrt{R_1R_L(1+Q_L^2)/Q_L^2X_{C_0}^2-1}$ $X_{L_1}=\dfrac{Q_LR_1}{1+Q_LR_1/X_{C_0}}$　　$X_{L_2}=\dfrac{Q_LR_1}{1+R_2/X_{C_2}Q_L}$
VT C_0 C_1 L_1 L_2 C_2 R_L R_1	$X_{L_1}=\dfrac{Q_LX_{C_0}^2}{R_1}\left(\dfrac{\sqrt{R_1R_L}}{Q_LX_{C_0}}\right)$　　$X_{L_2}=X_{C_0}\sqrt{\dfrac{R_1}{R_L}}$ $X_{C_1}=\dfrac{Q_LX_{C_0}^2}{R_1}\left(1-\dfrac{R_1}{Q_LX_{C_0}}\right)$　　$X_{C_2}=\dfrac{R_L}{Q_L}\left(\dfrac{Q_LX_{C_0}}{\sqrt{R_1R_L}}-1\right)$
VT C_0 C_1 L_1 C_2 R_L R_1	$X_{C_1}=\dfrac{Q_LX_{C_0}^2}{R_1}\left(1-\dfrac{R_1}{Q_LX_{C_0}}\right)$　　$X_{C_2}=R_L/\sqrt{\dfrac{R_1R_L(1+Q_L^2)}{Q_L^2X_{C_0}^2}-1}$ $X_{L_1}=\dfrac{Q_1X_{C_0}^2}{R_1}\left(+\dfrac{R_L}{Q_LX_{C_2}}\right)\dfrac{Q_L^2}{1+Q_L^2}$

说明：R_1 为等效输入电阻；R_L 为后级放大器输入电阻；Q_L 为网络输入端电路的品质因数。

在计算匹配网络的参数时，还应考虑输出电容 C_o 对回路的影响，在实际设计中常将输出电容看做是匹配网络的一部分，计算时必须注意。一般认为 $C_o\approx C_{b'e}$。

3.4.3 高频功率放大器的实际电路

如图 3.20 所示的是工作频率为 160 MHz 的谐振功率放大器，向 50 Ω 的外接负载提供 13 W 功率，功率增益为 9 dB。图中，基极采用自给偏置电路，由高频扼流圈 L_B 中的直流电阻产生很小的负偏压 E_B，集电极采用并馈方式，L_C 为高频扼流圈，C_C 为旁路电容。放大器输入端采用 T 型匹配网络：调节 C_1 和 C_2 来完成阻抗匹配，将功率管的输入阻抗在工作频率上变换为 50 Ω。输出端采用 L 型匹配网络实现阻抗的变换：调节 C_3 和 C_4，将 50 Ω 外接电阻在工作频率上变换为放大管所要求的匹配电阻 R_e。

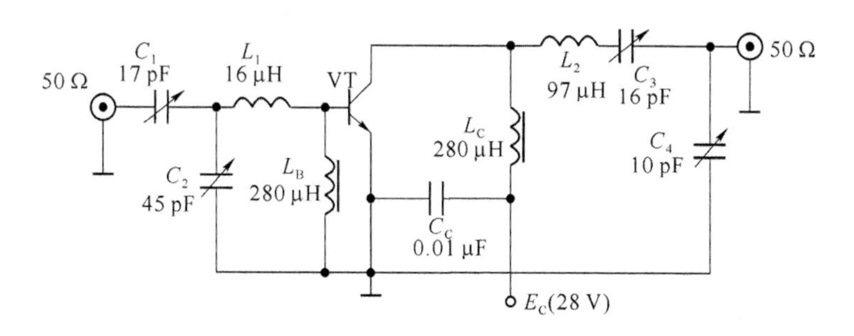

图 3.20　16 MHz 谐振功率放大电路

3.5 宽带高频功率放大器

利用谐振回路来实现选频和阻抗变换，其相对频带宽度比较小，是一种窄带高频功率放大器，主要用于对固定频率或频率变化较小的信号放大。在多通道通信系统及频段通信系统中，需要采用宽带高频功率放大器。它以非调谐的宽带网络作输出匹配网络，要求在很宽的波段范围内对信号进行尽可能一致的线性放大，这不同于前面讨论的非线性谐振功率放大器。由于宽带放大器没有选频作用，输出信号中谐波干扰较大，故一般只工作于非线性失真较小的甲类或甲乙类，不宜工作于乙类或丙类。所以宽带放大器的效率一般不高(20%左右)。对宽带放大器的主要要求是：通频带要宽，失真要小，放大倍数要大。实际上现代集成电路谐振功放都是采用宽带功放加集中选频滤波器构成的，所以讨论宽带功率放大器很有意义。

常用的宽带匹配网络是传输线变压器，可以扩展放大器的工作频段(达到几百 MHz 甚至上千 MHz)，还可以用在功率合成器中，将多个有源器件的输出功率有效传输到负载上进行叠加，以满足输出大功率的要求。

3.5.1 传输线变压器

对于普通变压器而言，它的相对频带较宽，高、低端频率之比可达几百甚至上千。这种变压器的结构示意图如图 3.21(a)所示，如图 3.21(b)所示是它的频率特性曲线。在高频段，由于线圈漏电感与分布电容的影响，在某一频率点可能产生串联谐振，频率响应出现峰值，然后随着频率升高，它的输出电压因分布电容的旁路作用而迅速下降；在低频段，频率响应特性主要由线圈电感决定，谐振点少，对分布电容变化不敏感，响应曲线近似为一条水平直线。当信号频率低于 0.1 kHz 时，近似为直流电，频率响应急剧下降。

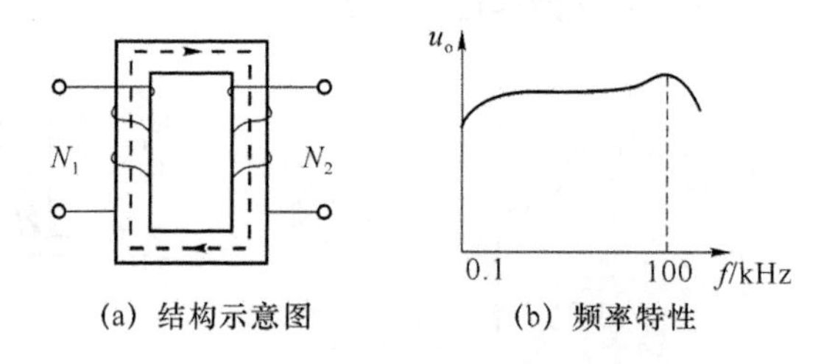

(a) 结构示意图　　(b) 频率特性

图 3.21　低频变压器结构及其频率特性

可以看出，普通变压器中线圈漏感与分布电容是限制工作频率的主要因素。为使高频变压器能工作于更高频率，可采用传输线变压器进行更高频带的信号传递，并解决宽带问题。

传输线变压器是一种特殊的变压器。它是把传输线的原理应用于变压器，使传输线与变压器相结合，以克服普通变压器的缺点，解决了宽频带阻抗变换问题。

1．传输线变压器简介

从传输能量的方式来看，传输线变压器与普通变压器有所不同。它是通过传输线之间的介质（而不是通过磁芯耦合）来实现的，以电磁波传输的形式将信号源的能量传输给负载。传输线变压器本身是一个 1∶1 变压器，通过不同连接可以得到倒相、阻抗变换、隔离、平衡不平衡转换等多种用途。图 3.22(a)所示是一个 1∶1 倒相式传输线变压器，它由两根等长的导线紧靠在一起并绕在高磁导率的磁环上。图中信号源接在线圈Ⅰ（实线）的始端 1 和终端 2 之间，且终端 2 接地，负载接在线圈Ⅱ（虚线）的终端 4 和始端 3 之间，且始端 3 接地。等效电路如图 3.22(b)所示，信号能量由 1 和 3 端经传输线变压器以电磁波传播的方式传送到 2 和 4 端，可见，这是 1∶1 倒相隔离变压器。若将线圈Ⅰ和Ⅱ看成一副均匀传输线，可画成如图 3.22(c)所示的传输线原理图。

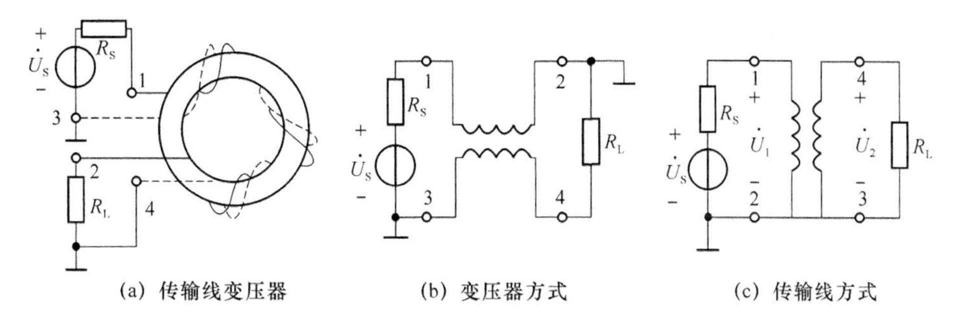

(a) 传输线变压器　　(b) 变压器方式　　(c) 传输线方式

图 3.22　传输线变压器

如图 3.23 所示的是传输线及其等效电路低频工作时，信号波长远大于导线长度，传输线就是两根普通连接线，如图 3.23(a)所示，信号从输入端 1 和 3 传输到输出端 2 和 4 间的负载 R_L 上。高频工作时，信号波长与导线长度相当，此时必须考虑两导线上的固有分布电感和线间分布电容的影响，输入端的高频能量是通过其分布电容中的电场能量和分布电感中的磁场能量不断相互转换而传送到负载的。等效电路如图 3.23(b)所示，当信号源加于输入端时，由于传输线线间分布电容的作用，信号源向电容 C 充电，使 C 储能，C 又通过 L 放电，使电感储能，即电场能变为磁场能，然后又与后面的电容进行能量交换，如此往复不已。输入信号就以电磁能交换的形式自始端传输到终端，最后送到负载。由于理想的电感和电容都不损耗高频能量，因此，如果忽略导线的内阻损耗和导线间的介质损耗，则输出端的能量将等于输入端的能量。即通过传输线变压器，负载可以取得信号源供给的全部能量。

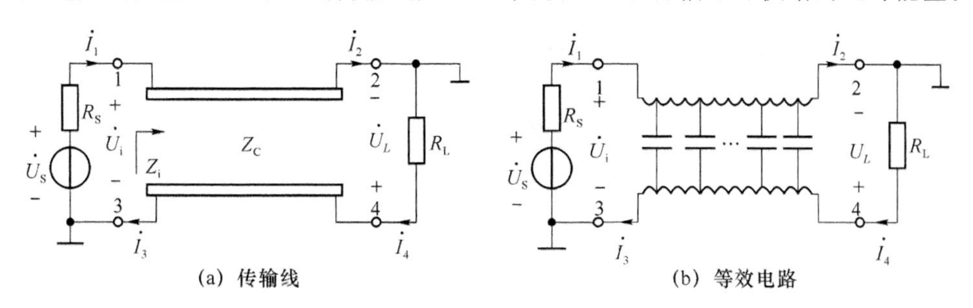

(a) 传输线　　(b) 等效电路

图 3.23　传输线及其等效电路

由此可见，在传输线变压器中，线间分布电容不是影响高频能量传输的不利因素，反而是电磁能转换的必不可少的条件，即电磁波能赖以传播的重要因素。此外，电磁波主要是在导线间介质中传播的，因此，磁芯的铁磁损耗对信号传输的影响也大为减小。传输线变压器的最高工作频率就可以有很大的提高，从而实现宽频带传输的目的。

一段无损耗传输线可认为是由无数个分布电感和电容组成，如图 3.23(b)所示，L 和 C 是传输线单位长度不变的电感值和电容值。若考虑传输线单位线长的损耗电阻 r，则传输线的重要参数特性阻抗可表示为

$$Z_C=\sqrt{\frac{r+j\omega L}{G+j\omega C}} \tag{3.17}$$

式中，G 是单位线长区间两线间的漏电导。

对无损耗传输线 $r\ll\omega L$，$G\ll\omega C$，则

$$Z_C\approx\sqrt{\frac{L}{C}} \tag{3.18}$$

假设传输线无损耗，且终端又匹配($Z_C=R_L$)，两根导线中对应点的电流大小相等，方向相反，其电流方向如图 3.23(b)所示。电流产生的磁通只存在于两导线间，且 1 和 3 端的输入阻抗 $Z_i=Z_C=R_L$，这时信号源提供的功率全被 R_L 吸收，与输入信号频率无关。换句话说，无损耗和终端匹配的传输线具有无限宽的工作频带(上限频率无限大，下限频率为 0)。

当传输线终端不匹配时，$R_L\neq Z_C$，输入阻抗 Z_i 不再是纯电阻，而是与频率有关的复阻抗，传输线上限频率会受到限制。为扩展上限频率，要求 R_L 尽可能接近 Z_C，并尽可能缩短传输线长度 l。工程上要求 $l<\lambda_{min}/8$，λ_{min} 是上限频率对应的波长。满足以上条件后仍可认为传输线上任意位置的电流、电压幅度相等。

传输线变压器依靠传输线方式传输能量，而以变压器方式实现在输入端与输出端之间的极性变换、平衡不平衡转换及阻抗变换等功能。下面对此进行分析。

2. 传输线变压器的应用

(1) 1∶1 传输线变压器

如图 3.24 所示传输线变压器称为 1∶1 传输线变压器，其中图 3.24(a)为倒相变压器，图 3.24(b)为同相变压器。根据传输线的理论，当传输线为无损耗传输线，且负载阻抗 R_L 等于传输线特性阻抗 Z_C 时，传输线终端电压 $\dot{U}_L$ 与始端电压 $\dot{U}_i$ 的关系为：$\dot{U}_i=\dot{U}_L$，其中 $\dot{U}_L=u_2-u_4$。在图 3.24(a)与图 3.24(b)电路中的负载 R_L 上分别得到相对于 $-\dot{U}_i$ 和 $+\dot{U}_L$ 电压，即相当于对输入电压 $\dot{U}_i$ 进行反相和同相传输。

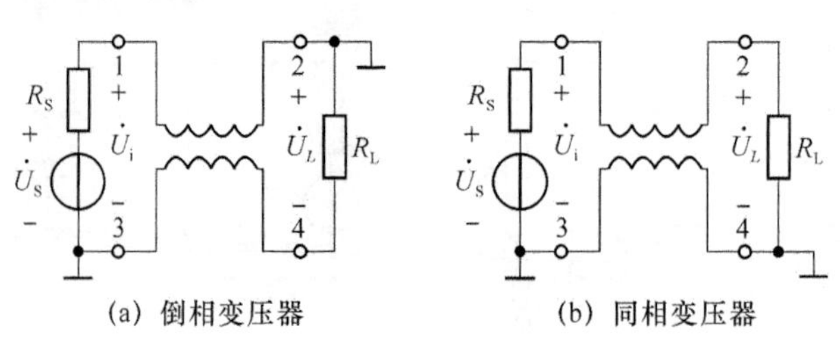

图 3.24　1∶1 传输线变压器

(2) 平衡和不平衡电路转换

由于1∶1同相式传输线变压器既不倒相又不起变换阻抗的作用，因而通常不单独作为一个元件使用。而对于1∶1倒相式传输线变压器，因实际工作中$Z_C=R_L$的情况很少，因此多用作传输线变压器倒相或进行平衡不平衡转换，如图3.25所示。图3.25(a)所示信号源为不平衡输入(信号源-端接地)，通过传输线变压器可以得到两个大小相等，对地完全反相的电压输出(平衡输出)。而图3.25(b)所示信号源构成平衡输入，通过传输线变压器则可以得到一个对地不平衡的电压输出。

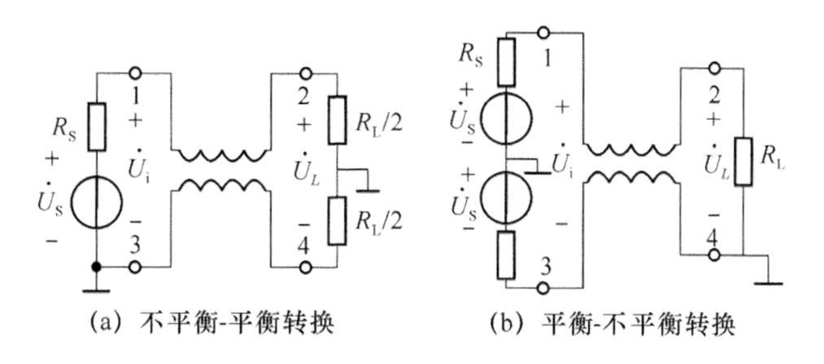

(a) 不平衡-平衡转换　　(b) 平衡-不平衡转换

图3.25　平衡和不平衡电路转换

(3) 阻抗变换器

不同于普通变压器依靠改变初次级绕组匝数来实现任意阻抗比的变换，传输线变压器只能实现特定阻抗比的变换，最常见的是用作1∶4和4∶1阻抗变换器。

将传输线变压器按图3.26(a)接线，就可以实现1∶4阻抗变换。下面仅就理想无损耗传输线的电压、电流关系来说明阻抗变换关系。

在无损耗传输条件下，$\dot{U}_L=\dot{U}_i$，且$\dot{I}_2=\dot{I}_1$，则

$$Z_i=\frac{\dot{U}_i}{\dot{I}_2+\dot{I}_1}=\frac{U_i}{2I_1}=\frac{1}{2}Z_C$$

另外

$$u_2=\dot{U}_L+u_4=\dot{U}_L+u_1=\dot{U}_L+\dot{U}_i$$

有

$$R_L=\frac{\dot{U}_L+\dot{U}_i}{\dot{I}_2}=2\frac{U_i}{I_1}=2Z_C$$

相当于

$$Z_i=\frac{1}{4}R_L$$

可见，输入阻抗为负载电阻的1/4，实现了1∶4阻抗变换。

同理，将传输线变压器按图3.26(b)接线，就可以实现4∶1阻抗变换。

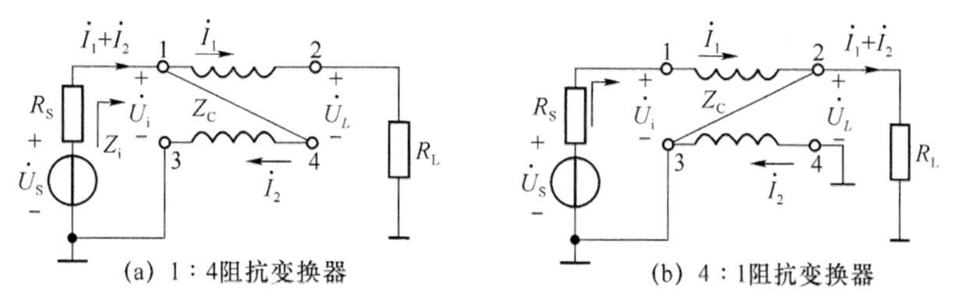

(a) 1∶4阻抗变换器　　(b) 4∶1阻抗变换器

图3.26　阻抗变换器

3.5.2 宽带功率放大电路实例

利用传输线变压器的宽频带特性，可以构成宽带功率放大电路。图 3.27 所示的是一个宽频带变压器耦合放大电路，工作频率在 150 kHz～30 MHz。图中 T_1、T_2 和 T_3 都是宽带传输线变压器，T_1 与 T_2 串接是为了实现阻抗变换，将 VT_2 的低输入阻抗变换为 VT_1 所需要的高负载阻抗。为改善放大器性能，每级都加了电压负反馈支路；为避免寄生耦合，每级的集电极电源都加有电容滤波。未采用调谐回路，放大器应工作于甲类状态，输出级采用推挽电路，以减小谐波输出。若工作在乙类或丙类状态，必须在后级加入适当的滤波器，以滤除高次谐波分量。

宽频带功率放大器的主要缺点是效率低，通常只有 20%左右。可见，宽带功率放大器是以牺牲效率为代价来获得宽频带的。

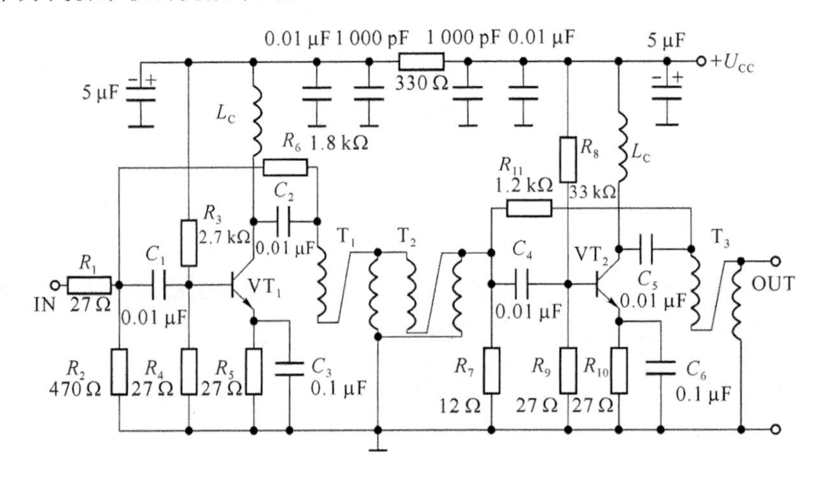

图 3.27 宽频带变压器耦合放大电路

3.5.3 功率合成与分配

1. 功率合成与分配网络应满足的条件

随着功率合成技术的发展和应用，全固态调频发射机的输出功率可达到 10 kW，全固态电视发射机的输出功率已达到 30 kW。然而，目前单级晶体管功率输出的功率是有限的。丙类工作的调频发射机输出功率可达 250 W；米波段甲乙类工作状态下的电视发射机输出功率为 50 W，因此，为了达到更高的输出功率，需要进行功率合成。

在高频功率放大器中，为了获得更大输出功率，可将几个电子器件的输出功率叠加起来，这种技术称为功率合成技术；通过功率合成组成的功率放大器称为功率合成器。它是由若干个功放单元、功率分配网络和功率合成网络组成。实际应用中，通常是先组成独立结构的功放单元(一个插件或一个小盒)，作为功率合成的标准化基本单元，经过一次或若干次合成达到所需要的输出功率。功放单元本身可以由单级或多级功放组成，其输出级也可以包括几个单级功放的合成器。

如图3.28所示是一个功率合成器的框图，其输出功率为40 W。图中每一个三角形代表一级功率放大器，每一个菱形则代表功率分配或合成网络。其中第一级功放将5 W输入信号功率放大到10 W，然后在耦合网络中将这10 W功率分离成相等的两部分，继续在两组放大器中分别进行放大。又在第二级分配网络中分配，经放大后再在第三级合成网络中相加。上、下两组相加后，在负载上获得40 W输出功率。根据同样的组合方法，可获得另一组40 W的输出功率。将两组40 W功率经合成后得到80 W的输出功率。依此类推，可得到更高的输出功率。

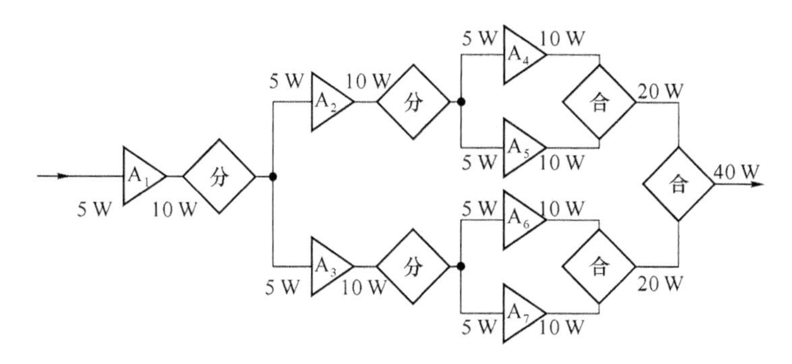

图3.28　功率合成器的组成框图

在低频功率放大器中，可以采用器件并联或推挽线路来增大输出功率。同样，在高频功率放大器中也可以采用推挽或并联电路来获得较大输出功率。但是，这两种电路都有不可避免的缺点，这就是当其中一个器件损坏或失效时，会使其他器件的工作状态发生剧烈变化，甚至导致这些管子的损坏。因此，上述增大输出功率的方法不是理想的功率合成电路。以传输线变压器作为主要元件的功率合成电路，用来增大输出功率，可以在较大程度上克服上述缺点。

作为一个理想的功率合成电路应满足以下条件。

(1) N个同类型的放大器，其输出振幅相等，且每个放大器供给匹配负载的额定功率为P_1，则N个放大器输送给负载的总功率为NP_1，这称为功率相加条件。

(2) 合成器的各单元电路相互隔离，也就是说，任何一个单元电路发生故障时，不影响其他电路的工作。那些没有发生故障的电路，应依旧正常工作，提供本单元电路额定输出功率P_1，这称为相互独立条件，这是功率合成器的最主要条件。

(3) 当电路中有器件损坏时，负载上所得到的功率有所减小，减小的值等于损坏(或失效)器件的数目乘以其额定输出功率。实际电路中，并不能完全满足上述条件。要想满足功率合成器的上述条件，关键在于选择合适的混合网络。晶体管放大器、功率合成器所用的混合网络是本节主要讨论的传输线变压器。

2. 功率合成与分配单元

利用1∶4传输线变压器组成的混合网络，可以实现功率合成与分配的功能，其基本电路如图3.29所示。混合网络有A、B、C和D 4个端点，为了满足网络匹配的条件，取$R_A=$

$R_B = Z_C = R$，$R_C = Z_C/2 = R/2$，$R_D = 2Z_C = 2R$，其中 Z_C 是传输线变压器的特性阻抗。在此基础上，利用 A、B、C 和 D 4 个端点适当连接，可以实现功率合成与功率分配。

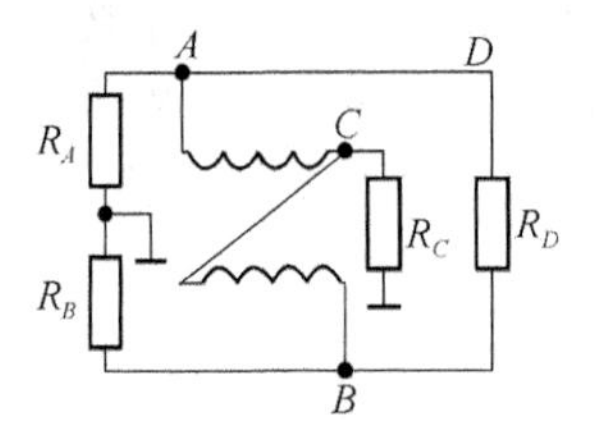

图 3.29　1∶4 传输线变压器网络

如图 3.30 所示，将 A 和 B 两端点分别接入两个功率放大器的输出端，若两个输出电压 $U_{s1} = -U_{s2} = U$，大小相等、极性相反，在 A 点有 $I = I_1 + I_2$，在 B 点有 $I = I_2 - I_1$，故 $I_1 = 0$，$I_2 = I$。所以 C 端无输出，而 D 点的输出功率为

$$P_D = I \times 2U = P_A + P_B = 2P_A (\text{或 } 2P_B)$$

实现了功率合成，称为反相合成。

图 3.30 中，若两个输出电压为 $U_{s1} = -U_{s2} = U$，则流过 U_{s2} 的电流 I 的极性与前相反，在 A 点仍有 $I = I_1 + I_2$，在 B 点有 $I = I_1 - I_2$，得 $I_1 = I$，$I_2 = 0$。所以 D 端无输出，而 R_C 上的电压 $U_C = U$，C 点的输出功率为

$$P_C = I \times 2U = P_A + P_B = 2P_A (\text{或 } 2P_B)$$

也实现了功率合成，称为同相合成。

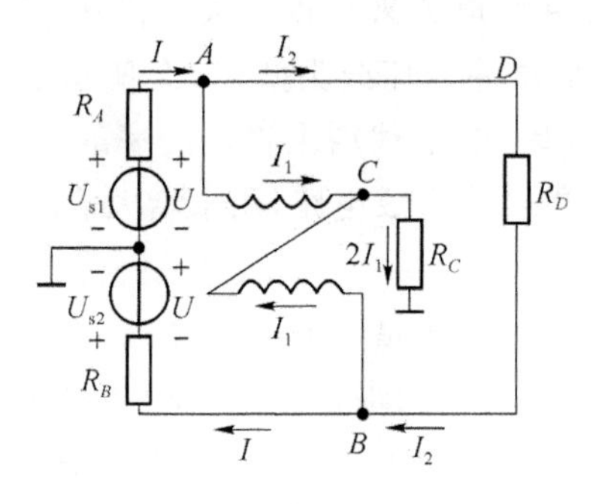

图 3.30　功率合成单元

将功率合成器输入输出位置交换，即可得到功率分配器。如图 3.31 所示。

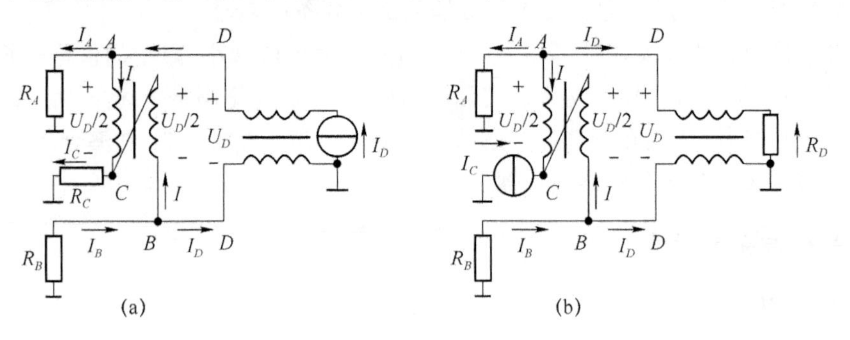

图 3.31　功率分配单元

3．功率合成电路举例

如图 3.32 所示是一个典型的反相推挽功率合成电路，图中 T_2、T_5 为混合网络作用的 1∶4 传输线变压器；T_1、T_6 为平衡不平衡转换的 1∶1 传输线变压器；T_3、T_4 为 4∶1 阻抗变换器，完成阻抗匹配作用；电阻 R_3、R_4（6 Ω）分别接到 T_2、T_5 的 C 端，作为假负载，以吸收由于电路不完全对称（或不完全匹配）所产生的不平衡功率。

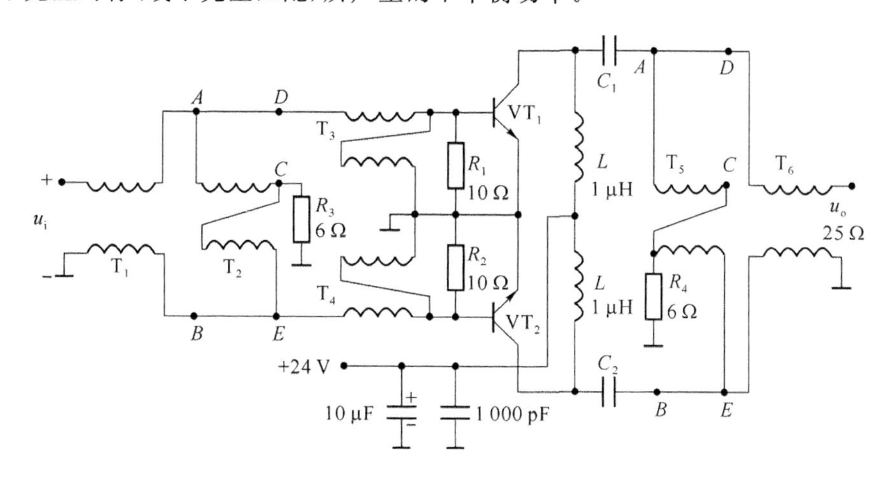

图 3.32　反相功率合成器典型电路举例

习　　题

3.1　为什么低频功率放大器不能工作于丙类，而高频功率放大器可工作于丙类？丙类放大器为什么必须用调谐回路作为集电极负载，回路失谐会产生什么结果？

3.2　提高高频功率放大器的效率与功率，应从哪几方面入手？

3.3　已知一谐振功放工作在过压状态，现要将它调整到临界状态，应改变哪些参数？不同调整方法所得输出功率是否相同？

3.4　晶体放大器工作于临界状态，$R_P=200\ \Omega$，$I_{c0}=90\ \text{mA}$，$E_C=30\ \text{V}$，$\theta_c=90°$。试求 P_o 与 η。

3.5　已知谐振功率放大电路，$E_C=24\ \text{V}$，$P_o=5\ \text{W}$。当 $\eta=60\%$ 时，试计算 P_C 和 I_{c0}。若 P_o 保持不变，η 提高到 80%，则 P_C 和 I_{c0} 减小为多少？

3.6　某一晶体管谐振功放，已知 $E_C=24\ \text{V}$，$I_{c0}=250\ \text{mA}$，$P_o=5\ \text{W}$，电压利用系数 $\zeta=1$。试求 P_D、η、R_P、I_{c1} 和电流导通角 θ_c。

3.7　一高频功放以抽头并联谐振回路作负载，谐振回路用可变电容调谐。工作频率 $f=5\ \text{MHz}$，谐振时电容 $C=200\ \text{pF}$，回路有载品质因数 $Q_L=20$，放大器要求的最佳负载阻抗 $R_{pcr}=50\ \Omega$。试计算回路电感 L 和接入系数 p_L。

3.8　改正题图 3.1 电路中的错误，不得改变馈电形式，重新画出正确的电路。

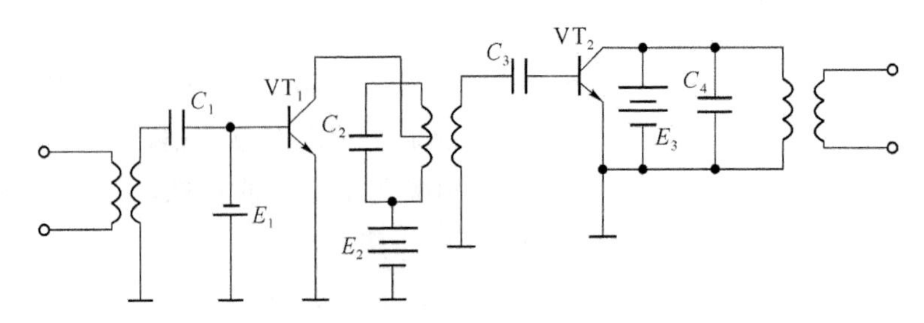

题图 3.1

3.9　设计一谐振功率放大器，其输出回路采用变压器耦合式复合回路。若已知功率管的最大允许管耗 $P_{CM}=3$ W，最大允许电流 $I_{cm}=5$ A，$U_{CEO}=25$ V，饱和压降 $U_{CES}=1.2$ V，取 $E_C=12$ V，集电极电压利用系数 $\zeta=0.9$，导通角 $\theta_c=70°$，中介回路和天线回路效率 $\eta_K=0.95$。

(1) 画出只采用单电源 E_C，且集电极为并馈供电的功率放大器电路图(天线串联在天线回路中)。

(2) 若要求天线得到 5 W 功率，则该放大器是否工作于安全区内?

(3) 放大器正常工作时处于什么状态？若天线突然断开或短路，功率管工作状态如何变化？天线电流和 I_{c0} 如何变化？(放大器正常工作时，耦合回路处于临界耦合全谐振状态)

(4) 画出基极电压 u_b、集电极电流 i_c、集电极电压 u_{ce} 的波形图。

3.10　有一输出功率为 2 W 的晶体管高频功率放大器。采用如题图 3.2 所示的 π 型匹配网络，负载电阻 $R_2=200\ \Omega$，$f_o=50$ MHz，$E_C=24$ V，设 $Q_1=10$。试求 L_1、C_1、C_2 的值。

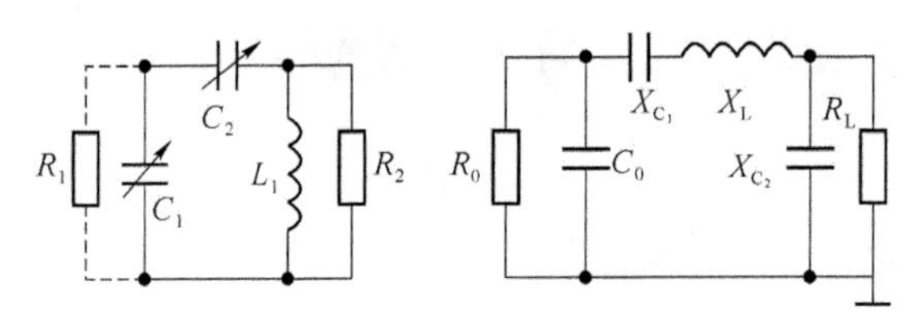

题图 3.2

高频振荡器

4.1 概　　述

在通信及电子技术领域的各种电子设备中,广泛应用正弦波振荡器。例如,在广播、电视、雷达、遥控遥测系统中发射机的载波信号源,超外差式接收机中的本地振荡信号源,各种电子系统中的定时时钟信号源,电子测量仪器中的正弦波信号源等。在这些应用中,对振荡器提出的主要要求是振荡频率的准确性和频率的稳定度,其中尤其以频率稳定度最为重要。

与放大器一样,振荡器也是一种能量转换器,但不同的是振荡器无须外部激励,就能自动地将直流电源供给的功率转换为指定频率和振幅的交流信号功率输出。正弦波振荡器一般是由晶体管等有源器件和具有某种选频能力的无源网络组成的一个反馈系统。

振荡器的种类很多,从振荡电路中有源器件的特性和形成振荡的原理来看,可分为反馈式振荡器和负阻式振荡器;根据所产生的波形可分为正弦波振荡器和非正弦波(矩形波、三角波、锯齿波等)振荡器;根据选频网络所采用的器件可分为 LC 振荡器、晶体振荡器、RC 振荡器及压控振荡器。随着集成技术的发展,又出现了集成振荡器。本章重点讨论通信系统中最常用的高频正弦波反馈型振荡器,它主要包括 LC 振荡器和晶体振荡器。

4.2 反馈振荡器的原理和分析

反馈振荡器的原理框图。由图 4.1 可见,反馈振荡器是由放大器和反馈网络组成的一个闭回环路,放大器通常是以某种选频网络(如振荡回路)作负载,是一调谐放大器,反馈网络一般是由无源器件组成的线性网络。为了能产生自激振荡,必须有正反馈,即反馈到输入端的信号与放大器输入端的信号相位相同。对于图 4.1,定义 $\dot{A}(\mathrm{j}\omega)$为放大器的电压放大倍数

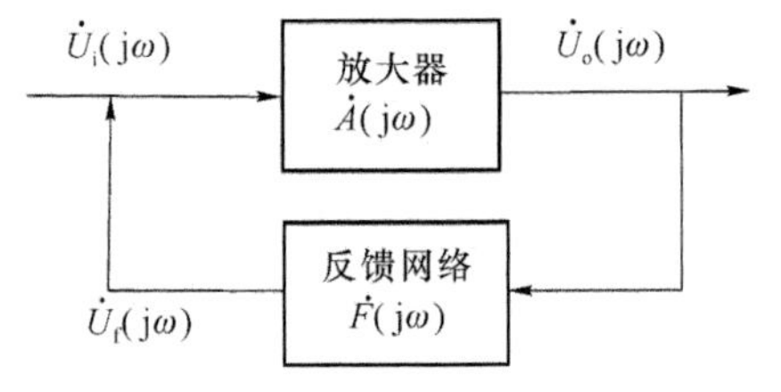

图 4.1　反馈型振荡器方框图

$$\dot{A}(\mathrm{j}\omega)=\frac{\dot{U}_o(\mathrm{j}\omega)}{\dot{U}_i(\mathrm{j}\omega)} \tag{4.1}$$

$\dot{F}(\mathrm{j}\omega)$为反馈网络的电压反馈系数

$$\dot{F}(\mathrm{j}\omega)=\frac{\dot{U}_f(\mathrm{j}\omega)}{\dot{U}_o(\mathrm{j}\omega)} \tag{4.2}$$

则输入信号 $\dot{U}_i(\mathrm{j}\omega)$与反馈信号 $\dot{U}_f(\mathrm{j}\omega)$的关系可表示为

$$\frac{\dot{U}_f(\mathrm{j}\omega)}{\dot{U}_i(\mathrm{j}\omega)}=\dot{A}(\mathrm{j}\omega)\cdot\dot{F}(\mathrm{j}\omega)=\dot{T}(\mathrm{j}\omega) \tag{4.3}$$

其中,$\dot{T}(\mathrm{j}\omega)$称为环路增益。

由式(4.3)我们可得到这样的结论,若在某一输入角频率 $\omega=\omega_0$ 时,$\dot{A}(\mathrm{j}\omega_0)\cdot\dot{F}(\mathrm{j}\omega_0)$为等于 1 的正实数时,信号无论经过多少次反馈循环,反馈信号 $\dot{U}_f(\mathrm{j}\omega_0)$始终等于输入信号 $\dot{U}_i(\mathrm{j}\omega_0)$,则无须外加电压即可维持输出电压保持不变,构成了自激振荡回路。因此自激振荡的条件就是环路增益 $\dot{T}(\mathrm{j}\omega_0)$为 1,即

$$\dot{T}(\mathrm{j}\omega_0)=1 \tag{4.4}$$

又可分别写成

$$|\dot{T}(\mathrm{j}\omega_0)|=1$$
$$\varphi_T(\omega_0)=2n\pi \qquad (n=0,1,2,\cdots)$$

通常式(4.4)又称为振荡器的平衡条件。

讨论反馈振荡器的工作原理就是揭示闭回环路产生等幅持续振荡的条件。这些条件包括保证接通电源以后从无到有的建立振荡的起振条件,然后进入平衡状态,维持等幅持续振荡的平衡条件以及保证在平衡状态下不因外界不稳定因数的影响而受到破坏的稳定条件。

4.2.1 起振条件

正弦波振荡器的任务是在没有外加激励的情况下,产生具有某一频率的等幅正弦振荡。当振荡器一加上电源电压后即产生高频信号输出,那么初始的激励是从哪里来的呢?在接通电源瞬间,晶体管电流由 0 突然增加,突变的电流包含有很宽的频谱分量。由于谐振回路的选频作用,其中只有接近 LC 回路的谐振频率 ω_0 的分量,才能在谐振回路两端产生较大的电压,通过反馈回路加到放大器的输入端,如果该电压与放大器原输入电压同相,则经放大和反馈的反复循环,振荡电压振幅就会不断增长,这是由于对 LC 谐振回路的能量补充大于回路本身的能量损失,因此要求反馈到放大器输入端的电压要大于原输入端的电压。负载回路上只有频率为回路谐振频率的成分产生压降,该压降通过反馈网络产生较大的正反馈

电压，反馈电压又加到放大器的输入端，进行放大、反馈，不断地循环下去，谐振负载上将得到频率等于回路谐振频率的输出信号。

而在振荡开始时，由于激励信号较弱，输出电压 U_o 的振幅则比较小，此后经过不断放大与反馈循环，输出幅度 U_o 开始逐渐增大，为了维持这一过程使输出振幅不断增加，应使反馈回来的信号比输入到放大器的信号大，即振荡开始时应为增幅振荡，即

$$\dot{T}(\mathrm{j}\omega_0)>1 \tag{4.5}$$

如果 $\dot{A}(\mathrm{j}\omega)$ 和 $\dot{F}(\mathrm{j}\omega)$ 写成下列形式

$$\dot{A}(\mathrm{j}\omega)=|\dot{A}(\mathrm{j}\omega)|\mathrm{e}^{\mathrm{j}\varphi_A},\dot{F}(\mathrm{j}\omega)=|\dot{F}(\mathrm{j}\omega)|\mathrm{e}^{\mathrm{j}\varphi_F}$$

将上式代入式(4.5)得

$$|\dot{A}(\mathrm{j}\omega_0)||\dot{F}(\mathrm{j}\omega_0)|\mathrm{e}^{\mathrm{j}(\varphi_A+\varphi_F)}>1$$

因此起振的振幅条件是

$$|\dot{A}(\mathrm{j}\omega_0)||\dot{F}(\mathrm{j}\omega_0)|>1 \tag{4.6}$$

起振的相位条件是

$$\varphi_A+\varphi_F=2n\pi \qquad (n=0,1,2,\cdots) \tag{4.7}$$

要使振荡器起振必须同时满足起振的振幅条件和相位条件，其中起振的相位条件即为正反馈条件。

振荡器起振后，不可能永远保持 $\dot{T}(\mathrm{j}\omega_0)>1$，这是由于对 LC 谐振回路的能量补充不可能为无穷大。因此，最终会在某一时刻，补充能量等于损失能量，使 $\dot{T}(\mathrm{j}\omega_0)=1$，即形成自激。这一过程主要是利用放大器中晶体管的工作特性实现的。如图4.2所示，在振荡器起振之初，信号幅度较小，在晶体管基射极设置一静态工作电压 U_{BEQ}，且令 $U_{BEQ}>U_{BEON}$，则晶体管基射极输入电压 $U_{BEQ}+u_i>U_{BEON}$，晶体管工作在线性放大区，如图4.2中实曲线所示，此时 $\dot{T}(\mathrm{j}\omega_0)>1$。当输出信号逐渐增大导致反馈输入信号振幅增大时，放大器逐渐由放大区进入截止区或饱和区，即进入非线性状态，如图4.2中虚曲线所示，此时输出信号将被限幅。

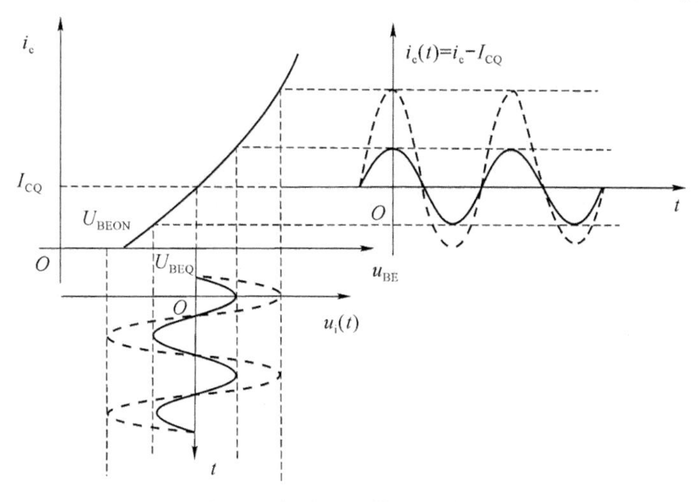

图4.2　振荡器工作原理波形图

晶体管的饱和特性和截止特性都可以对信号进行限幅，究竟是利用其饱和特性好还是利用其截止特性好呢？由晶体管的输出特性曲线可知，晶体管在饱和时其输出电阻是很小的，只有几十Ω，并且它和LC回路并联，因而会使回路的有载品质因数下降很多，这将使振荡器的输出波形产生失真，严重时甚至停振。所以我们应该避免出现饱和现象，而应该利用其截止特性来限幅。此时输出也呈非正弦波，其输出的ω成分将由输出波形的基波分解系数决定，放大倍数$A(\mathrm{j}\omega)$将随着非线性程度的加剧而减少，即增益将随输入信号的增加而下降，所以环路增益将下降。当$|\dot{T}(\mathrm{j}\omega_0)|=1$时，振幅的增长过程将停止，振荡器到达平衡状态，而进入等幅振荡。即振荡器由增幅振荡过程进入到稳幅振荡，是由其非线性特性所决定的。只要电路设计合理，电路的起振过程瞬间就能完成。

当放大器增益下降导致环路增益下降到1时，振幅的增长过程将停止，振荡器达到平衡，进入等幅振荡状态。振荡器进入平衡状态后，直流电源补充的能量刚好抵消整个环路消耗的能量。

4.2.2 稳定条件

所谓稳定平衡是指因某一外因的变化，如温度改变、电源电压的波动等，振荡器的原平衡条件遭到破坏，振荡器能在新的条件下建立新的平衡，当外因去掉后，电路能自动返回平衡状态则此平衡点是稳定的；否则原平衡点是不稳定的。平衡的稳定条件包含振幅稳定条件和相位稳定条件。

1. 振幅平衡的稳定条件

要使振幅稳定，振荡器在其平衡点必须具有阻止振幅变化的能力。具体来说，在平衡点$U_\mathrm{i}=U_{\mathrm{i}A}$附近，当不稳定因素使$u_\mathrm{i}$的振幅$U_\mathrm{i}$增大时，环路增益幅值$T(\mathrm{j}\omega_0)$应该减少，使反馈电压振幅$U_\mathrm{f}$减少，从而阻止$U_\mathrm{i}$增大；反之，当不稳定因素使$u_\mathrm{i}$的振幅$U_\mathrm{i}$减少时，$T(\mathrm{j}\omega_0)$应该增大，使反馈电压振幅$U_\mathrm{f}$增大，从而阻止$U_\mathrm{i}$减少。这就要求在平衡点附近，$T(\mathrm{j}\omega_0)$具有随$U_\mathrm{i}$的变化率为负值的特性，即

$$\frac{\partial T(\mathrm{j}\omega_0)}{\partial U_\mathrm{i}}\bigg|_{U_\mathrm{i}=U_{\mathrm{i}A}}<0 \tag{4.8}$$

式(4.8)即为振幅稳定条件。

如果环路增益特性如图4.3所示，则振荡器存在着两个平衡点A和B，其中A是稳定的，而B点，由于$T(\mathrm{j}\omega_0)$具有随U_i增大而增大的特性，它是不稳定的。例如，若某种原因使U_i大于$U_{\mathrm{i}B}$，则$T(\mathrm{j}\omega_0)$随之增大，势必使U_i进一步增大，从而更偏离平衡点B，最后到达平衡点A；反之，若某种原因使U_i小于$U_{\mathrm{i}B}$，则$T(\mathrm{j}\omega_0)$随之减少，从而进一步加速U_i减少，直到停止振荡。在这种振荡器中，由于不满足振幅起振条

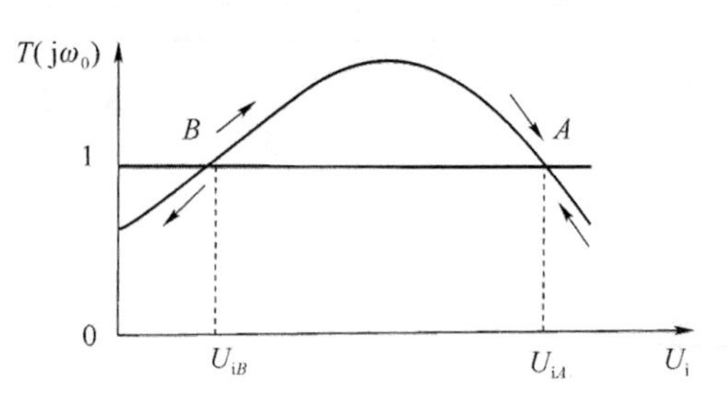

图4.3　满足振幅稳定条件的稳定点的判断

件，因而必须外加大的电冲击（如用手拿金属棒接触基极），产生大于 U_{iB} 的起始扰动电压后，才能进入平衡点 A，产生持续等幅振荡。通常将这种依靠外加冲击而产生振荡的方法称为硬激励；相应地，将电源接通后自动进入稳定平衡状态的方式称为软激励。

通过上述讨论可见，要使平衡点稳定，$T(j\omega_0)$ 必须在 U_{iA} 附近具有负斜率变化，即随 U_i 增大而下降的特性，且这个斜率越陡，表明由 U_i 的变化而产生的 $T(j\omega_0)$ 变化越大。这样，只需要很小的 U_i 变化就可抵消外界因素引起的 $T(j\omega_0)$ 的变化，使环路重新回到平衡状态。

2. 相位平衡的稳定条件

振荡器的相位平衡条件是 $\varphi_T(j\omega_0)=2n\pi(n=0,1,2,\cdots)$。在振荡器工作时，某些不稳定因素可能破坏这一平衡条件。如电源电压的波动或工作点的变化可能使晶体管内部电容参数发生变化，从而引起相位的变化，产生一个偏移量 $\Delta\varphi$。相位稳定条件的意义是指当相位平衡条件遭受到破坏时，电路本身能重新建立起相位平衡点的条件。

由于瞬时角频率是瞬时相位的导数（$\omega=d\varphi/dt$），所以相位变化时，频率也会随之变化。故相位稳定条件也就是频率稳定的条件。

如果因某种原因，使相位平衡遭到破坏，产生一个很小的相位增量 $\Delta\varphi>0$。由环路增益的定义可知，这表示反馈信号 $u_f(j\omega)$ 超前原输入信号 $u_i(j\omega)$ 一个相位角 $\Delta\varphi$，意味着振荡器的瞬时角频率 ω 将随之提高。所以为了保证相位稳定，要求振荡器的相频特性 $\varphi_T(j\omega)$ 在振荡频率点应具有阻止相位变化的能力。具体来说，在平衡点 $\omega=\omega_0$ 附近，当外界不稳定因素使瞬时角频率 ω 增大时，要求振荡电路内部能够产生一个新的相位变化，而这个相位变化与外因引起的相位变化 $\Delta\varphi$ 的符号应该相反，以消弱或抵消由外因引起的瞬时角频率 ω 变化。反之当不稳定因素使 ω 减少时，振荡器的相频特性 $\varphi_T(j\omega)$ 应产生一个 $\Delta\varphi$，从而产生一个 $\Delta\omega$，使 ω 增大，即要求相频特性曲线 $\varphi_T(j\omega)$ 在 ω_0 附近应具有负斜率，如图 4.4 所示。

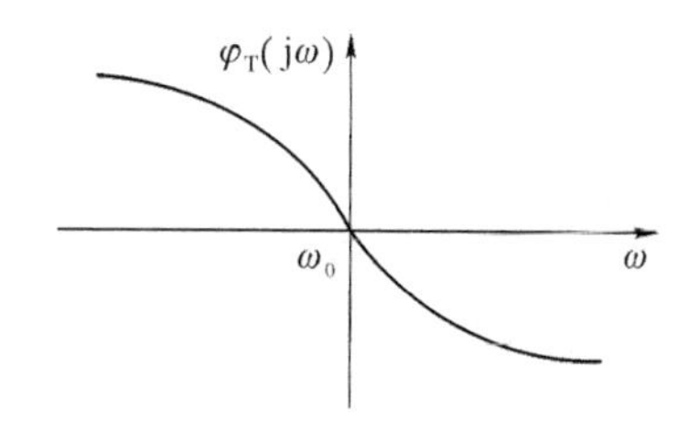

图 4.4　满足相位稳定条件的相频特性

数学上可表示为

$$\frac{\partial\varphi_T(j\omega)}{\partial\omega}\Big|_{\omega=\omega_0}<0 \tag{4.9}$$

式(4.9)即为相位平衡的稳定条件。

4.3 LC 正弦波振荡器

4.3.1 互感耦合型 LC 振荡电路

互感耦合振荡器（或变压器反馈振荡器）又称为调谐型振荡器，根据 LC 谐振回路与三极管不同电极的连接方式又可分为集电极调谐型、发射极调谐型和基极调谐型。如图 4.5 所示。互感耦合振荡器是依靠线圈之间的互感耦合来实现正反馈的，所以，应注意耦合线圈同名端的正确位置。同时耦合系数 M 要选择合适，使之满足振幅起振的条件。

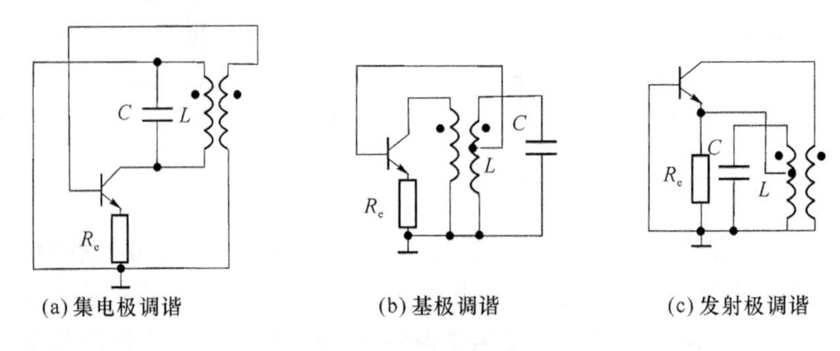

图 4.5 调谐型振荡器

在调基和调射电路中，由于晶体管基射极间的输入阻抗比较低，为了不致过多地影响谐振电路的 Q 值，晶体管与谐振回路间多采用部分耦合(又称部分接入)。调基振荡电路在高频输出方面比其他两种电路稳定，而且幅度较大，谐波成分较小。调基振荡电路的特点是，频率在较宽范围内改变时，幅度比较平稳。

调谐型振荡电路的优点是容易起振，输出电压较大，结构简单，调节频率方便，且调节频率时输出电压变化不大。因此在一般广播收音机中常用作本地振荡器。调谐型振荡电路的缺点是工作在高频时，分布电容影响较大，输出波形不好，频率稳定性也差。因此工作频率不宜过高，一般在几 kHz 至几十 MHz 范围内，在高频段用得较少。

【例 4.1】 假设如图 4.6 所示互感耦合振荡电路满足起振的振幅条件，判断其能否起振。

解：由于该电路满足幅度起振条件，故只需判断它们是否满足相位起振条件，即 $\varphi_T(j\omega_0)=2n\pi(n=0,1,2,\cdots)$。

设 VT_2 的基极为输入端，将互感耦合回路的 L_1 和 VT_2 基极之间的反馈路径断开，如图 4.6 所示。从断开处向左看，只要输入信号经由 VT_1 和互感耦合回路输出的信号和输入端信号同相，满足相位条件，就可以起振。

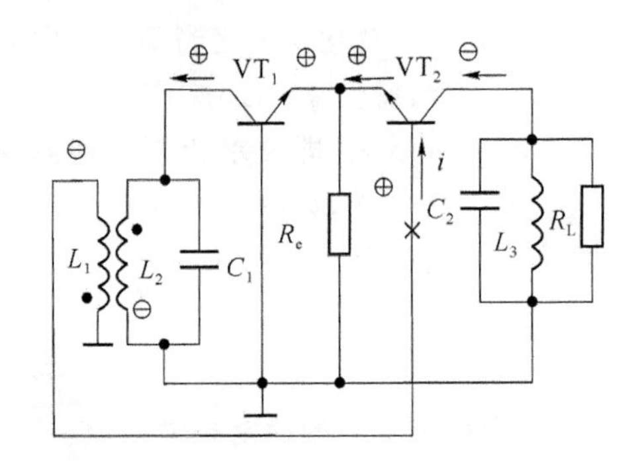

图 4.6 例 4.1 图

假设输入信号为正，则电流流向为向上流入 VT_2 基极，根据三极管工作特性，VT_2 的集电极和发射极电流流向分别为流入和流出，即其电压极性分别为负和正；而 VT_1 的发射极和 VT_2 发射极互相连接，故电压极性相同，导致 VT_1 集电极加载一正极性电源，电流流向为流入发射极，流出集电极，VT_1 集电极电压为正；由于互感耦合回路同名端反向，故经由反馈的电压极性为负，与输入信号相位相差 π，是负反馈，不满足相位起振条件，不能起振。

如果把变压器次级同名端位置换一下，则可改为正反馈。而变压器初级回路是并联 LC 回路，作为 VT_1 的负载，考虑到其阻抗特性需满足的相位稳定条件，因此可以起振。

4.3.2 三点式振荡电路

1. 电路组成原则

如图 4.7 所示为两种基本类型的三点式振荡器的原理电路。其中图 4.7(a)为电容三点式振荡电路,图 4.7(b)为电感三点式振荡电路。

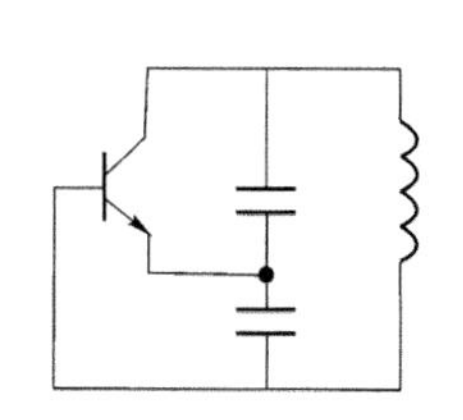

(a) 电容三点式振荡电路

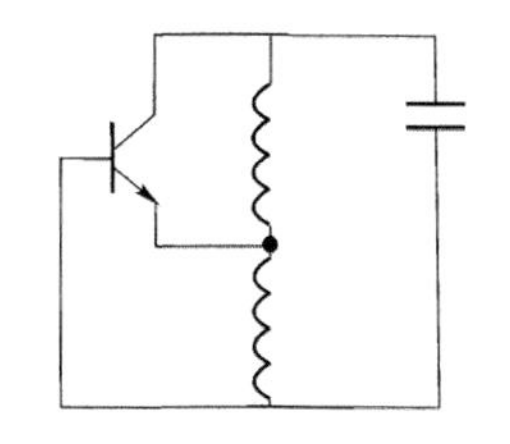

(b) 电感三点式振荡电路

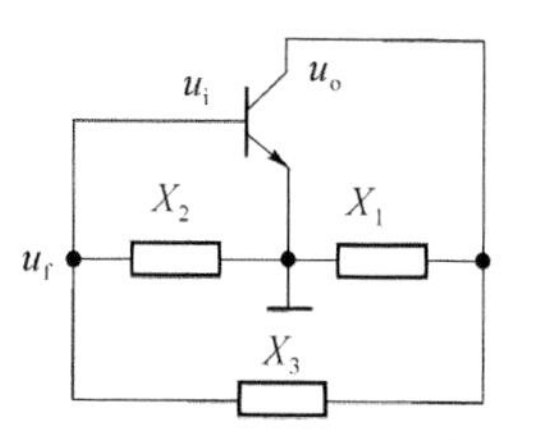

(c) 三点式振荡电路一般形式

图 4.7　三点式振荡器的原理电路

为了便于分析,暂忽略回路中的损耗,并将三点式振荡器电路画成如图 4.7(c)所示的一般形式。如果进一步忽略三极管的输入和输出阻抗,则当回路谐振,即 $\omega=\omega_0$ 时,谐振回路的总电抗 $X_1+X_2+X_3=0$,回路呈纯电阻性。由于放大器的输出电压 u_o 与其输入电压 u_i 反相,即 $\varphi_A(j\omega_0)=-\pi$,而反馈电压 u_f 又是 u_o 在 X_3 和 X_2 支路中分配在 X_2 上的电压,即

$$u_f(j\omega_0)=u_i(j\omega_0)=\frac{jX_2}{j(X_2+X_3)}u_0(j\omega_0)=-\frac{X_2}{X_1}u_0(j\omega_0)$$

为了满足相位平衡条件,要求 $\varphi_f(j\omega_0)=-\pi$,即 u_f 与 u_o 反相。由上式可见,X_2 必须与 X_1 为同性质电抗,而 X_3 应为异性质电抗。这时,振荡器的振荡频率可以利用谐振回路的谐振频率来估算。

如果考虑到回路损耗和三极管输入及输出阻抗的影响,那么上述结论仍可近似成立。这种情况下,不同之处仅在于 u_o 与 u_i 不再反相,而是在 $-\pi$ 上附加了一个相移。因而,为了满足相位平衡条件,u_o 对 u_f 的相移也应在 $-\pi$ 上附加数值相等、符号反相的相移。为此,谐振回路对振荡频率必须是失谐的。换句话说,谐振器的振荡频率不是简单地等于回路的谐振频率,而是稍有偏离。

综上所述,三点式振荡器构成的一般原则可归纳如下。

(1) 晶体管发射极所接的两个电抗元件 X_1 与 X_2 性质相同,而不与发射极相接的电抗元件 X_3 的电抗性质与前者相反。

(2) 振荡器的振荡频率可利用关系式 $|X_1+X_2|=|X_3|$ 来估算。

2. 电容三点式振荡电路

图 4.8(a)是一电容三点式振荡器的实际电路,图中,R_{b1}、R_{b2}、R_e、C_e、C_b 分别为偏置电阻、旁路电容和隔直流电容。在开始振荡时这些电阻决定静态工作点;在振荡产生以后,由于晶体管的非线性及工作状态进入到截止区,电阻 R_e 又起自偏压的作用,从而限制和稳定

了振荡的振幅。扼流电感 L_C 也可以用一较大的电阻代替,防止电源对回路旁路。图 4.8(b)是其交流等效电路,图中忽略了大电阻 R_{b1} 和 R_{b2} 的作用,与图 4.7(a) 比较,显然满足三点式振荡器的相位平衡条件。

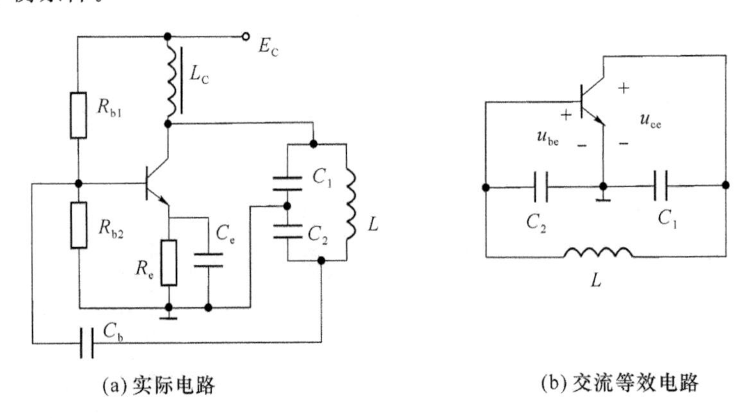

(a) 实际电路　　(b) 交流等效电路

图 4.8　电容三点式振荡电路

为了分析这种振荡器的振荡频率及满足起振所需的反馈系数或晶体管的跨导,可以画出如图 4.9(a) 所示的交流微变等效电路。这里已将晶体管共发射极的 Y 参数等效电路进行了简化:由于外部的反馈作用远大于晶体管的内部反馈,故可以忽略晶体管的内部反馈,即可令 $y_{re}=0$。晶体管的输入电容 C_{ie}、输出电容 C_{oe} 通常比回路反馈电容 C_1、C_2 小得多,可以将它们等效在电路的 C_1、C_2 中。忽略电流 i_c 对 u_{be} 的相移,y_{fe} 可以用跨导 g_m 表示。等效电导 g'_L 代表回路线圈损耗和负载。

把图 4.9(a)的交流微变等效电路改画成 4.9(b) 所示的电路,为得到起振所需的条件,可以将输入电导 g_{ie} 折算到放大器的输出端,如图 4.9(c) 所示,由于晶体管部分接入 LC 并联谐振回路,如果谐振回路的有载 Q_L 较大,那么电路谐振时的回路电流 i 将远大于外电路电流,即可近似认为流过 C_1、C_2 的电流相等。于是可求出反馈系数为

$$|\dot{F}(j\omega_0)|=\left|\frac{\dot{U}'_{be}(j\omega_0)}{\dot{U}_{ce}(j\omega_0)}\right|=\frac{\dot{I}\dfrac{1}{j\omega_0 C_2}}{\dot{I}\dfrac{1}{j\omega_0 C_1}}=\frac{C_1}{C_2}$$

谐振回路谐振时,由图 4.9(c)可以估算出放大器的电压放大倍数为

$$|\dot{A}(j\omega_0)|=\left|\frac{\dot{U}_{ce}(j\omega_0)}{\dot{U}_{be}(j\omega_0)}\right|=\frac{g_m}{g_\Sigma} \tag{4.10}$$

式(4.10)中,$g_\Sigma=g_{oe}+g'_L+k_F^2 g_{ie}$,而 $k_F=C_1/C_2=|\dot{F}(j\omega_0)|$。为折合系数,根据起振条件 $|\dot{T}(j\omega_0)|=|\dot{A}(j\omega_0)||\dot{F}(j\omega_0)|>1$,可得

$$\frac{g_m}{g_{oe}+g'_L+k_F^2 g_{ie}}k_F>1$$

即要求起振时晶体管的

$$g_m>\frac{C_1}{C_2}g_{ie}+\frac{C_2}{C_1}(g_{oe}+g'_L) \tag{4.11}$$

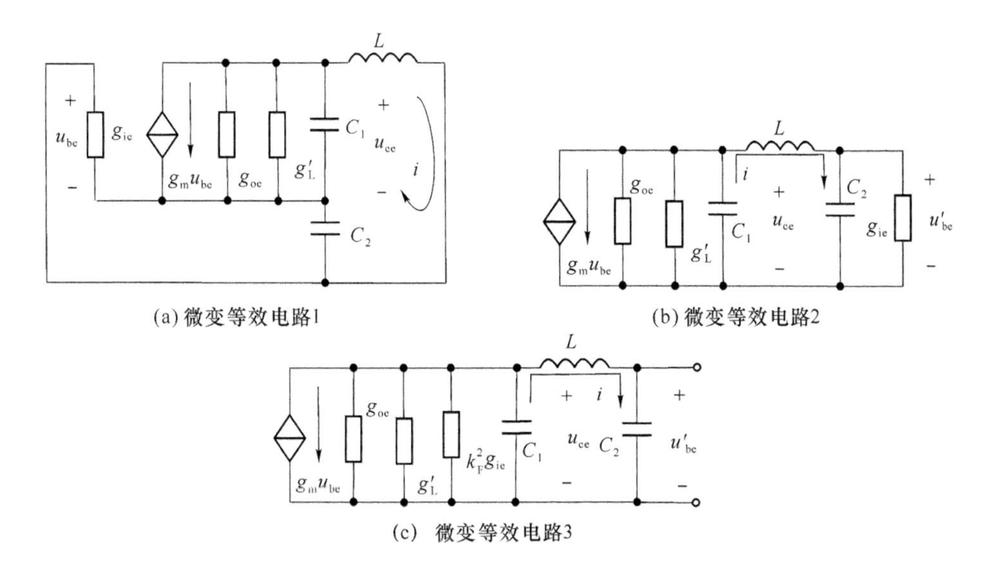

图 4.9 电容三点式交流微变等效电路

式(4.11)左边第一项表示输入电阻对振荡的影响，g_{ie}和 k_F 越大，越不容易振荡；第二项表示输出电导和负载电导对振荡的影响，k_F 越大，越容易振荡。因此考虑晶体管输入电阻对回路的加载作用时，反馈系数 k_F 的值并不是越大越容易起振。由式(4.11)还可以看出，在晶体管参数 g_m、g_{ie}、g_{oe}一定的情况下，可以通过调节 g'_L、k_F 来保证起振。为保持振幅稳定，起振时，$g_m R_\Sigma k_F$ 的取值一般为 3～5。

振荡器的振荡频率一般可以利用相位平衡条件求出。即根据环路增益 $\dot{T}(j\omega_0)=\dot{A}\dot{F}=\frac{u'_{be}}{u_{be}}$的相位差为 0 或 u'_{be}与 u_{be}同相位求得，由图 4.9(b)可得

$$\dot{U}'_{be}(j\omega_0)=\frac{g_m\dot{U}_{be}(j\omega_0)}{g_{oe}+g'_L+j\omega_0 C_1+\frac{1}{j\omega_0 L+\frac{1}{g_{ie}+j\omega_0 C_2}}}\frac{\frac{1}{g_{ie}+j\omega_0 C_2}}{j\omega_0 L+\frac{1}{g_{ie}+j\omega_0 C_2}}$$

所以有

$$\frac{\dot{U}'_{be}(j\omega_0)}{\dot{U}_{be}(j\omega_0)}=\frac{g_m}{g_{oe}+g'_L+j\omega_0 C_1+\frac{1}{j\omega_0 L+\frac{1}{g_{ie}+j\omega_0 C_2}}}=\frac{\frac{1}{g_{ie}+j\omega_0 C_2}}{j\omega_0 L+\frac{1}{g_{ie}+j\omega_0 C_2}}$$

简化上式，并令其虚部为 0，得

$$\omega_0(C_1+C_2)+\omega_0 L g_{ie}(g_{oe}+g'_L)-\omega_0^3 L C_1 C_2=0$$

可得振荡频率

$$\omega_s=\sqrt{\frac{1}{LC_\Sigma}-\frac{g_{ie}(g_{oe}+g'_L)}{C_1 C_2}}\approx\sqrt{\frac{1}{LC_\Sigma}} \tag{4.12}$$

式中，$C_\Sigma=\frac{C_1 C_2}{C_1+C_2}$为回路总电容；$\omega_0=\sqrt{\frac{1}{LC_\Sigma}}$为回路的谐振频率。通常根式中的第二项远小

于第一项，即满足，$g_{ie} \ll \omega_0 C_2$，$g_{oe} + g'_L \ll \omega_0 C_1$，因此振荡频率 ω_s 可以近似为 ω_0。

3．电感三点式振荡电路

图 4.10(a)是电感三点式振荡器的实际电路。在高频交流通道中，因电源 E_C 处于高频地电位，由于旁路电容 C_e 的作用，晶体管发射极对高频来说是与 L_1、L_2 的抽头相连的。其交流等效电路如图 4.10(b) 所示，图中忽略了大电阻 R_{b1} 和 R_{b2} 的作用，与图 4.7(b)比较，显然满足三点式振荡器的相位平衡条件。

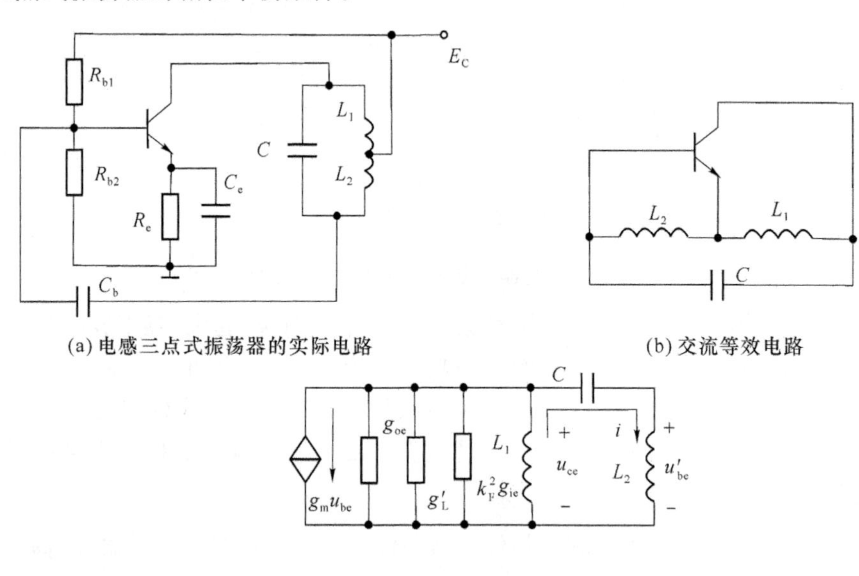

(a) 电感三点式振荡器的实际电路　　(b) 交流等效电路

(c) 交流微变等效电路

图 4.10　电感三点式振荡电路

为了分析这种振荡器的振荡条件，仿照电容三点式振荡器的分析方法可以作出如图 4.10(c)所示的交流微变等效电路。仍定义 k_F 为不考虑 g_{ie}时的反馈系数，则有

$$k_F = \left| \frac{\dot{U}'_{be}(j\omega_0)}{\dot{U}_{ce}(j\omega_0)} \right| = \frac{\dot{I}(L_2+M)}{\dot{I}(L_1+M)} = \frac{L_2+M}{L_1+M} = F$$

回路谐振时，由图 4.10(c) 可以估算出放大器的电压放大倍数为

$$|\dot{A}(j\omega_0)| = \left| \frac{\dot{U}_{ce}(j\omega_0)}{\dot{U}_{be}(j\omega_0)} \right| = \frac{g_m}{g_\Sigma} \tag{4.13}$$

式(4.13)中，$g_\Sigma = g_{oe} + g'_L + k_F^2 g_{ie}$。

由起振条件 $|\dot{T}(j\omega_0)| = |\dot{A}(j\omega_0)|\,|\dot{F}(j\omega_0)| > 1$，同样可得

$$g_m > k_F g_{ie} + \frac{1}{k_F}(g_{oe} + g'_L) \tag{4.14}$$

当线圈绕在封闭磁芯的磁环上时，线圈两部分的耦合系数接近于 1，k_F 近似等于两线圈的匝比，即 $k_F = N_2/N_1$。

同理，令 $A(\omega)F(\omega) = \frac{u'_{be}}{u_{bc}}$的虚部为 0，即可求出振荡频率为

$$\omega_s = \frac{1}{\sqrt{L_\Sigma C + (g_{oe} + g'_L) g_{ie} (L_1 L_2 - M^2)}} \approx \sqrt{\frac{1}{L_\Sigma C}} = \omega_0$$

式中，$L_\Sigma = L_1 + L_2 + 2M$，$M$ 为互感系数。

可见，振荡器的振荡频率 ω_s 同样近似等于回路的谐振频率 ω_0。一般 $\omega_s < \omega_0 = 1/\sqrt{L_\Sigma C}$。线圈耦合得越紧，$\omega_s$ 越接近于 ω_0，当 $K = M/\sqrt{L_1 L_2} = 1$ 时，有 $\omega_s = \omega_0$。

电容三点式振荡器和电感三点式振荡器各有其优缺点。

电容三点式振荡器的优点是：反馈电压取自 C_2，而电容对晶体管非线性特性产生的高次谐波呈现低阻抗，所以反馈电压中高次谐波分量很少，因而输出波形好，接近于正弦波。缺点是：因反馈系数与回路电容有关，如果用改变回路电容的方法来调整振荡频率，必将改变反馈系数，从而影响起振。

电感三点式振荡器的优点是：便于用改变电容的方法来调整振荡频率，而不会影响反馈系数。缺点是：反馈电压取自 L_2，而电感线圈对高次谐波呈现高阻抗，所以反馈电压中高次谐波分量较多，输出波形较差。

电容三点式振荡器能够振荡的最高频率通常较高，而电感三点式振荡器能够振荡的最高频率较低。这是因为在电感三点式振荡器中，晶体管的极间电容与 L_1 和 L_2 并联，当频率高时，极间电容影响加大，可能使支路电抗性质改变，从而不能满足相位平衡条件。而在电容三点式振荡器中，极间电容与 C_1、C_2 并联，频率变化时阻抗性质不变，相位平衡条件不会被破坏。

两种振荡器共同的缺点是：晶体管输入及输出电容分别和两个回路电抗元件并联，影响回路的等效电抗元件参数，从而影响振荡频率。由于晶体管输入及输出电容值随环境温度、电源电压等因素而变化，所以三点式电路的频率稳定度不高，一般在 10^{-3} 量级。

【例 4.2】 在如图 4.11 所示振荡器的交流等效电路中，3 个 LC 并联回路的谐振频率分别是：$f_1 = \frac{1}{(2\pi\sqrt{L_1 C_1})}$，$f_2 = \frac{1}{(2\pi\sqrt{L_2 C_2})}$，$f_3 = \frac{1}{(2\pi\sqrt{L_3 C_3})}$。试问 f_1、f_2、f_3 满足什么条件时该振荡器能正常工作？且相应的振荡频率是多少？

解：由图 4.11 可知，只要满足三点式振荡器的组成原则，该振荡器就能正常工作。

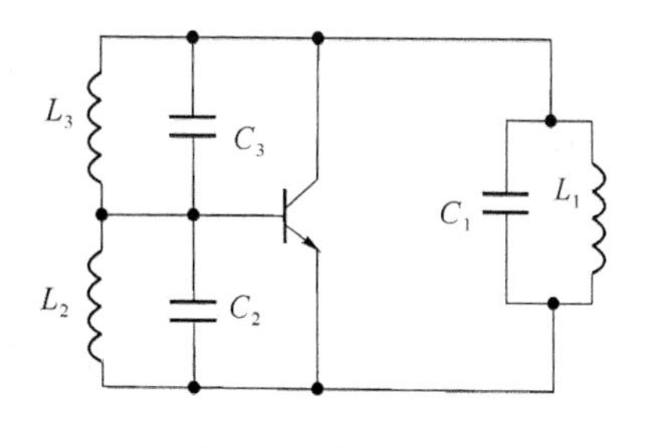

图 4.11　例 4.2 图

若组成电容三点式，则在振荡频率 f_{s1} 处，L_1C_1 回路与 L_2C_2 回路应呈现电容性，L_3C_3 回路应呈现电感性。所以应满足 $f_1 \leqslant f_2 < f_{s1} < f_3$，或 $f_2 \leqslant f_1 < f_{s1} < f_3$。

若组成电感三点式，则在振荡频率 f_{s2} 处，L_1C_1 回路与 L_2C_2 回路应呈现电感性，L_3C_3 回路应呈现电容性，所以满足

$$f_1 \geqslant f_2 > f_{s1} > f_3 \text{ 或 } f_2 \geqslant f_1 > f_{s1} > f_3$$

在以上两种情况下，振荡频率 f_s 的表达式均可估算为

$$f_s = \frac{1}{2\pi\sqrt{L_\Sigma C_\Sigma}}$$

其中，$L_{\Sigma}=\dfrac{L_3(L_1+L_2)}{L_1+L_2+L_3}$，$C_{\Sigma}=C_3+\dfrac{C_1C_2}{C_1+C_2}$。

4．克拉泼振荡电路

上述电容三点式振荡器虽然有电路简单、能够振荡的频率范围宽、波型好的优点，在许多场合得到应用，但是若从提高振荡器的频率稳定性看，还存在一些有待克服的缺点。由于振荡器的频率基本上决定于回路的谐振频率，凡是能够引起回路谐振频率变化的因素，都会引起振荡频率的变化。在电容三点式振荡器中（在电感三点式振荡器中也是一样），由于晶体管的极间电容（主要是结电容）直接和回路元件 L、C_1、C_2 并联，而结电容又是随温度、电压、电流变化的不稳定因素，因此如何减少晶体管的输入、输出，电容对频率稳定度的影响仍是一个必须解决的问题。于是出现了改进型的电容三点式振荡电路——克拉泼电路。

图 4.12(a)是克拉泼电路的实际电路。如果忽略电阻 R_c 与 R_e 的影响可得其交流等效电路，如图 4.12(b) 所示。与电容三点式电路相比较，克拉泼电路的特点是：在回路中增加了一个与 L 串联的电容 C_3，C_3 和 L 的串联电路在振荡频率上等效为一个电感，整个电路仍属于电容三点式电路。

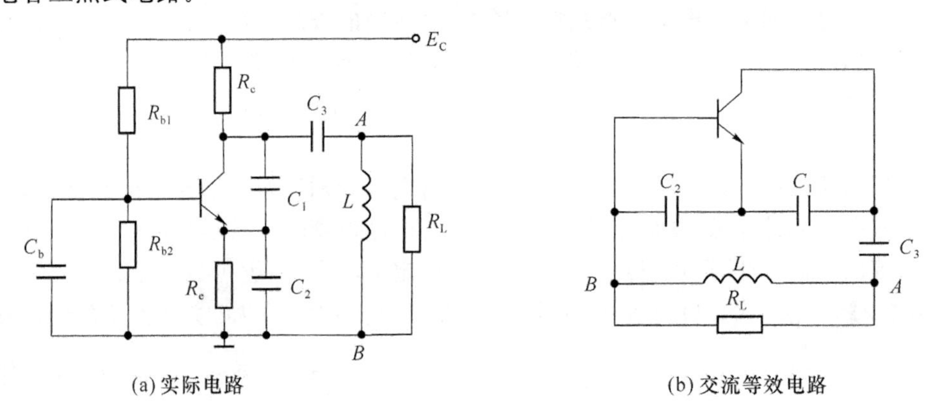

图 4.12　克拉泼振荡电路

由图 4.12(b)的电路可以看出，电容 C_1 和 C_2（晶体管的极间电容和它们并联）只是整个谐振回路电容的一部分，或者说，晶体管以部分接入的方式与回路连接，这就减弱了晶体管与回路的耦合。当 C_1 和 C_2 的串联电容大于或远大于 C_3（$C_3 \ll C_1$，$C_3 \ll C_2$）时，振荡回路的等效总电容为

$$C_{\Sigma}=\frac{C_1C_2C_3}{C_1C_2+C_2C_3+C_1C_3}=\frac{C_3}{1+\dfrac{C_3}{C_1}+\dfrac{C_3}{C_2}}\approx C_3$$

相比之下，C_1 和 C_2 对振荡频率的影响便大大减少了。而晶体管的结电容 C_{ce}、C_{be} 又均直接并在 C_1 和 C_2 上，它们只影响 C_1 和 C_2，不影响 C_3，可见 C_3 越小，晶体管极间电容对回路谐振频率的影响就越小。这样可使电路的谐振频率近似地只与 C_3、L 有关。于是，振荡角频率

$$\omega_0=1/\sqrt{LC_{\Sigma}}\approx 1/\sqrt{LC_3}$$

由此可见，克拉泼电路的振荡频率几乎与 C_1 和 C_2 无关，克拉泼电路的频率稳定度比电容三点式电路要好。克拉泼电路的电压反馈系数仍为

$$F=k_F=C_1/C_2$$

从减少晶体管的极间电容的影响出发，必须满足 C_1 及 C_2 远远大于 C_3，也就是 C_1 和 C_2 都要选得较大。这样，虽然使频率稳定性得到了改善，但是晶体管 c-e 端与回路的接入系数 p_{ce} 却要下降，这就使折合到 c-e 端的等效负载阻抗减少，将影响振荡器的起振，振荡幅度将会降低。如果把 L 两端的负载阻抗 R_L 等效折合到 c-e 端，并以 R'_L 表示，则

$$R'_L=p_{ce}^2R_L$$

式中，p_{ce} 为晶体管 c-e 端与回路中 A、B 端之间的接入系数

$$p_{ce}=C_\Sigma/C_1\approx C_3/C_1$$

可见 C_1 越大，p_{ce} 和 R'_L 就越小；振荡器的电压放大倍数 $A(\mathrm{j}\omega_0)$ 越小，振荡输出电压幅度就越小。这是增大 C_1 所受到的限制。另外，如果通过调节电容 C_3 来改变振荡频率 f_s，可以看出，当 C_3 减小时，振荡频率 f_s 随之增高，但同时振荡幅度显著下降，甚至停振，这就使最高振荡频率受到限制。归纳起来，此电路有以下缺点。

(1) C_1、C_2 如果过大，则振荡幅度就太低。

(2) 当减少 C_3 以提高 f_s 时，振荡幅度显著下降；当 C_3 减到一定程度时，可能停振。因此 f_s 的提高受到限制。

(3) 通常 LC 振荡器都是波段工作的，而且常用可变电容来改变其振荡频率。在克拉泼电路中 C_3 就是可变电容器。当改变 C_3 时，负载电阻 R'_L 在波段范围内变化很大，这会使振荡器在波段范围内振荡的振幅变化也较大，使所调波段范围内输出信号的幅度不平稳，因此可以调节的频率范围(也叫"频率覆盖")不够宽。所以克拉泼电路只能用作固定频率振荡器或波段覆盖系数较小的可变频率振荡器。一般克拉泼电路的波段覆盖系数为 1.2～1.3。

5. 西勒振荡电路

针对克拉泼电路的缺陷，出现了另一种改进型电容三点式电路——西勒电路。图 4.13(a)是其实际电路，图 4.13(b)是其交流等效电路。

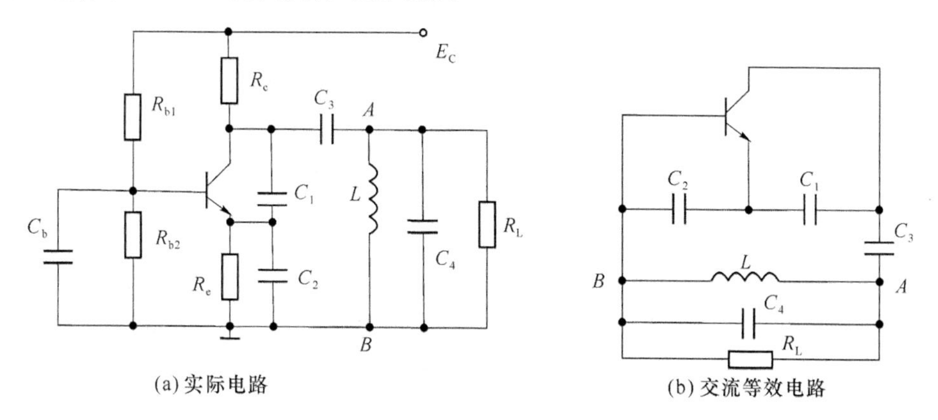

图 4.13 西勒振荡电路

西勒电路与克拉泼电路的不同点仅在于回路电感 L 两端并联了一个可变电容 C_4，而 C_3

为固定值的电容器，且满足 C_1、C_2 远大于 C_3，C_1、C_2 远大于 C_4，所以其回路的总等效电容

$$C_\Sigma=\frac{C_1C_2C_3}{C_1C_2+C_1C_3+C_2C_3}+C_4\approx C_3+C_4$$

所以振荡频率

$$f_0=\frac{1}{2\pi\sqrt{LC_\Sigma}}\approx\frac{1}{2\pi\sqrt{L(C_3+C_4)}}$$

根据图 4.13(b)，不难写出 c-e 端接入系数的表示式为

$$p_{ce}=\frac{C'}{C_1}=\frac{\frac{1}{C_1}}{\frac{1}{C_1}+\frac{1}{C_2}+\frac{1}{C_3}}\approx\frac{C_3}{C_1},C'=\frac{1}{\frac{1}{C_1}+\frac{1}{C_2}+\frac{1}{C_3}}\approx C_3$$

可见，p_{ce}与 C_4 无关，即当调节 C_4 来改变振荡频率时，p_{ce}不变。如果把 R_L 等效折合到 c-e 端以 R'_L表示，则 $R'_L=p_{ce}{}^2R_L$。

所以改变 C_4 的大小不会影响回路的接入系数。如果 C_3 固定，通过调节 C_4 来改变振荡频率，则晶体管 c-e 端等效负载 R'_L在振荡频率变化时基本保持不变，从而使在波段范围内的幅度平稳性大为改善，输出电压振幅稳定。因此，西勒电路可用作波段振荡器，其波段覆盖系数为 1.6～1.8。

另外，因为频率是靠调节 C_4 来改变的，所以 C_3 不能选得过大，否则振荡频率主要由 C_3 和 L 决定，因此将限制频率调节的范围。此外这种电路之所以稳定度高，就是靠在电路中串有远小于 C_1、C_2 的 C_3 来实现的。若增大 C_3，该电路也就失去了频率稳定度高的优点。反之，C_3 选得太小的缺点是，使接入系数 p_{ce}降低，振荡幅度就比较小了。

由于西勒电路频率稳定性好，振荡频率可以较高，做可变频率振荡器时其频率覆盖范围宽，波段范围内幅度比较平稳，因此在短波、超短波通信机、电视接收机等高频设备中得到非常广泛的应用。

4.4 振荡器的频率稳定度

4.4.1 频率稳定度的定义

反馈振荡器如满足起振、平衡、稳定 3 个条件，就能够产生等幅持续的振荡波形。当受到外界不稳定因素影响或振荡器内部参数和状态变化时，振荡器的相位或振荡频率可能发生微量变化，虽然电路能自动回到平衡状态，但振荡频率在平衡点附近随机变化这一现象是不可避免的。为了衡量实际振荡频率 f 相对于标称振荡频率 f_s 变化的程度，提出了频率稳定度这一性能指标。

频率稳定度是振荡器的重要性能指标之一。因为通信设备、无线电测量仪器等各种电子设备的频率是否稳定，都取决于这些设备中的主振器的频率稳定度。如果通信系统的频

率不稳定，就会因漏失信号而联络不上；测量仪器的频率不稳定会引起较大的测量误差。特别是空间技术的发展，对振荡器频率稳定度的要求就更为严格。

对振荡器频率性能的要求，通常用频率准确度和频率稳定度来衡量。

频率准确度又称频率精度，是指振荡器实际工作频率 f 与标称频率 f_s 之间的偏差。通常有绝对频率准确度

$$\Delta f=f-f_s \tag{4.15}$$

相对频率准确度

$$\frac{\Delta f}{f_s}=\frac{f-f_s}{f_s} \tag{4.16}$$

振荡器的频率稳定度是指在一定的时间间隔内，频率准确度变化的最大值。通常也有两种表示方法，即绝对频率稳定度和相对频率稳定度。一般常用的是相对频率稳定度，简称频率稳定度，用 δ 表示，即

$$\delta=\frac{|f-f_s|_{\max}}{f_s}\Big|_{时间间隔} \tag{4.17}$$

应该指出，在准确度与稳定度两个指标中，稳定度更为重要。

由于频率的变化是随机的，所以不同的观测时段，测出的频率稳定度往往是不同的，而且有时还出现某个局部时段内频率的漂移远远超过其余时间在相同间隔内的漂移值的现象。因此用式(4.17)来表征频率稳定度并不十分合理。目前多用均方误差来表示频率稳定度，即

$$\delta_n=\sqrt{\frac{1}{n}\sum_{i=1}^{n}\left[\left(\frac{\Delta f}{f_s}\right)_i-\overline{\frac{\Delta f}{f_s}}\right]^2}$$

其中，n 为测量次数；$\left(\frac{\Delta f}{f_s}\right)_i$ 为第 $i(1\leqslant i\leqslant n)$ 次所测得的相对频率稳定度；$\overline{\frac{\Delta f}{f_s}}$ 为 n 个测量数据的平均值。

为了便于评价不同振荡器的性能，可根据观测时间的长短，将频率稳定度分为长期稳定度、短期稳定度和瞬时稳定度等几种。

1. 长期频率稳定度

长期频率稳定度一般指一天以上，甚至几个月的时间间隔内的频率相对变化。这种变化通常是由振荡器中元器件老化而引起的。一般高精度的频率基准、时间基准(如天文观测台、国家计时台等)均采用长期频率稳定度来计量频率源的特性。

2. 短期频率稳定度

短期频率稳定度一般指一天以内，以小时、分钟或秒计算的时间间隔内频率的相对变化。产生这种频率不稳定的因素有温度、电源电压等。短期频率稳定度常用于评价通信电子设备和仪器中振荡器的频率稳定度。

3. 瞬时频率稳定度

瞬时频率稳定度用于衡量秒或毫秒时间内的频率相对变化，这种频率变化一般都具有随机性质并伴有相位的随机变化，这种频率不稳定有时也被看作振荡信号附近有相位噪声。

4.4.2 影响频率稳定度的因素

在前面讨论的关于振荡器的工作原理中知道，振荡器的频率是由相位平衡条件 $\varphi_T(j\omega)=0$ 决定的。一般的正弦波振荡电路中，其相位平衡条件的图解表示如图 4.14 所示。$\varphi_T(j\omega)$由 3 部分组成，即 $\varphi_T(j\omega)=\varphi_A(j\omega)+\varphi_Z(j\omega)+\varphi_f(j\omega)$。其中 $\varphi_A(j\omega)$为放大器正向转移导纳 i_{c1}/u_i 的相角，即输出基波电流 i_{c1} 相对于输入电压 u_i 的相移；$\varphi_Z(j\omega)$为集电极选频谐振回路阻抗 Z_L 的幅角；$\varphi_f(j\omega)$为反馈网络反馈电压 u_f 相对 u_o 的相移。

所以振荡器的相位平衡条件可表示为

$$\varphi_A(j\omega)+\varphi_Z(j\omega)+\varphi_f(j\omega)=0 \tag{4.18}$$

显然，满足相位平衡条件式(4.18)的 ω 就是振荡器的振荡频率 ω_s，因此，凡是能引起 φ_A、φ_Z、φ_f 变化的因素都会引起振荡频率 ω_s 的变化。上述因素对频率的影响可以从相位平衡条件的图解表示中看出。由式(4.18)所描述的相位平衡条件也可写为

$$-[\varphi_A(j\omega)+\varphi_f(j\omega)]=\varphi_Z(j\omega)$$

由图 4.15 表示了这一关系。由图可以看出，由 φ_Z 和$-(\varphi_A+\varphi_f)$两条曲线的交点便决定了振荡器的振荡频率 ω_s，因而凡是能引起交点变化的因素都会引起振荡频率的变化。现将各种因素的影响讨论如下。

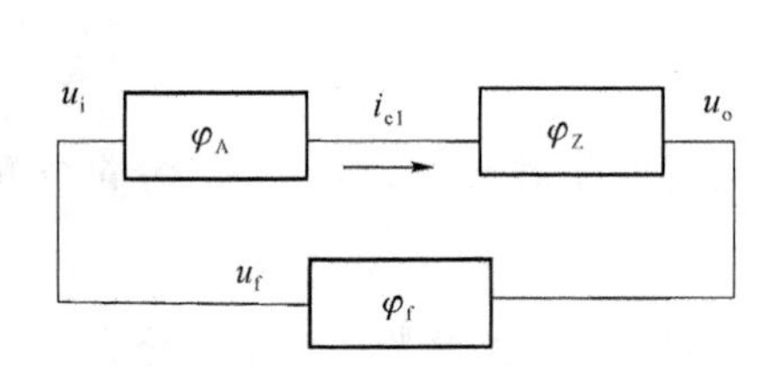

图 4.14 相位平衡条件的图解表示

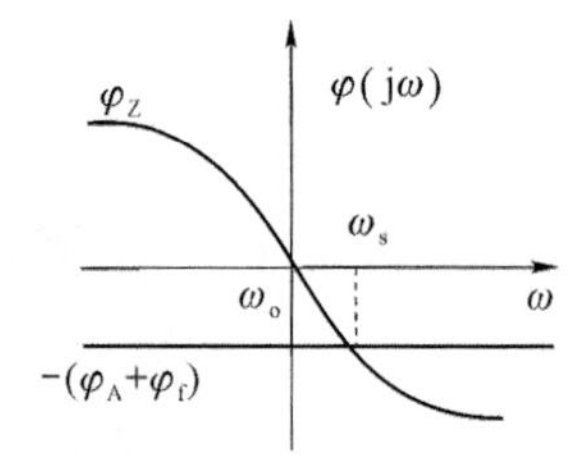

图 4.15 相位平衡条件的图解表示

1. 回路谐振频率 ω_0 对 ω_s 的影响

ω_0 的大小由构成谐振回路的电感 L 和电容 C 决定，它不但要考虑回路的线圈电感、调谐电容和反馈电路元件，而且也要考虑并在回路上的其他电抗，比如晶体管的极间电容，后级的负载电容(或电感)等。设回路电感和电容的总变化量分别为 ΔL 和 ΔC，由 $\omega_0=\dfrac{1}{\sqrt{LC}}$ 可得回路谐振频率的变化量为

$$\Delta\omega_0=\frac{\partial\omega_0}{\partial L}\Delta L+\frac{\partial\omega_0}{\partial C}\Delta C=-\frac{1}{2}\left(\frac{\Delta L}{L}+\frac{\Delta C}{C}\right)\omega_0$$

因此，由 ΔL、ΔC 引起回路谐振频率的变化量 $\Delta\omega_0$，会使回路的相频特性曲线 φ_Z 沿 ω 轴平移，如图 4.16 所示。当 ω_0 变化到 $\omega_0'=\omega_0+\Delta\omega_0$ 时，振荡频率将由 ω_s 变化到 $\omega_s'=\omega_s+\Delta\omega_s$。显然可以看出，振荡频率的变化量 $\Delta\omega_s$ 与谐振回路固有谐振频率的变化量 $\Delta\omega_0$ 相等，即 $\Delta\omega_s=\Delta\omega_0$。因此为了提高频率稳定度，应采取措施保持 ω_0 稳定，即保持回路中的 L 和 C 稳定。

2. 回路有载 Q_L 值对 ω_s 的影响

回路有载 Q_L 值越大，回路的相频特性曲线 φ_Z 越陡，如图 4.17 所示。由图可见，如果 $-(\varphi_A+\varphi_f)$ 保持不变，回路的有载 Q_L 值由 Q_L 变化到 $Q'_L(Q'_L>Q_L)$，由于回路相频特性曲线 φ_Z 的斜率增大，使 φ_Z 与 $-(\varphi_A+\varphi_f)$ 两曲线的交点左移，振荡频率将由 ω_s 变化到 ω'_s，于是产生振荡频率的变化量 $\Delta\omega_s=\omega'_s-\omega_s$。因此为了减少 $\Delta\omega_s$，就应尽量减少 Q_L 的变化量 ΔQ_L。

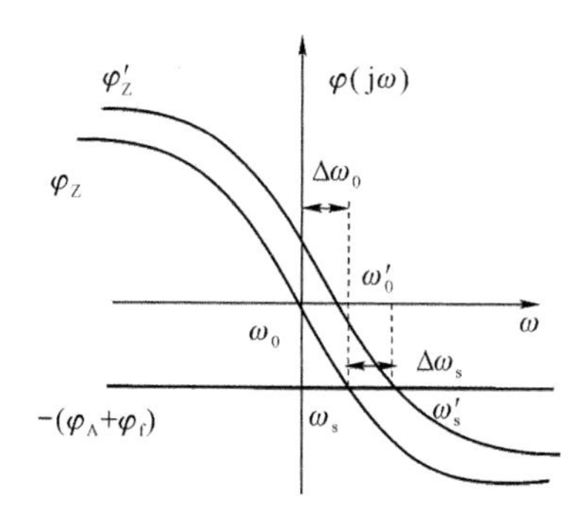

图 4.16　回路谐振频率 ω_0 对 ω_s 的影响

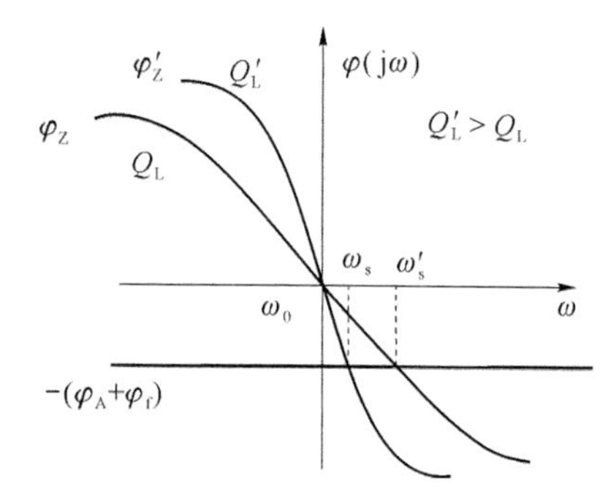

图 4.17　回路有载 Q_L 值对 ω_s 的影响

3. $(\varphi_A+\varphi_f)$ 的变化对 ω_s 的影响

当放大器正向转移导纳的相角 φ_A 和反馈网络的相角 φ_f 发生变化时，$-(\varphi_A+\varphi_f)$ 曲线将上下移动，如图 4.18 所示。如果 $-(\varphi_A+\varphi_f)$ 变化到 $-(\varphi_A+\varphi_f)'$，且 $|(\varphi_A+\varphi_f)'|>|\varphi_A+\varphi_f|$，可以看出，$\varphi_Z$ 与 $-(\varphi_A+\varphi_f)'$ 两曲线的交点向右移动，振荡频率将由 ω_s 变化到 ω'_s，于是产生振荡频率的变化量 $\Delta\omega_s=\omega'_s-\omega_s$。因此为了减少 $\Delta\omega_s$，就应尽量减少 $(\varphi_A+\varphi_f)$ 的变化量 $\Delta(\varphi_A+\varphi_f)$。

综上所述，在同样的 $\Delta(\varphi_A+\varphi_f)$ 的情况下，回路的有载 Q_L 值越高，φ_Z 的斜率越陡，所产生的 $\Delta\omega_s$ 越小；在同样 ΔQ_L 值得情况下，相角 $|\varphi_A+\varphi_f|$ 越小，所产生的 $\Delta\omega_s$ 越小，如图 4.19 所示。可见，要提高 LC 振荡器的频率稳定度，一方面要减小 $\Delta\omega_o$、ΔQ_L、$\Delta(\varphi_A+\varphi_f)$，另一方面也要在电路上和工艺上设法增大回路的 Q_L 值和减小相角 $|\varphi_A+\varphi_f|$，以提高回路的稳频能力。

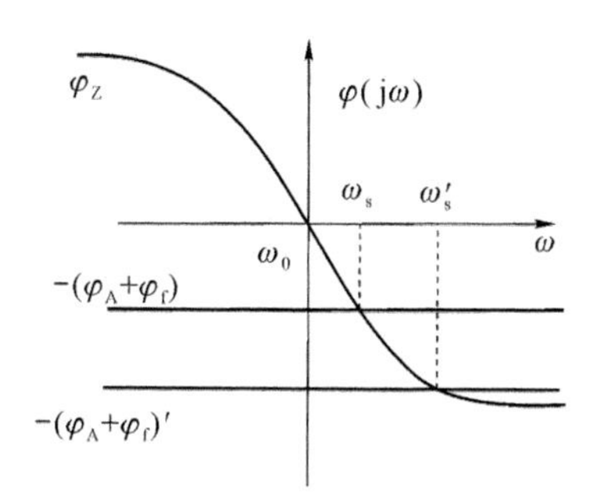

图 4.18　$(\varphi_A+\varphi_f)$ 对 ω_s 的影响

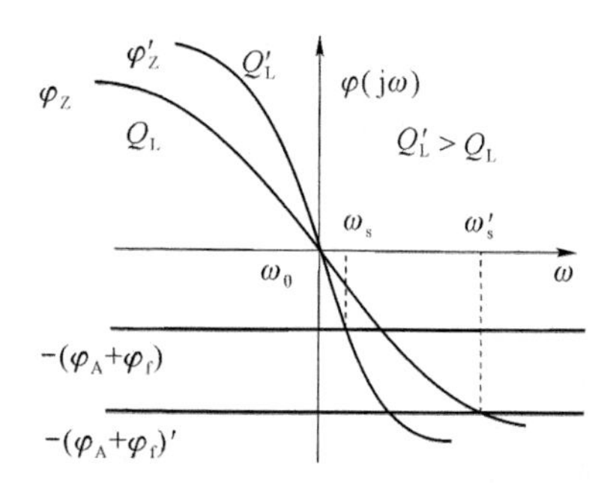

图 4.19　同样 $\Delta(\varphi_A+\varphi_f)$ 的情况下 Q_L 值对 ω_s 的影响

4.4.3 振荡器的稳频措施

从上面的分析可以看出，凡是影响 ω_o、φ_A、φ_f、Q_L 的外部因素都会引起 $\Delta\omega_s$。这些外部因素包括温度的变化，电源电压的变化，振荡器负载的变动，机械震动、湿度和气压的变化，以及外界电磁场的影响等。它们或者通过对回路元件 L、C 的作用，或者通过对晶体管的热状态、工作点及参数的作用，直接或间接地引起频率不稳。稳频的措施归纳起来可从以下三方面着手。

(1) 采取各种措施，以减少甚至消除外界因素的变化。

(2) 采用各种措施减小外界因素变化对频率的影响。

(3) 利用各种因素之间的内部矛盾，使各种频率变化相互抵消。

所有这些都要牵涉到振荡器的设计和元件的制造工艺等各方面的问题。下面综合讨论稳频的主要措施。

1. 提高振荡器回路的标准性

所谓振荡器回路的标准性，是指其谐振频率 ω_0 在外界因素变化时保持稳定的能力。由式 $\Delta\omega_0=\frac{\partial\omega_0}{\partial L}\Delta L+\frac{\partial\omega_0}{\partial C}\Delta C=-\frac{1}{2}\left(\frac{\Delta L}{L}+\frac{\Delta C}{C}\right)\omega_0$ 可知，提高回路的标准性，也就是提高回路元件 L、C 的标准性。温度是引起 L、C 变化的主要因素。温度变化，电感线圈和电容器极板的几何尺寸就要变化，电容器介质材料的介电系数 ε 及磁性材料的磁导率 μ 也会变化，从而使 L、C 发生变化。L 和 C 随温度变化的大小通常可以用温度系数来表示，它既可以表示单个元件的温度特性，也可以表示整个回路的温度特性。电感温度系数定义为温度每变化 1 ℃时，电感量变化的相对值，即

$$\alpha_L=\frac{\Delta L}{L\Delta T}\ (℃^{-1})$$

同理，电容温度系数可表示为

$$\alpha_C=\frac{\Delta C}{C\Delta T}\ (℃^{-1})$$

LC 回路的温度系数

$$\alpha_f=\frac{\Delta f}{f_s\Delta T}=\frac{1}{2}(\alpha_L+\alpha_C)\ (℃^{-1}) \tag{4.19}$$

可见为了稳频，振荡回路应采用温度系数小的元件。提高回路频率温度稳定性的另一个有效方法是采用温度补偿。对大多数电感 L 和电容 C 来说，温度升高，L 和 C 的值增大(有正的 α_L 和 α_C)。因此，若在回路中并联温度系数 α_C 为负的电容(选用专门的负温度系数的陶瓷电容器)，由式(4.19)可以看出，就可以减小振荡回路的频率温度系数 α_f 的值。温度补偿电容的具体数值通常先经过设计，然后通过实验来确定。

2. 减少晶体管对振荡频率的影响

晶体管对振荡频率的影响有两方面，一方面是通过极间电容 C_{be}、C_{ce} 对 ω_o 的影响，从而

直接影响振荡频率;另一方面是通过工作点及内部状态的变化,对 φ_A、φ_f 产生影响,从而间接影响振荡频率。

晶体管极间电容 C_{be}、C_{ce}是振荡回路的一部分,受结温和工作电压、电流变化的影响,是一个很不稳定的因素。为了减小它们对 ω_o 的影响,一种方法是加大回路总电容,以减小它的相对影响。但这种通常要受到其他因素的限制,如波段工作时,用可变电容调谐(改变谐振频率),大的回路电容将使调谐范围变窄。回路电容大,L 就小,则品质因数 Q_L 难以做得很高,这样反而不利于频率稳定度的提高。减小极间电容影响的另一种有效的办法是减小晶体管和回路的耦合,即晶体管以部分接入的方式接入回路。前面介绍的克拉泼电路和西勒电路就是这样构成的。

为减小 φ_A 和 φ_f 的变化,主要措施是稳定晶体管的工作点,因此振荡器通常采用稳压电源供电和设计稳定的偏置点。此外,减小 φ_A 和 φ_f 的绝对值也有重要意义,因为当 φ_A 和 φ_f 的绝对值小时,电流、电压、参数等变化所引起的 $\Delta(\varphi_A+\varphi_f)$的绝对值也小。另外还可以采用相位补偿的方法使振荡器的 $(\varphi_A+\varphi_f)$减小。

3. 减少负载的影响

振荡器产生的信号通常要供给后级进行放大。后级对振荡器的作用就是一个负载。负载对振荡器频率的影响:一是负载阻抗的某种变化会引起振荡回路的谐振频率 ω_o 及 Q_L 值的变化,二是使振荡器谐振回路的有载 Q_L 值下降,从而使它更容易受 $\Delta(\varphi_A+\varphi_f)$等因素的影响。

减小后级负载的影响,意味着负载对振荡器的加载要轻,主要应减少传输给负载的功率。通常应该在振荡器的后面接缓冲放大器。射极跟随器就是缓冲放大器的一种常用电路。

用电感线圈和电容器做成的 LC 振荡器,由于受到谐振回路标准性的限制,采用一般稳频措施时,其频率稳定度在 $10^{-4}\sim10^{-3}$之间。要想进一步提高振荡器的频率稳定度,应采用其他类型的高稳定度振荡器。

4.5 晶体振荡器

4.5.1 石英晶体谐振器的性能分析

通过对振荡器的频率稳定度的分析可见,振荡器的频率稳定度主要取决于振荡回路的标准性和品质因数。LC 振荡器由于受到 LC 回路的标准性和品质因数的限制,它的频率稳定度只能达到 10^{-4}量级。但是,在许多应用场合要求振荡器能提供比 10^{-4}量级高得多的频率稳定度。例如,在广播发射机、单边带发射机及频率标准振荡器中,分别要求振荡频率稳定度高达 10^{-5}、10^{-6}、$10^{-9}\sim10^{-8}$量级。为了获得频率稳定度这样高的振荡信号,需要采用石英晶体振荡器。

石英晶体振荡器采用石英晶体谐振器来决定振荡器的频率。与 LC 回路相比,石英晶体谐振器具有很高的标准性和极高的品质因数(等效电路如图 4.20 所示),使石英晶体振荡器可以获得极高的频率稳定度。由于采用的石英晶体的精度和稳频措施不同,石英晶体振荡器可获得高达 $10^{-9}\sim10^{-5}$量级的频率稳定度。

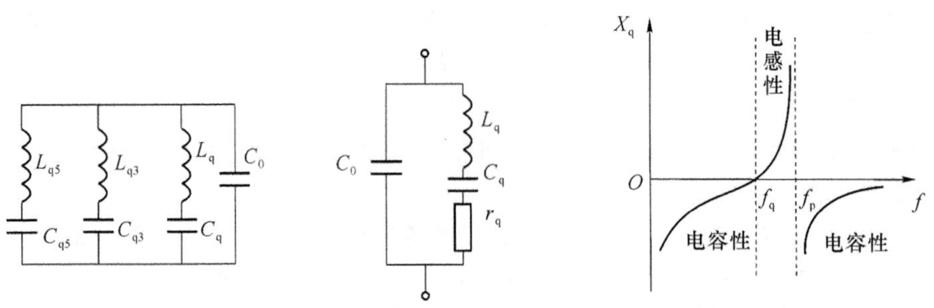

(a) 基频及各次泛音的等效电路　(b) 基频附近的等效电路　(c) 晶体谐振器的电抗特性曲线

图 4.20　晶体谐振器的等效电路和电抗频率特性

石英晶体谐振器的固有频率十分稳定,它的温度系数(温度变化 1 ℃所引起的固有频率的相对变化量)在 10^{-6}以下。另外石英晶振的振动具有多谐性,即除了基频振动外,还有奇次谐波泛音振动。对于石英晶振,既可利用其基频振动,也可利用其泛音振动。前者称为基频晶体,后者成为泛音晶体。晶片厚度与振动频率成反比,工作频率越高,要求晶片越薄,因而机械强度越差,加工越困难,使用中也易损坏。由此可见,在同样的工作频率下,泛音晶体的切片可以做得比基频晶体的切片厚一些。所以在工作频率较高时,常采用泛音晶体。通常在工作频率小于 20 MHz 时采用基频晶体,大于 20 MHz 时采用泛音晶体。

石英晶体谐振器的串、并联谐振频率分别是

$$f_q=\frac{1}{2\pi\sqrt{L_qC_q}} \tag{4.20}$$

$$f_p=\frac{1}{2\pi\sqrt{L_q\dfrac{C_0C_q}{C_0+C_q}}}=\frac{1}{2\pi\sqrt{L_qC_q}}\sqrt{1+\frac{C_q}{C_0}}=f_q\sqrt{1+\frac{C_q}{C_0}} \tag{4.21}$$

由于石英晶体的等效电容 C_q 很小(一般为 0.005～0.1 pF),而等效电感 L_q 很大,等效电阻 r_q 也较小,因而晶体的品质因数 Q_q 很大,一般为几万至几百万,这是普通 LC 回路所望尘莫及的。另外由于 $C_0\gg C_q$,通常 $C_q/C_0=0.002\sim0.003$,由式(4.21),并考虑 $C_q/C_0\ll1$,可得

$$f_p\approx f_q\left(1+\frac{1}{2}\frac{C_q}{C_0}\right)$$

可见,晶体谐振器的 f_p与 f_q相差很小,相对频率间隔

$$\frac{f_p-f_q}{f_q}=\frac{1}{2}\frac{C_q}{C_0}$$

f_p 与 f_q 的相对频率间隔仅为千分之一二,所以 $f_p\approx f_q$。

晶体谐振器与一般 LC 谐振回路比较,有几个明显的特点。

(1) 晶体的谐振频率 f_p 与 f_q 非常稳定。这是因为 L_q、C_q，C_0 由晶体尺寸决定，由于晶体的物理特性，它们受外界因素(如温度、震动等)的影响小。

(2) 有非常高的品质因数。一般很容易得到数值上万的 Q_q 值，而普通线圈回路的 Q 值只能达到一二百。

(3) 晶体在工作频率($f_q<f<f_p$)附近阻抗变化率大，有很高的并联谐振阻抗，且呈电感性。

(4) 晶体的接入系数非常小，一般在 10^{-3} 数量级，因此外电路对晶体的影响很小。

4.5.2 晶体振荡器

将石英晶体谐振器作为高 Q 值谐振回路元件接入正反馈电路中，就组成了晶体谐振器。根据石英晶体谐振器在振荡器中作用的不同，晶体谐振器可分为两类。一类是将其作为等效电感元件，用在三点式振荡电路中，晶体工作在感性区($f_q<f<f_p$)，称此类振荡电路为并联型晶体振荡器；另一类是将其作为一个短路元件，串联于振荡器的正反馈支路上，晶体工作在它的串联谐振频率 f_q 上，称此类振荡电路为串联型晶体振荡器。

1. 皮尔斯(Pierce)振荡电路

并联型晶体振荡器的工作原理和三点式振荡器相同，只是需要将其中一个电感元件换成石英晶振。石英晶振可接在晶体管 c、b 极之间或 b、e 极之间，这样组成的电路分别称为皮尔斯振荡电路和密勒振荡电路。

皮尔斯电路是常用的并联型晶体振荡电路之一。图 4.21(a)是皮尔斯实际电路，图 4.21(b)是其交流等效电路，其中虚线框内是石英晶体谐振器的等效电路。

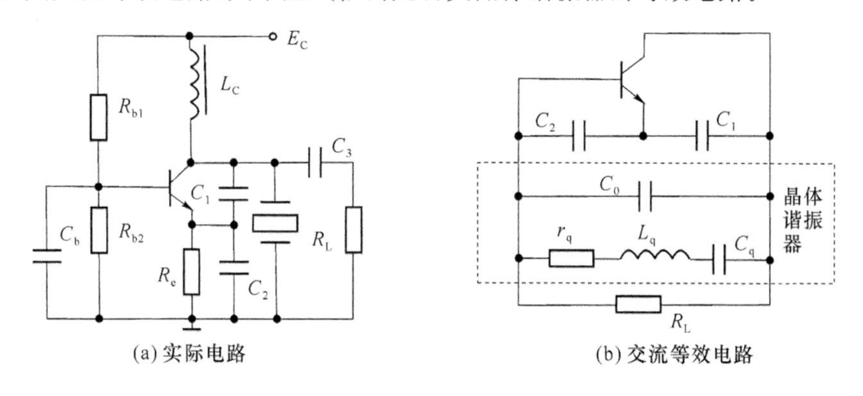

图 4.21　皮尔斯振荡电路

图 4.21(b)可以看出，皮尔斯电路类似于克拉泼电路，但由于石英晶振中 C_q 极小，Q_q 极高，所以皮尔斯电路具有以下一些特点。

振荡回路与晶体管、负载之间的耦合很弱。晶体管 c、b 端，c、e 端和 e、b 端的接入系数分别为

$$p_{cb}=\frac{C_q}{C_q+C_o+C_L},C_L=\frac{C_1C_2}{C_1+C_2}$$

$$p_{ce}=\frac{C_2}{C_1+C_2}p_{cb}$$

$$p_{eb}=\frac{C_1}{C_1+C_2}p_{cb}$$

以上3个接入系数一般均小于 10^{-3}，所以外电路中的不稳定参数对振荡回路的影响很小，这就提高了回路的标准性。

振荡频率主要由石英晶振的参数决定，而石英晶振本身的参数具有高度的稳定性，即振荡频率为

$$f_0=\frac{1}{2\pi\sqrt{L_q\dfrac{C_q(C_0+C_L)}{C_q+C_0+C_L}}}=f_s\sqrt{1+\frac{C_q}{C_0+C_L}} \tag{4.22}$$

式(4.22)中，C_L 是和晶振两端并联的外电路各电容的等效值。在实用时，一般需在电路中加入微调电容，用以微调回路的谐振频率，保证电路工作在晶振外壳上所注明的标称频率 f_N 上。

由于振荡频率 f_0 一般调谐在标称频率 f_N 上，位于晶振的感性区内，电抗曲线很陡，稳频性能极好。

由于晶振的 Q 值和特性阻抗 $\rho=\sqrt{\dfrac{L_q}{C_q}}$ 都很高，所以晶振的谐振电阻也很高，一般可达 $10^{10}\ \Omega$ 以上。这样即使外电路接入系数很小，此谐振电阻等效到晶体管输出端的阻抗仍很大，使晶体管的电压增益能满足振幅起振条件的要求。

2. 密勒(Miller)振荡电路

图4.22(a)是场效应管密勒振荡电路，图4.22(b)是其交流等效电路。石英晶体作为电感元件连接在栅极和源极之间，LC 并联谐振回路在振荡频率点等效为电感，作为另一电感元件连接在漏极和源极之间，漏极和栅极之间的极间电容 C_{gd} 作为构成电感三点式电路中的电容元件。由于 C_{gd} 又称为密勒电容，故此电路有密勒振荡电路之称。

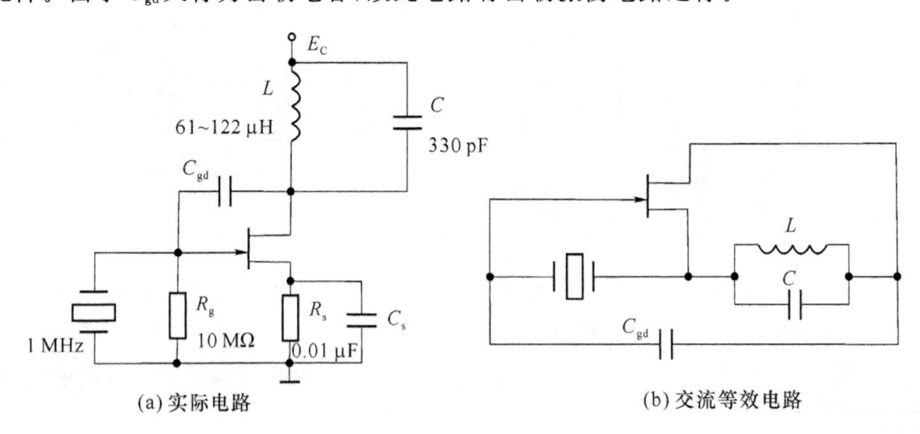

图4.22　密勒振荡电路

密勒振荡电路通常不采用双极型晶体管，原因是高频双极型晶体管发射结正向偏置电阻太小，虽然晶振与发射结的耦合很弱，但也会在一定程度上降低回路的标准性和频率的稳定性，所以通常采用输入阻抗高的场效应管。

3. 串联型晶体振荡器

在串联型晶体振荡器中，石英晶体谐振器接在振荡器中要求低阻抗的两个节点之间，通常接在正反馈支路中。图 4.23(a)是一串联型晶体振荡器的实际电路。

由图 4.23(a)可见，若将晶体短路，它就是一个普通的电容反馈振荡器，L、C_1、C_2、C_3 构成谐振回路和反馈电路。图 4.23(b)给出了其高频等效电路。为使晶体谐振器工作在串联频率 f_q 上，谐振回路应调谐在此频率附近。这时由于晶体串联谐振，阻抗很小，仅为 r_q，因此晶体等效为短路元件。当电路既满足相位条件又满足振幅条件时，就能产生振荡。

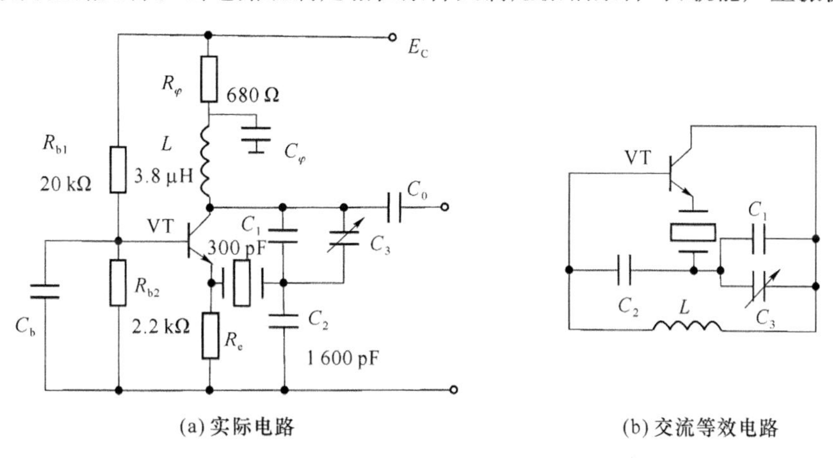

(a) 实际电路　　　　(b) 交流等效电路

图 4.23　串联型晶体振荡器

若由 L、C_1、C_2、C_3 组成的回路的谐振频率距 f_q 较远，则由于晶体阻抗增大，使正反馈减弱，因而不能产生振荡。

这种电路的稳频原理可以用相位平衡条件来说明。在一般 LC 振荡器中，LC 谐振回路的阻抗相位角 φ_Z 在 ω_0 附近随 ω_0 变化显著，而$-(\varphi_A+\varphi_f)$则基本上不随频率变化，因此由相位平衡条件所决定的振荡频率基本上决定于 ω_0。而在串联型晶体振荡器中则不同，晶体串联在反馈电路中，在 ω_q 附近反馈电路的阻抗变化很快，从而使振荡器的反馈系数的相位角 φ_f 随频率变化显著。这样，振荡频率主要决定于 ω_q，从而起到稳频作用。图 4.24 给出了利用相位平衡条件稳频的原理图。由图可知，由于晶体的 $|d\varphi_f/d\omega|$ 很大，使相频特性曲线在 ω_q 附近变化很陡峭，故振荡频率 ω_s 总是在 ω_q 附近。而且当谐振回路频率 ω_0 变化时，振荡频率 ω_s 变化很小。为了得到更高的频率稳定性，最好将回路频率调谐到 $\omega_0=\omega_q$，因为此时 $|d\varphi_f/d\omega|$ 和 $|d\varphi_Z/d\omega|$ 最大。

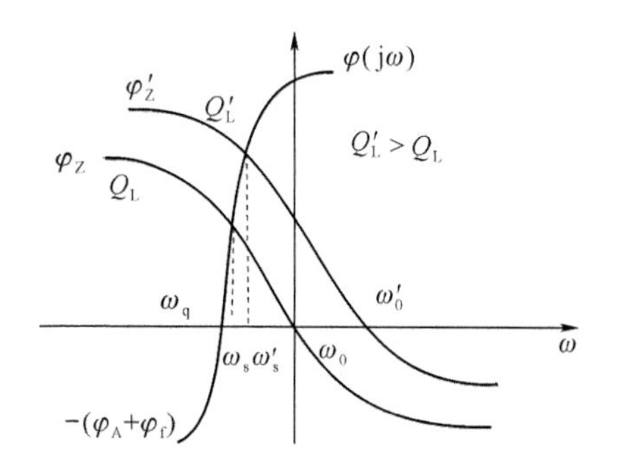

图 4.24　串联型晶体振荡器稳频原理

4.6 压控振荡器

有些可变电抗元件的等效电抗值能随外加电压变化，将这种电抗元件接在正弦波振荡器中，可使其振荡频率随外加控制电压而变化，这种振荡器称为压控正弦波振荡器。其中最常用的压控电抗元件是变容二极管。

压控振荡器在频率调制、频率合成、锁相环路、电视调谐器、频谱分析仪等方面有着广泛的应用。

4.6.1 变容二极管

变容二极管是利用PN结的结电容随反向电压变化这一特性制成的一种压控电抗元件。变容二极管的符号和结电容变化曲线如图4.25所示。

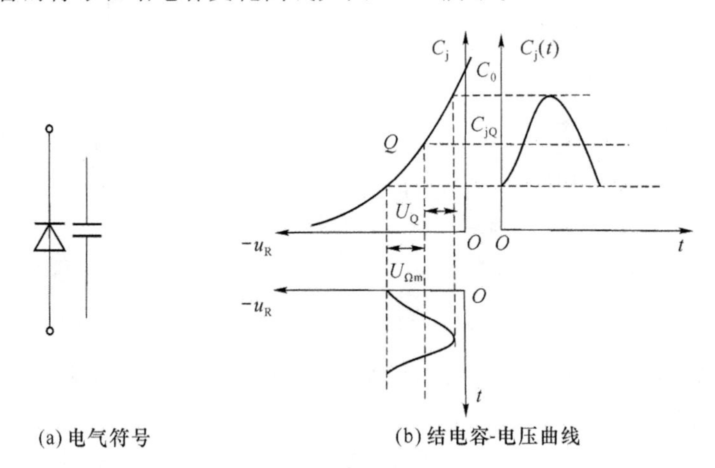

(a) 电气符号　　(b) 结电容-电压曲线

图 4.25　变容二极管

变容二极管结电容可表示为

$$C_j = \frac{C_0}{\left(1+\frac{u_R}{U_D}\right)^{\gamma}} \tag{4.23}$$

式中，γ 为变容指数，其值随半导体掺杂浓度和PN结的结构不同而变化；C_0 为外加电压 $u_R=0$ 时的结电容值；U_D 为PN结的内建电位差；u_R 为变容二极管所加反向偏压的绝对值。

变容二极管必须工作在反向偏压状态，所以工作时需加负的静态直流偏压 $-U_Q$。若交流控制电压 u_Ω 为正弦信号，则变容二极管上的电压为

$$u_R = U_Q + u_\Omega = U_Q + U_{\Omega m}\cos\Omega t$$

代入式(4.23)，则有

$$C_j=\frac{C_0}{\left(1+\frac{U_Q+U_\Omega\cos\Omega t}{U_D}\right)^\gamma}=\frac{C_{jQ}}{\left(1+\frac{U_{\Omega m}}{U_D+U_Q}\cos\Omega t\right)^\gamma}=\frac{C_{jQ}}{(1+m\cos\Omega t)^\gamma} \tag{4.24}$$

式中，C_{jQ}为静态结电容，有

$$C_{jQ}=\frac{C_0}{\left(1+\frac{U_Q}{U_D}\right)^\gamma} \tag{4.25}$$

m 为结电容调制度，有

$$m=\frac{U_{\Omega m}}{U_D+U_Q}<1$$

4.6.2 变容二极管压控振荡器

将变容二极管作为压控电容接入 LC 振荡器中，就组成了 LC 压控振荡器。一般可采用各种类型的三点式振荡电路。

需要注意的是，为了使变容二极管能正常工作，必须正确地给其提供静态负偏压和交流控制电压，而且要抑制高频振荡信号对直流偏压和低频控制电压的干扰。所以，在电路设计时要适当采用高频扼流圈、旁路电容、隔直流电容等。

无论是分析一般的振荡器还是分析压控振荡器，都必须正确画出振荡器的直流通路和高频振荡回路。对于后者，还需画出变容二极管的直流偏置电路与低频控制回路。下面通过举例说明具体的方法和步骤。

【例 4.3】 画出图 4.26(a)所示中心频率为 360 MHz 的变容二极管压控振荡器中晶体管的直流通路和高频振荡回路，变容二极管的直流偏置电路和低频控制回路。

解： 画晶体管直流通路，只需将所有电容开路、电感短路即可，变容二极管也应开路，因为它工作在反偏状态，如图 4.26(b) 所示。

画变容二极管直流偏置电路，需将与变容二极管有关的电容开路，电感短路，晶体管的作用可用一个等效电阻表示。由于变容二极管的反向电阻很大，可以将其他与变容管相串联的电阻作近似(短路)处理。例如本例中变容二极管的负端可直接与 15 V 电源相接，如图 4.26(c) 所示。

画高频振荡回路与低频控制回路前，应仔细分析每个电容和电感的作用。对于高频振荡回路，小电容是工作电容，大电容是耦合电容或旁路电容；小电感是工作电感，大电感是高频扼流圈。当然，变容二极管也是工作电容。保留工作电容与工作电感，将耦合电容与旁路电容短路，高频扼流圈 L_{Z1}、L_{Z2} 开路，直流电源与地短路，即可得到高频振荡回路，如图 4.26(d)所示。在正常情况下，可以不必画出偏置电阻。低频控制回路即为变容二极管的交流通路，由低频信号 u_Ω 控制变容二极管结电容 C_j 的值，如图 4.26(e)所示。

判断工作电容和工作电感，一是根据参数值的大小，二是根据所处的位置。电路中数值最小的电容(电感)和与其处于同一数量级的电容(电感)均被视为工作电容(电感)，耦合电容与旁路电容的值往往要大于工作电容几十倍以上，高频扼流圈 L_{Z1}、L_{Z2} 的值也远远大于工作电感。另外工作电容与工作电感是按照振荡器组成法则设置的，耦合电容起隔直流和交流耦合作用，旁路电容对电阻起旁路作用，高频扼流圈对直流和低频信号提供通路，对高频信号起阻挡作用，因此它们在电路中所处位置不同。据此也可以进行正确判断。

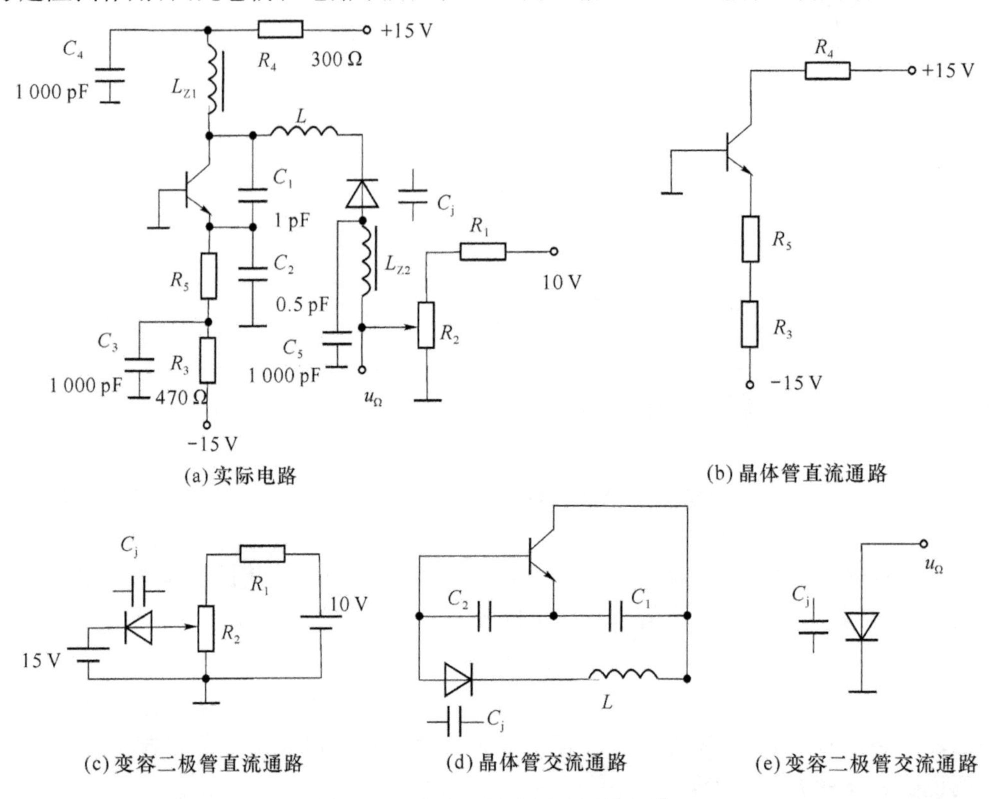

图 4.26　变容二极管压控振荡电路

对于低频控制通路，只需将与变容二极管有关的电感 L_{Z1}、L_{Z2} 短路(由于其感抗值相对较小)；除了低频耦合或旁路电容短路外，其他电容开路，直流电源与地短路即可。由于此时变容二极管的等效容抗和反向电阻均很大，所以对于其他电阻可作近似处理。压控振荡器的主要性能指标是压控灵敏度和线性度。其中压控灵敏度定义为单位控制电压引起的振荡频率的增量，用 S 表示，即

$$S=\frac{\Delta f}{\Delta u_{\Omega}}<1$$

图 4.27 是变容二极管压控振荡器的频率-电压特性。一般情况下，这一特性是非线性的，其非线性程度与变容指数 γ 和电路结构有关。在中心频率附近较小区域内线性度较好，灵敏度也较高。

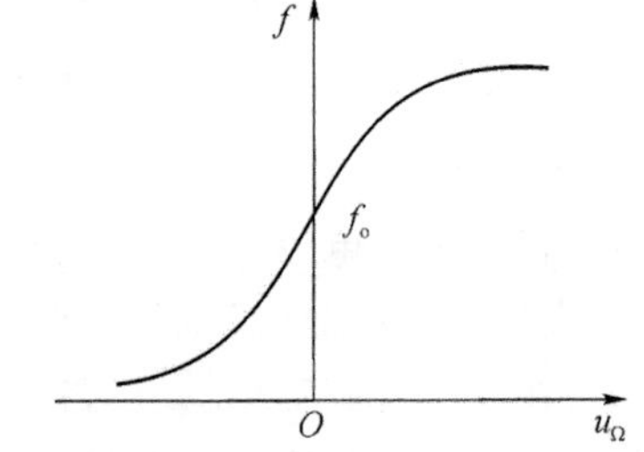

图 4.27　变容二极管压控振荡器的频率-电压特性

4.6.3 晶体压控振荡器

为了提高压控振荡器中心频率的稳定度，可采用晶体压控振荡器。在晶体压控振荡器中，晶振或者等效为一个短路元件，起选频作用；或者等效为一个高 Q 值的电感元件，作为振荡回路元件之一。通常仍采用变容二极管作为压控元件。

在图 4.28 所示晶体压控振荡器高频等效电路中，晶振作为一个电感元件。控制电压调节变容二极管的电容值，使其与晶振串联后的总等效电感发生变化，从而改变振荡器的振荡频率。

晶体压控振荡器的缺点是频率控制范围很窄。图 4.28 所示电路的频率控制范围仅在晶振的串联谐振频率 f_q 与并联谐振频率 f_p 之间。

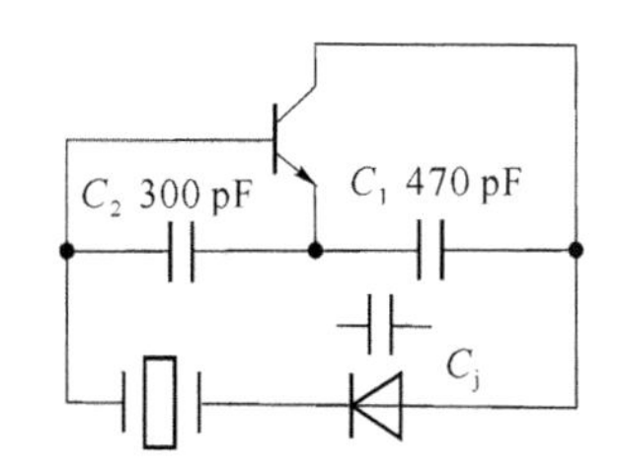

图 4.28　晶体压控振荡器高频等效电路

习　题

4.1　题图 4.1 所示的电容反馈振荡电路中，$C_1=100$ pF，$C_2=300$ pF，$L=50$ μH。画出电路的交流等效电路，试估算该电路的振荡频率和维持振荡所必需的最小电压放大倍数 A_{umin}。

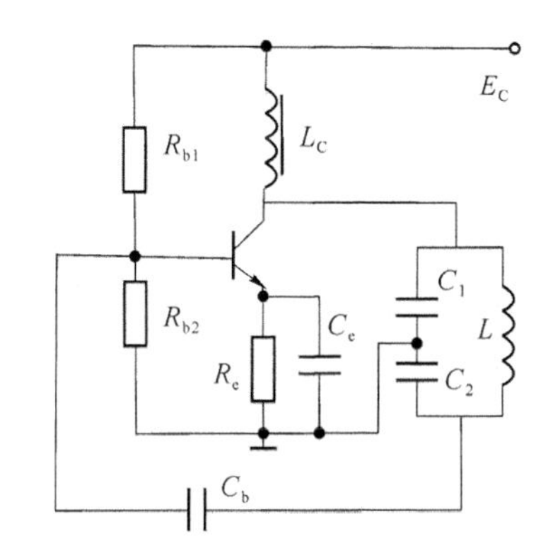

题图 4.1

4.2　分析题图 4.2 中各振荡器的振荡频率和图中 LC 谐振回路的谐振频率大小关系。

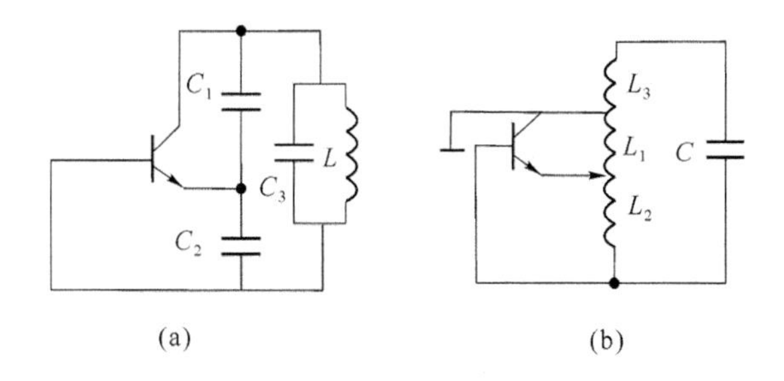

题图 4.2

4.3　试从相位平衡出发，判断题图 4.3 高频等效电路中，哪些可能振荡？哪些不可能振荡？能振荡的属于哪种类型振荡器(用三点式振荡器相位判断法则判断)？

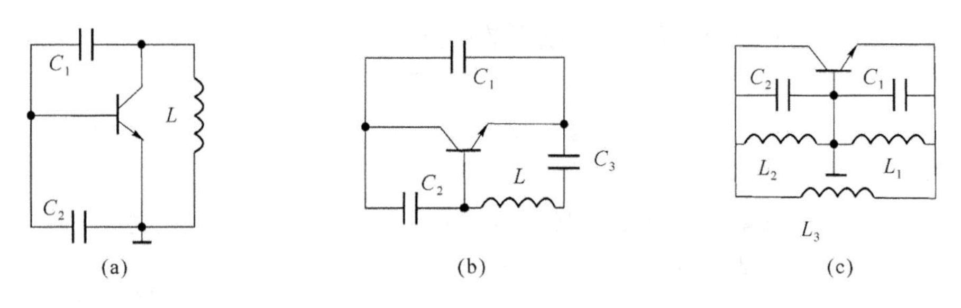

题图 4.3

4.4　说明克拉泼电路和希勒振荡电路是如何改进电容反馈振荡器性能的。

4.5　某振荡电路如题图 4.4 所示。

(1) 试说明各元件的作用；

(2) 回路电感 $L=1.5\ \mu\text{H}$，要使振荡频率为 49.5 MHz，则 C_4 应调到何值？

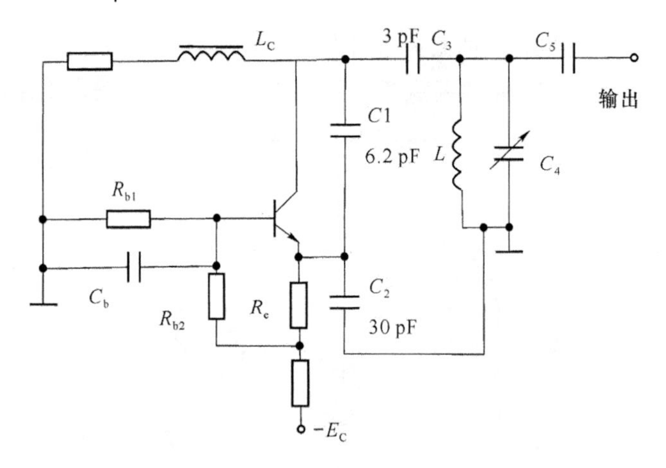

题图 4.4

4.6　对于题图 4.5 所示振荡电路，$R_1=32\ \text{k}\Omega$，$R_2=12\ \text{k}\Omega$，$L_1=470\ \mu\text{H}$，$L_2=50\ \mu\text{H}$，$C_1=6\ 800\ \text{pF}$，$C_2=1\ 000\ \text{pF}$，$C_3=1\ 000\ \text{pF}$，$C_4=68\sim125\ \text{pF}$。

(1) 画出高频交流等效电路，说明振荡器类型；

(2) 计算振荡频率。

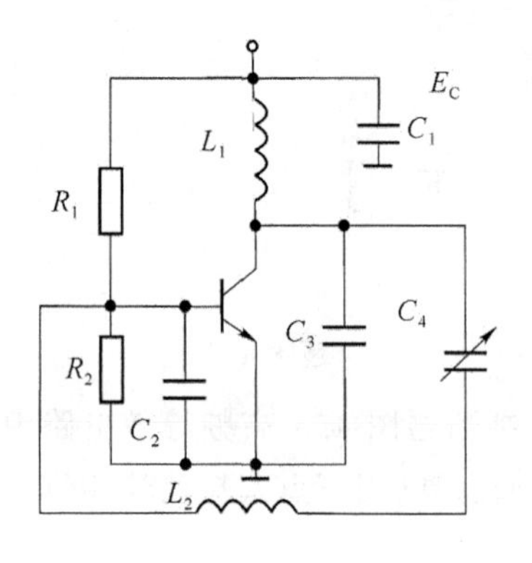

题图 4.5

4.7　某晶体的参数为 $L_q=19.5\ \mathrm{H}$，$C_q=2.1\times10^{-4}\ \mathrm{pF}$，$C_0=5\ \mathrm{pF}$，$r_q=110\ \Omega$。试求：

(1) 串联谐振频率 f_q；

(2) 并联谐振频率 f_p；

(3) 品质因数 Q_q 和等效并联谐振电阻 R_P。

4.8　题图 4.6 所示三点式振荡器中，已知 $L=1.3\ \mu\mathrm{H}$，$C_1=51\ \mathrm{pF}$，$C_2=200\ \mathrm{pF}$，$Q_0=100$，$R_L=1\ \mathrm{k}\Omega$，$R_E=500\ \Omega$。试问 I_{E0} 应满足什么要求时振荡器才能振荡？

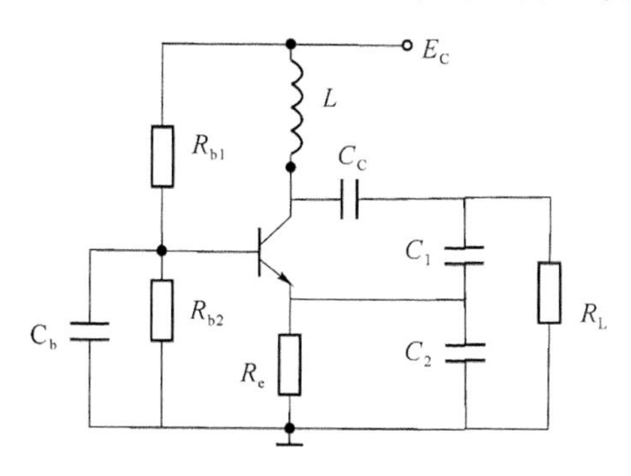

题图 4.6

4.9　题图 4.7 为一个实用晶体振荡电路，试画出它们的交流等效电路，说明晶体在电路中的作用，指出是哪一种振荡器？并计算反馈系数。

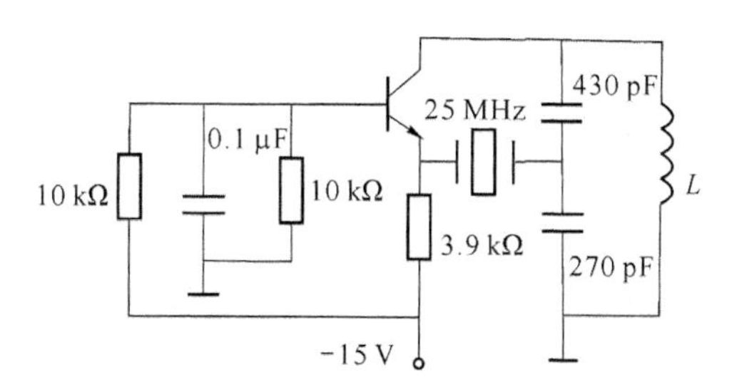

题图 4.7

4.10　为了提高 LC 振荡器的振幅稳定性，并兼顾其他性能指标，应如何选择晶体管的工作状态。

振幅调制、解调及混频电路

5.1 概　　述

无线电通信的基本任务是不用导线远距离传送各种信息，如语音、图像和数据等，而在这些信息传送过程中都必须用到调制和解调。

调制是将要传送的信息装载到某一高频振荡（载频）信号上去的过程。按照所采用的载波波形划分，调制可分为正弦波调制和脉冲调制。正弦波调制以单频正弦波为载波，可用数学表达式 $u(t)=A\cos(\omega t+\varphi)$ 表示，受控参数可以是载波的幅度 A、频率 ω 或相位 φ。因而有调幅（AM）、调频（FM）和调相（PM）3 种形式。脉冲调制以矩形脉冲为载波，受控参数可以是脉冲高度、脉冲重复频率、脉冲宽度或脉冲位置，相应地，就有脉冲调幅（PAM）、脉冲调频（PFM）、脉冲调宽（PWM）和脉冲调位（PPM）。本书只研究各种正弦波调制方法、性能和电路，有关脉冲调制的内容可参阅有关数字通信等方面的文献。

本章主要讨论振幅调制与解调，振幅调制是用调制信号去控制载波的幅度，使载波幅度随调制信号线性变化，而保持载波的频率不变。振幅调制涉及 3 个信号。

(1) 要传送的信号，该信号相对于载波属于低频信号，通常称为调制信号。

(2) 高频振荡信号，通常称为载波。

(3) 调制以后的信号，通常称为已调波或调幅波。

在振幅调制中，又根据所取出已调信号的频谱分量不同，分为标准调幅（AM）、抑制载波的双边带调幅（DSB）、抑制载波的单边带调幅（SSB）等。它们的主要区别是产生的方法和频谱结构，在学习时应注意比较各种调幅方法的特点及其应用。

5.2 振幅调制信号分析

5.2.1 标准振幅调制(AM)信号

1. 标准调幅波的数学表达式

通常调制要传送的信号波形是比较复杂的，但是无论多么复杂的信号都可以用傅里叶级数分解为若干正弦信号之和。为了方便起见，一般把调制信号看成一单频信号。设调制信号为 $u_{\Omega}(t)=U_{\Omega}\cos\Omega t$，载波信号为 $u_{c}(t)=U_{c}\cos\omega_{c}t$，由于调幅是用调制信号去控制载波信号的幅度，且已调波的振幅与调制信号成正比，因此，已调波的振幅(也称为已调波的包络函数)可写成

$$U_{AM}(t)=U_{c}+K_{d}U_{\Omega}\cos\Omega t=U_{c}\left(1+\frac{K_{d}U_{\Omega}}{U_{c}}\cos\Omega t\right)=U_{c}(1+m_{a}\cos\Omega t) \tag{5.1}$$

因此标准调幅波的数学表达式可写成

$$u_{AM}(t)=U_{c}(1+m_{a}\cos\Omega t)\cos\omega_{c}t \tag{5.2}$$

其中 $m_{a}=\dfrac{K_{d}U_{\Omega}}{U_{c}}$ 称为调制系数即调幅度，是调幅波的主要参数之一，它表示载波电压振幅受调制信号控制后改变的程度，一般 $0<m_{a}<1$。

2. 标准调幅波的波形图

根据前面写出的调制信号、载波信号及调幅信号的数学表达式，可画出标准振幅调制中各种信号的波形如图5.1所示。其中，图5.1(a)为单频调制信号 $u_{\Omega}(t)$ 的波形；图5.1(b)为载波信号 $u_{c}(t)$ 的波形；图5.1(c)为调制系数 $m_{a}<1$ 时已调波波形；图5.1(d)为调制系数 $m_{a}=1$ 时已调波波形；图5.1(e)为调制系数 $m_{a}>1$ 时已调波波形。

从图中可以看出调幅波的特点如下。

(1) 调幅波的振幅(包络)按照调制信号的大小线性变化，其变化规律与调制信号波形一致。

(2) 调幅波的振荡频率保持载波频率不变。

(3) 由式(5.1)可知，调幅波的振幅是 $U_{AM}(t)=U_{c}(1+m_{a}\cos\Omega t)$，因此，调幅波的最大振幅是 $U_{AM}\big|_{max}=U_{c}(1+m_{a})$，最小振幅是 $U_{AM}\big|_{min}=U_{c}(1-m_{a})$。

调制系数 m_{a} 反应了调幅的深度，m_{a} 越大调幅度越深。当 $m_{a}=0$ 时，调幅波的振幅 $U_{AM}(t)=U_{c}$，并不随调制信号变化，表示没有调幅；当 $m_{a}=1$ 时，调幅波的最小振幅为0；当 $m_{a}>1$ 时，调幅波的最小振幅小于0，调幅波的振幅变化规律与调制信号波形不一致，产生了严重的失真，这种情况称为过调幅，这样的已调波解调后，将无法还原出原来

的调制信号，实际应用中应尽力避免。因此，在振幅调制过程中，为避免产生过调幅失真，保证调制信号的振幅能真实地反应调制信号的变化规律，要求调制系数 m_a 满足 $0<m_a<1$。

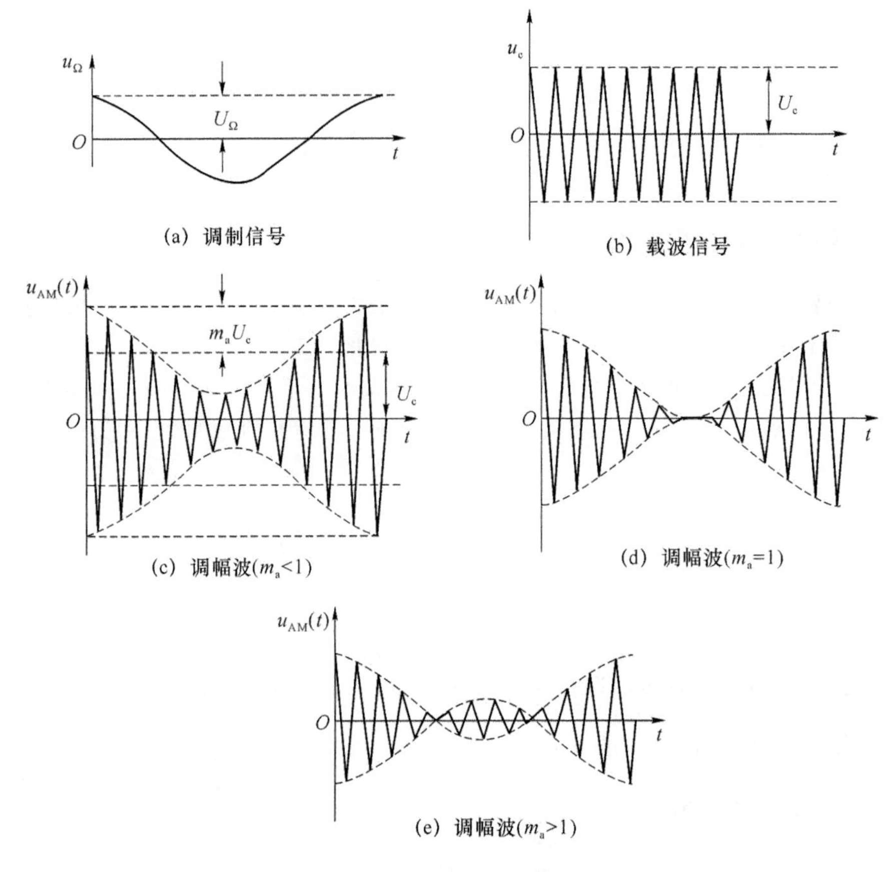

图 5.1　标准调幅波波形

3. 标准调幅波的频谱及带宽

将调幅波的数学表达式展开，可得到

$$u_{AM}(t)=U_c(1+m_a\cos\Omega t)\cos\omega_c t=U_c\cos\omega_c t+\frac{1}{2}m_aU_c\cos(\omega_c+\Omega)t+\frac{1}{2}m_aU_c\cos(\omega_c-\Omega)t \tag{5.3}$$

可见，$u_{AM}(t)$是由 ω_c、$\omega_c+\Omega$ 和 $\omega_c-\Omega$ 3 个不同频率分量的高频振荡信号组成。其中 $\omega_c+\Omega$ 为上边频分量，$\omega_c-\Omega$ 为下边频分量，标准调幅信号的频谱图如图 5.2 所示。

从图 5.2 可以看出调幅过程是一个频谱搬移过程，即将调制信号的频谱搬移到载波频率附近，成为对称排列在载波两侧的上、下边频，幅度均等于$\frac{1}{2}m_aU_c$。由图 5.2(a)可以看出单频调幅信号的频谱宽度是调制信号频谱宽度的两倍，即 $B_{AM}=2\Omega$ 或 $B_{AM}=2f_\Omega$（$\Omega=2\pi f_\Omega$）。

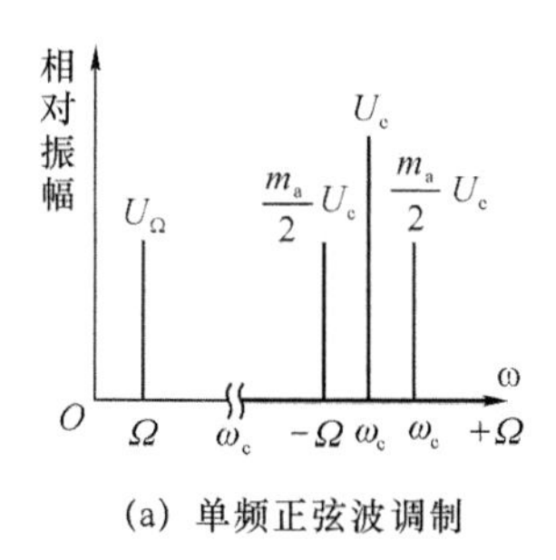

(a) 单频正弦波调制

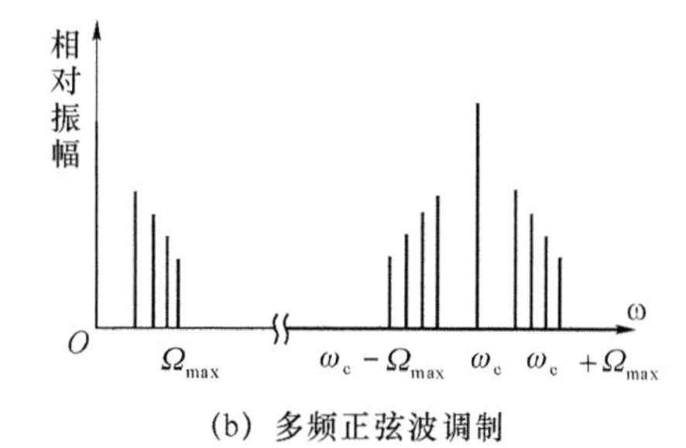

(b) 多频正弦波调制

图 5.2　标准调幅波的频谱图

通常所要传送的信号波形是很复杂的，但任何复杂的信号总可以分解成许多不同频率的正弦（或余弦）分量的叠加，其频谱图如图 5.2(b)所示，相应的调幅信号频谱在载频两侧形成上、下边带，其频谱宽度是调制信号最高频率的两倍，即 $B_{AM}=2\Omega_{max}$ 或 $B_{AM}=2f_{\Omega max}$（$\Omega=2\pi f_{\Omega max}$）。

4. 标准调幅波的功率关系

将式(5.2)所描述的调幅波作用在负载电阻 R_L 上，可求出其功率关系为载波功率

$$P_C=\frac{1}{2}\frac{U_c^2}{R_L} \tag{5.4}$$

上、下边频功率

$$P_{SB1}=P_{SB2}=\frac{1}{2}\frac{\left(\frac{1}{2}m_aU_c\right)^2}{R_L}=\frac{1}{4}m_a^2P_C \tag{5.5}$$

上、下边频总功率

$$P_{DSB}=2P_{SSB}=\frac{1}{2}m_a^2P_C \tag{5.6}$$

调幅波总功率

$$P_{AM}=P_C+P_{DSB}=\left(1+\frac{1}{2}m_a^2\right)P_C \tag{5.7}$$

式(5.7)表明调幅波的总功率随 m_a 的增加而增加。当 $m_a=1$ 时，有

$$P_C=\frac{2}{3}P_{AM},P_{DSB}=\frac{1}{3}P_{AM} \tag{5.8}$$

被传送的信息包含在边频功率中，而载波功率是不含要传送的信息的。当 $m_a=1$ 即 m_a 最大时，由式(5.8)可知，含有的信息的边频功率只占总功率的 1/3。事实上，调幅系数只有 0.3 左右，则边频功率只占总功率的 5%左右，而不含信息的载波功率占总功率的 95%左右。可见，这种标准调幅的功率利用率是很低的。

【例 5.1】　有一普通 AM 调制器，载波频率为 500 kHz，振幅为 20 V，调制信号频率为 10 kHz，它使输出调幅波的包络振幅为 7.5 V。求：

(1) 上、下边频 f_1、f_2；

(2) 调制系数；

(3) 调制后，载波和上、下边频电压的振幅；

(4) 包络振幅的最大值和最小值;

(5) 已调波表达式;

(6) 画出输出调幅波的波形和频谱;

(7) 计算在单位电阻上消耗的载波功率、边频总功率、调幅波总功率以及已调波的频带宽度。

解:

(1) 上、下边频分别是所给载波频率与调制信号频率的和与差,即

$$f_1 = f_c + f_\Omega = 500\ \text{kHz} + 10\ \text{kHz} = 510\ \text{kHz}$$

$$f_2 = f_c - f_\Omega = 500\ \text{kHz} - 10\ \text{kHz} = 490\ \text{kHz}$$

(2) $m_a = \dfrac{U_\Omega}{U_c} = \dfrac{7.5}{20} = 0.375$;

(3) 载波电压的振幅 $U_c = 20\ \text{V}$,

上、下边频电压的振幅 $\dfrac{1}{2}m_a U_c = 3.75\ \text{V}$;

(4) 包络振幅的最大值 $U_{AM}\Big|_{max} = U_c(1+m_a) = 27.5\ \text{V}$,

最小值 $U_{AM}\Big|_{min} = U_c(1-m_a) = 12.5\ \text{V}$;

(5) 已调波表达式 $u_{AM}(t) = 20(1+0.375\cos 2\pi\times10\times10^3 t)\cos 2\pi\times500\times10^3 t\ \text{V}$;

(6) 输出调幅波的波形和频谱图如图 5.3 所示。

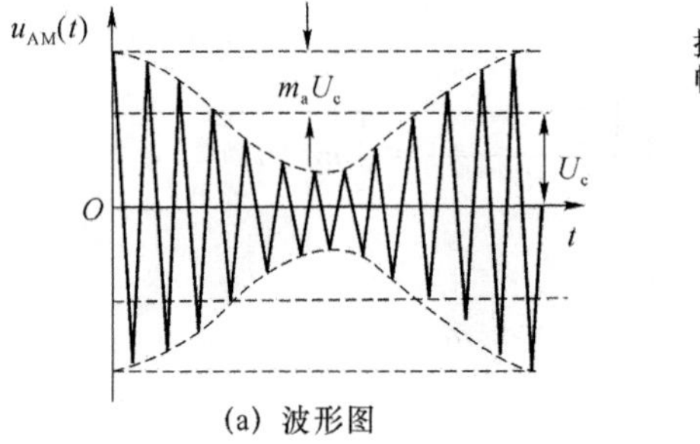

(a) 波形图

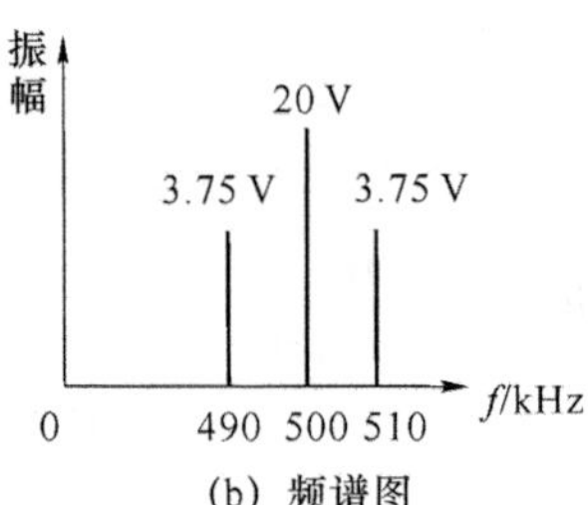

(b) 频谱图

图 5.3 例 5.1 图

(7) 载波功率 $P_C = \dfrac{1}{2}\dfrac{U_c^2}{R_L} = 200\ \text{W}$

边频总功率 $P_{DSB} = \dfrac{1}{2}m_a^2 P_C = 140.6\ \text{W}$

调幅波总功率 $P_{AM} = P_C + P_{DSB} = 340.6\ \text{W}$

频带宽度 $B_{AM} = 2F = 2\times10 = 20\ \text{kHz}$

5.2.2 双边带调制(DSB)信号

为克服标准调幅功率利用率低的缺点,可以只发送边带信号而不发送载波信号,这就是双边带调制。双边带调制在调幅电路中抑制掉载频,只输出上、下边频,其数学表达式为

$$u_{DSB}(t) = \frac{1}{2}m_a U_c\cos(\omega_c+\Omega)t + \frac{1}{2}m_a U_c\cos(\omega_c-\Omega)t = m_a U_c\cos\Omega t\cos\omega_c t \qquad (5.9)$$

由式(5.9)可得到双边带调幅信号的波形及频谱，分别如图5.4和图5.5所示。根据图5.5可得到双边带调幅信号的频谱宽度为 $B_{DSB}=2\Omega_{max}$ 或 $B_{DSB}=2f_{\Omega max}$。

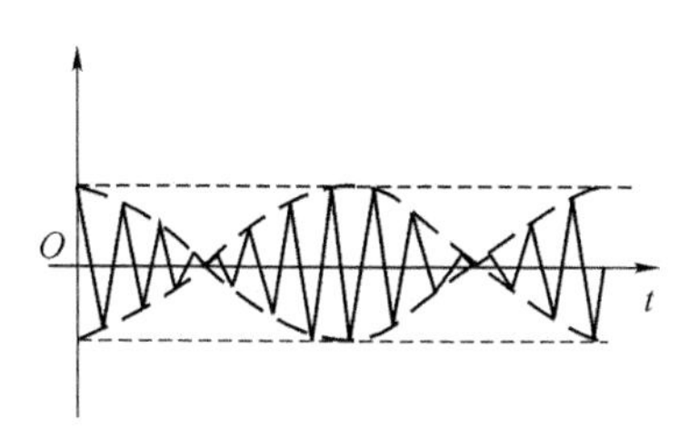

图5.4　双边带调幅波的波形图

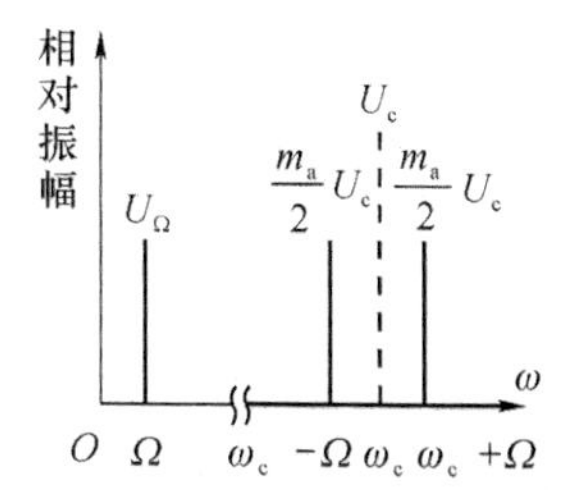

图5.5　双边带调幅波的频谱图

【例5.2】　两个已调波电压，其表达式分别为

$$u_1(t)=2\cos 100\pi t+0.1\cos 90\pi t+0.1\cos 110\pi t$$

$$u_2(t)=0.1\cos 90\pi t+0.1\cos 110\pi t$$

判断 $u_1(t)$、$u_2(t)$ 各为何种已调波，分别计算在单位电阻上消耗的边频功率、总功率以及已调波的频带宽度。

解：$u_1(t)$ 的表达式可变换为 $u_1(t)=2(1+0.1\cos 10\pi t)\cos 100\pi t$，可见这是一个普通调幅波。其消耗在单位电阻上的载波功率为

$$P_C=\frac{1}{2}\frac{U_c^2}{R_L}=2\ \text{W}$$

边频功率为　$$P_{DSB}=\frac{1}{2}m_a^2P_C=(0.1)^2=0.01\ \text{W}$$

总功率为　$$P_{AM}=P_C+P_{DSB}=2.01\ \text{W}$$

频带宽度为　$$B_{AM}=2F=2\times 10\pi/2\pi=10\ \text{Hz}$$

同样，$u_2(t)$ 的表达式可变换为 $u_2(t)=0.2\cos 10\pi t\cos 100\pi t$，可见这是一个双边带调幅波。总功率与边频功率都为0.01 W，频带宽度为10 Hz。

5.2.3　单边带调制(SSB)信号

从频谱图5.5上可以看出，双边带调制信号的上边频和下边频的频谱分量是对称的，都含有相同的信息。因此，为了节省所占用的频带，提高波段利用率，也可以只发送单个边带信号，称之为单边带调制(SSB)，这种调制方式既提高了功率利用率又节省了频带，但调制设备较复杂。在实际应用中，可根据需求选择调幅方式。单边带调幅波的数学表达式为

$$u_{SSB}(t)=\frac{1}{2}m_aU_c\cos(\omega_c+\Omega)t$$

或　$$u_{SSB}(t)=\frac{1}{2}m_aU_c\cos(\omega_c-\Omega)t \qquad (5.10)$$

根据式(5.10)可画出单边带调幅波的波形图和频谱图，分别如图5.6和图5.7所示。从图5.6可以看出，单边带调幅波是一个等幅的高频振荡波，振荡幅度是 $\frac{1}{2}m_aU_c$，振荡频率是 $\omega_c+\Omega$ 或 $\omega_c-\Omega$；从图5.7可以看出，单边带调幅波只有一个边频分量，其频谱宽度只有双边带调幅的一半，即 $B_{SSB}=f_{\Omega max}$。

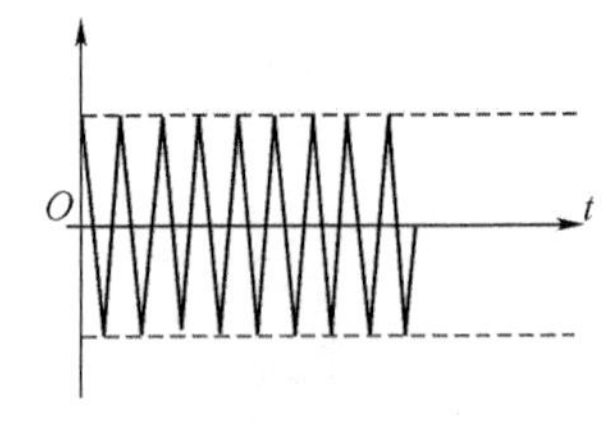

图 5.6　单边带调幅波的波形图

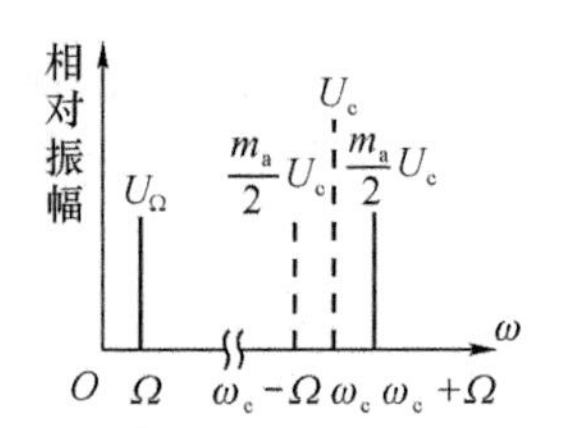

图 5.7　单边带调幅波的频谱图

5.2.4 残边带调制(VSB)信号

单边带的调制与解调设备比较复杂，在某些应用中，既希望压缩频带，又希望设备简单，此时可采用残留边带调幅(VSB AM)。在残留边带调幅中，载波和一个完整边带被发送，但另一个边带只发送一部分。这样既保留了单边带调幅节省频带的优点，且实现容易、调制与解调电路简单。

VSB调制应用的一个例子是用于电视图像的发送。图 5.8(a)所示是电视图像信号发射机的幅频特性，载频和上边带信号全部发射，下边带只将图像中的低频部分(小于 0.75 MHz)发射出去，高频部分(虚线表示)被抑制了。在电视接收机中，为了不失真地恢复出图像信号，将接收机的幅频特性设计成如图 5.8(b)所示，图像载频处于衰减一半的位置。经过这样的校正，从能量观点看，等效为接收到一个完整的上边带加载频(幅度衰减了一半)的信号，于是便可用普通包络检波的方法得到图像信号，使电视接收机结构大为简化、成本降低。

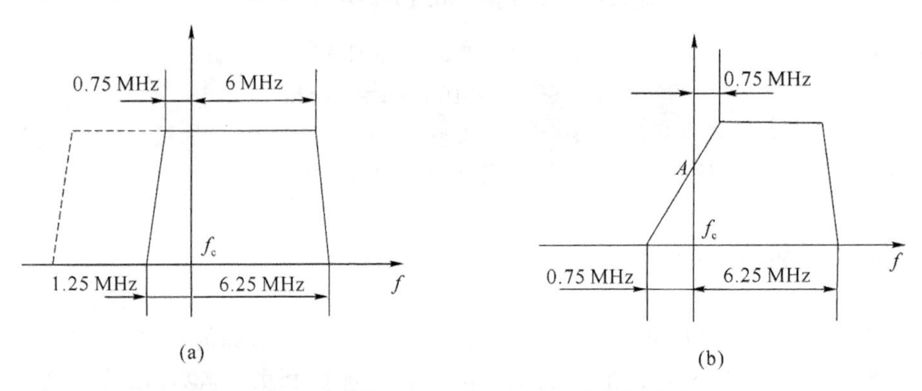

图 5.8　电视图像发射机与接收机的幅频特性

5.3　振幅调制电路

振幅调制电路的功能是将输入的调制信号和载波信号变换成高频调幅信号输出。根据调制电路输出的调幅波的功率的高低，可分为高电平调幅电路和低电平调幅电路，高电平调幅电路一般置于发射机的最后一级，电路除了实现幅度调制外，还具有频率放大的功能，以提供一定功率的调幅波。低电平调幅电路，产生小功率的调幅波，一般在发射机的前级实现幅度调制，再由线性功率放大器放大已调波，得到所要求功率的调幅波。

5.3.1 低电平调幅电路

低电平调幅电路产生的已调波的功率小，必须对其进行放大才能取得所需的发射功率。这种调幅电路调制线性好、载波抑制度高，可用来实现标准调幅、双边带调幅和单边带调幅。

1. 二极管调幅电路

(1) 单二极管开关状态调幅电路

单二极管调幅电路如图 5.9 所示。调制信号 u_Ω 和载波信号 u_c 相加后，通过二极管的非线性变换，在电流 i 中产生了各种组合频率分量，将谐振回路调谐于 ω_c，便能取出 ω_c 和 $\omega_c \pm \Omega$ 的成分，这便是普通调幅波。当载波信号振幅 U_c 远大于调制信号振幅 U_Ω，且远大于二极管导通电压时，二极管的导通和截止主要依赖于载波信号的正负变化，这时二极管相当于一个开关，所以也称开关式调幅。

设载波电压为 $u_c(t)=U_c\cos\omega_c t$，调制信号电压为 $u_\Omega(t)=U_\Omega\cos\Omega t$，一般情况下，载波电压较大，而调制信号电压很小，即满足 $U_c \gg U_\Omega$，二极管的通、断由载波电压 $u_c(t)$ 决定，其导通电阻为 r_d。

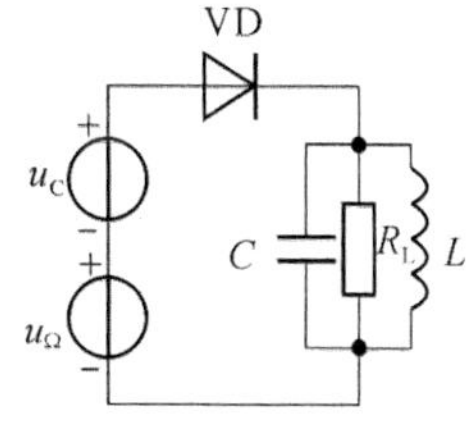

图 5.9　单二极管调幅电路

负载回路谐振时，由折线法分析可得流过负载回路的电流为

$$i_D=\frac{1}{r_d+R_L}S(t)u_D \tag{5.11}$$

式中 $u_D=u_c(t)+u_\Omega(t)$，$S(t)$ 为开关函数，且有

$$S(t)=\begin{cases}1 & u_c>0\\ 0 & u_c<0\end{cases} \tag{5.12}$$

又因为 $S(t)$ 为周期函数，其傅里叶级数是

$$S(t)=\frac{1}{2}+\frac{2}{\pi}\cos\omega_c t-\frac{2}{3\pi}\cos 3\omega_c t+\cdots \tag{5.13}$$

将式(5.13)代入式(5.11)可得

$$i_D=\frac{1}{r_d+R_L}\left[\frac{1}{2}+\frac{2}{\pi}\cos\omega_c t-\frac{2}{3\pi}\cos 3\omega_c t+\cdots\right](U_c\cos\omega_c t+U_\Omega\cos\Omega t) \tag{5.14}$$

从式(5.14)可以看出，i_D 中所含有的频谱成分为：u_Ω 和 u_c 的基波频率 Ω 和 ω_c；u_c 的偶次谐波频率 $2n\omega_c$；u_Ω 的奇次谐波频率$[(2n+1)\omega_c\pm\Omega]$。

如果 LC 回路谐振于 ω_c，且回路的频带宽度 $B=2\Omega$，谐振时的负载阻抗为 R_L，设 $g_d=\dfrac{1}{r_d+R_L}$，则回路的输出电压为

$$u(t)=\frac{1}{2}g_d U_c R_L\cos\omega_c t+\frac{1}{\pi}g_d U_\Omega R_L[\cos(\omega_c+\Omega)t+\cos(\omega_c-\Omega)t] \tag{5.15}$$

由式(5.15)可见，输出电压中含有频率分量 ω_c 和 $\omega_c \pm \Omega$，显然这是一个标准调幅信号，因此单二极管开关状态调幅电路能实现标准调幅波的调幅。

(2) 二极管平衡调幅电路

二极管平衡调幅电路如图 5.10 所示。设图 5.10(a)中的变压器为理想变压器，其中 T_1 的初、次级匝数比是 1∶2，T_2 的初、次级匝数比是 2∶1，T_3 的初、次级匝数比是 1∶1。在 T_1 的初级输入调制电压 $u_\Omega(t)=U_\Omega\cos\Omega t$，在 T_3 的初级输入载波电压 $u_c(t)=U_c\cos\omega_c t$，且 $U_c \gg U_\Omega$。由于电路上半部和下半部对称，其等效电路如图 5.10(b)所示。在 U_c 足够大的情况下，二极管 VD_1、VD_2 通、断均受 $u_c(t)$ 的控制，VD_1、VD_2 工作于开关状态，其导通电阻为 r_d。

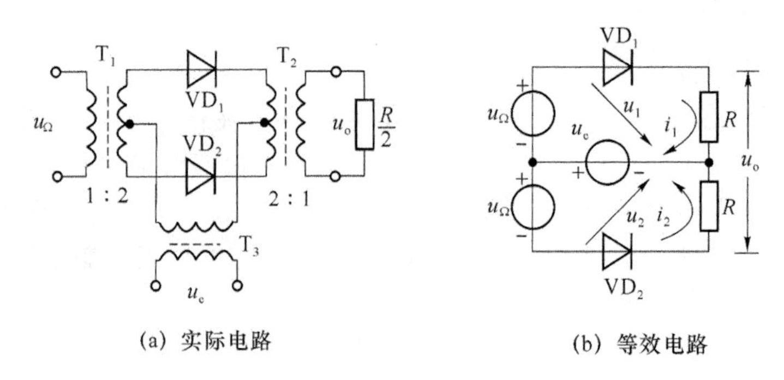

(a) 实际电路　　(b) 等效电路

图 5.10　二极管平衡调幅电路

设流过二极管 VD_1 的电流为 i_1，流过二极管 VD_2 的电流为 i_2，它们的流向如图 5.10(b)所示。根据变压器 T_2 的初次级匝数比为 2∶1 且初级为中心抽头的条件，次级负载折合到初级的等效电阻应为 $2R$。在开关工作状态下，$u_c(t)$ 为大信号，对 VD_1 和 VD_2 来说，$u_c(t)$ 的正半周都导通，负半周都截止，所以它们对应的开关函数都是 $S(t)$，且

$$S(t)=\begin{cases}1 & u_c>0\\ 0 & u_c<0\end{cases}$$

其傅里叶级数为
$$S(t)=\frac{1}{2}+\frac{2}{\pi}\cos\omega_c t-\frac{2}{3\pi}\cos 3\omega_c t+\cdots$$

由图 5.10(b)可得

$$u_1=u_c(t)+u_\Omega(t),u_2=u_c(t)-u_\Omega(t) \tag{5.16}$$

$$i_1=g_{d1}S(t)u_1,i_2=g_{d2}S(t)u_2 \tag{5.17}$$

式中，$g_{d1}=g_{d2}=g_d=\dfrac{1}{r_d+R}$。

则负载上的输出电压为

$$u_o=i_1R-i_2R=2Rg_dS(t)u_\Omega(t)=2g_dRU_\Omega\left[\frac{1}{2}+\frac{2}{\pi}\cos\omega_c t-\frac{2}{3\pi}\cos 3\omega_c t+\cdots\right]\cos\Omega t \tag{5.18}$$

从式(5.18)可以看出，u_o 中包含 Ω、$\omega_c\pm\Omega$、$3\omega_c\pm\Omega$ 等频率分量。与单二极管调幅电路相比，双二极管平衡调幅电路由于采用了平衡对称相互抵消的措施，很多不需要的频率分量在 u_o 中已经不存在。通过中心频率为 ω_c，带宽为 2Ω 的带通滤波器滤波，只有频率成分为 $\omega_c\pm\Omega$ 的分量可以通过滤波器，实现双边带调幅。

(3) 二极管环形调幅电路

为了进一步减少平衡调幅器输出电流中无用的组合频率分量，目前广泛采用二极管环形调幅器，其基本电路如图5.11(a)所示。它和二极管平衡调幅器的差别就是增加了两个二极管 VD_3 和 VD_4，它们接入时的极性与 VD_1 和 VD_2 相反，所以当 VD_1 和 VD_2 导通时，VD_3 和 VD_4 截止；反之，当 VD_1 和 VD_2 截止时，VD_3 和 VD_4 导通。因此，二极管环形调幅电路可看成是由图5.11(b)和图5.11(c)所示的两个平衡调幅电路构成。

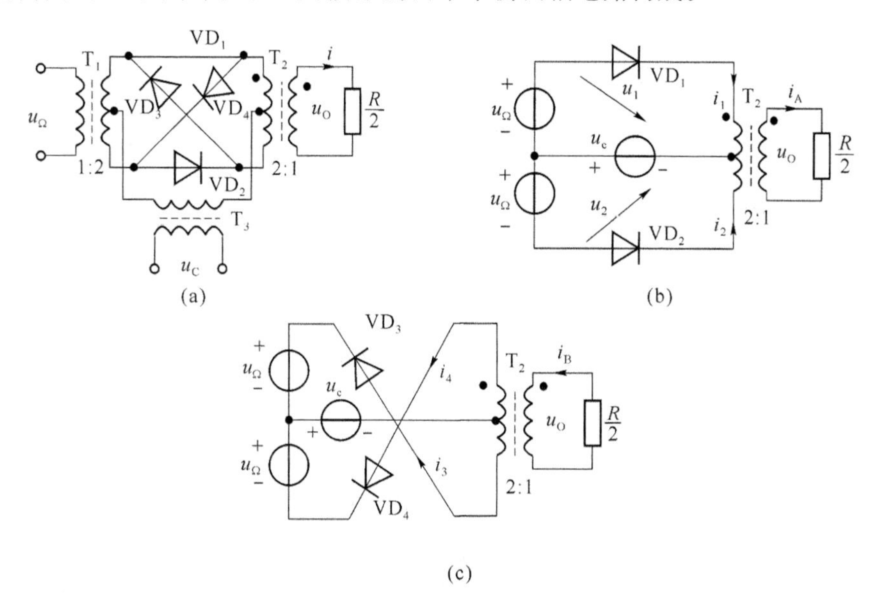

图5.11 二极管平衡调幅电路

其中，图5.11(b)电路中的二极管 VD_1 和 VD_2 仅在 $u_c(t)$ 的正半周导通，其开关函数为 $S_1(t)$，且

$$S_1(t)=\begin{cases}1 & u_c>0\\ 0 & u_c<0\end{cases}$$

其傅里叶级数为 $$S_1(t)=\frac{1}{2}+\frac{2}{\pi}\cos\omega_c t-\frac{2}{3\pi}\cos 3\omega_c t+\cdots$$

则此时输出负载电阻 $R/2$ 上的电压为

$$u_{o1}=\frac{1}{2}R(i_1-i_2)=\frac{1}{2}R\frac{2u_\Omega(t)}{R+r_d}S_1(t)=g_d R u_\Omega(t)S_1(t) \tag{5.19}$$

图5.11(c)电路中的二极管 VD_3 和 VD_4 仅在 $u_c(t)$ 的负半周导通，其开关函数为 $S_2(t)$，且

$$S_2(t)=\begin{cases}0 & u_c>0\\ 1 & u_c<0\end{cases}$$

其傅里叶级数为 $$S_2(t)=-\frac{1}{2}+\frac{2}{\pi}\cos\omega_c t-\frac{2}{3\pi}\cos 3\omega_c t+\cdots$$

则此时输出负载电阻 $R/2$ 上的电压为

$$u_{o2}=\frac{1}{2}R(i_3-i_4)=\frac{1}{2}R\frac{2u_\Omega(t)}{R+r_d}S_2(t)=g_d R u_\Omega(t)S_2(t) \tag{5.20}$$

因此负载电阻 $R/2$ 上的总电压为

$$u_o = u_{o1} + u_{o2} = g_d R u_\Omega(t)[S_1(t) + S_2(t)] = 2g_d R u_\Omega\left[\frac{2}{\pi}\cos\omega_c t - \frac{2}{3\pi}\cos 3\omega_c t + \cdots\right]\cos\Omega t \tag{5.21}$$

由式(5.21)可见，与平衡调幅电路相比，环形调幅电路进一步抵消了 Ω 分量，而且其他各分量的振幅加倍。通过中心频率为 ω_c，带宽为 2Ω 的带通滤波器取出频率为 $\omega_c \pm \Omega$ 的分量，实现双边带调幅。

2. 集成模拟乘法器调幅电路

模拟乘法器的输出电压与输入电压的关系为 $u_o(t) = ku_1(t)u_2(t)$。如果 $u_1(t)$ 为高频载波，即 $u_1(t) = U_c\cos\omega_c t$；$u_2(t)$ 为调制信号，即 $u_2(t) = U_\Omega\cos\Omega t$，则输出电压为

$$u_o(t) = kU_cU_\Omega\cos\omega_c t\cos\Omega t = \frac{1}{2}kU_cU_\Omega[\cos(\omega_c+\Omega)t + \cos(\omega_c-\Omega)t] \tag{5.22}$$

该式表明 $u_o(t)$ 是一个双边带调幅信号。

如果在调制信号 $u_2(t)$ 上叠加一直流电压 U_{DC}，则可以得到标准调幅信号的输出，即 $u_o(t)$ 为

$$u_o(t) = kU_c\cos\omega_c t(U_{DC} + U_\Omega\cos\Omega t) = kU_{DC}U_c\cos\omega_c t\left(1 + \frac{U_\Omega}{U_{DC}}\cos\Omega t\right) = kU_{DC}U_c\cos\omega_c t(1 + m_a\cos\Omega t) \tag{5.23}$$

该式表明 $u_o(t)$ 是一个标准调幅信号。调节直流电压 U_{DC} 的大小，可以改变调幅度 m_a 的值。

模拟乘法器可采用双差分对电路构成。随着集成电路的发展，目前广泛采用单片集成双平衡模拟乘法器。例如，MC1596、BG314 等。

(1) MC1596 组成的调幅电路

图 5.12 是用模拟乘法器 MC1596 组成的调幅电路。调制信号 $u_\Omega(t)$ 由 MC1596 芯片的 1 脚输入，高频载波信号 $u_c(t)$ 由 8 脚输入，已调信号由 6 脚输出。为了获得合适的直流电压 U_{DC}，以调节 m_a 的大小，在输入端 1 和 4 之间接了 2 个 750 Ω 的电阻和 1 个 56 kΩ 的电位器，一般要求输入载波信号电压在 100～400 mV，调制信号电压在 10～50 mV，以避免已调信号失真。输出端也可以加带通滤波器，抑制无用频率分量的输出。

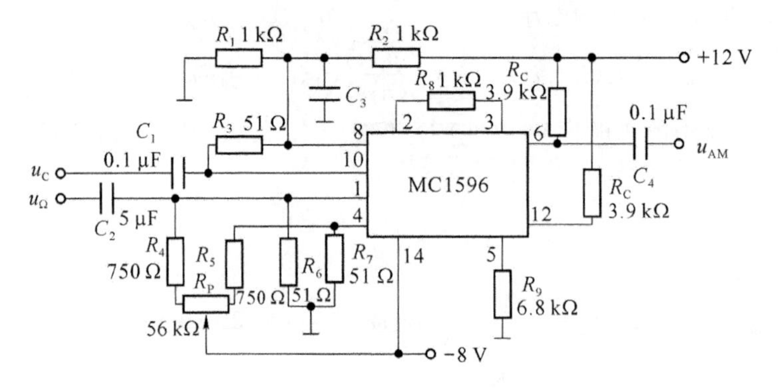

图 5.12　MC1596 组成的调幅电路

(2) BG314 组成的调幅电路

图 5.13 是用模拟乘法器 BG314 构成的调幅电路。高频载波信号 $u_c(t)$ 由 4 脚输入，调制信号 $u_\Omega(t)$ 由 BG314 芯片的 9 脚输入，叠加在调制信号 $u_\Omega(t)$ 上的直流电压 U_{DC} 由 12 脚输入，以调节 m_a 的大小。当 $m_a<1$ 时，实现标准调幅；当 U_{DC} 为 0 时，实现双边带调幅。

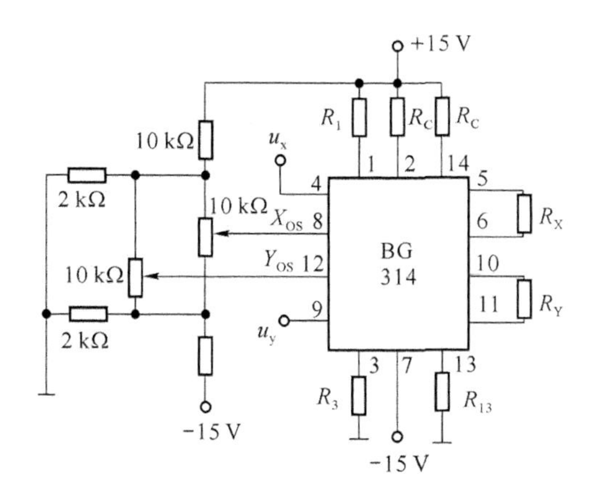

图 5.13　BG314 组成的调幅电路

5.3.2 高电平调幅电路

高电平调幅电路是在发射机末级功率放大器功率电平较高的情况下进行调制。电路除了实现幅度调制外，还具有功率放大的功能，以提供具有一定功率要求的调幅波。

1. 集电极调幅电路

高电平集电极调幅电路的交流通路如图 5.14(a)所示。集电极调幅就是指高频功率放大器集电极直流电源电压在调制信号作用下，控制集电极回路高频电压振幅，使其按调制信号规律进行变化。由图 5.14(a)可知，调制信号 u_Ω 与末级高频功率放大器集电极直流电源电压 E_{C0} 串联，其有效集电极电源电压为

$$E_C=E_{C0}+u_\Omega=E_{C0}+U_\Omega\cos\Omega t \tag{5.24}$$

式(5.24)中，E_{C0} 为不加调制信号时的集电极直流电源电压。很显然，E_C 随调制信号 u_Ω 变化而变化，也就是说 E_C 的大小受调制信号 u_Ω 的控制。

在第 3 章高频功率放大器中，对其工作状态进行分析时曾经指出，如果高频功率放大器工作在过压区，回路高频基波电压振幅 U_{c1}，基波电流振幅 I_{c1} 及直流电流分量 I_{c0} 随 E_C 变化而变化，近似成直线性关系，如图 5.14(b)所示。而 E_C 又是随调制信号 u_Ω 变化而变化，故回路高频基波电压振幅 U_{c1} 也随调制信号 u_Ω 变化而变化，基波包络反映出调制信号的变化规律，从而达到了调幅的目的。

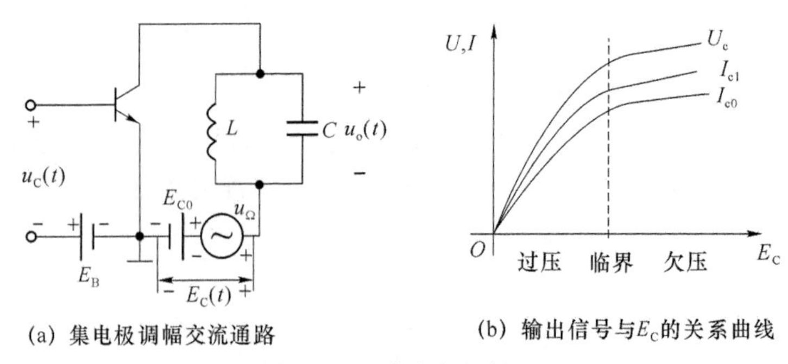

(a) 集电极调幅交流通路　　　　(b) 输出信号与E_C的关系曲线

图 5.14　集电极调幅

2. 基极调幅电路

高电平基极调幅电路的交流通路如图 5.15(a)所示。基极调幅就是指高频功率放大器基极直流电源电压在调制信号作用下,控制集电极回路高频电压振幅,使其按调制信号规律进行变化。由图 5.15(a)可知,调制信号 u_Ω 与末级高频功率放大器基极直流电源电压 E_{B0} 串联,有效基极电源电压为

$$E_B = E_{B0} + u_\Omega = E_{B0} + U_\Omega \cos \Omega t \tag{5.25}$$

式(5.25)中,E_{B0}为不加调制信号时的集电极直流电源电压。很显然,E_B随调制信号 u_Ω 变化而变化。

在第 3 章分析高频功率放大器工作状态时曾经指出,当改变 E_B时,放大器的工作状态要发生变化,当放大器工作在欠压状态时,U_{c1}、I_{c1}、I_{c0}与 E_B成线性关系变化,如图 5.15(b)所示。而 E_B又受调制信号 u_Ω 控制,因此 U_{c1}也随调制信号 u_Ω 变化而变化,即基波电压振幅按调制信号规律而变化,达到了调幅的目的。

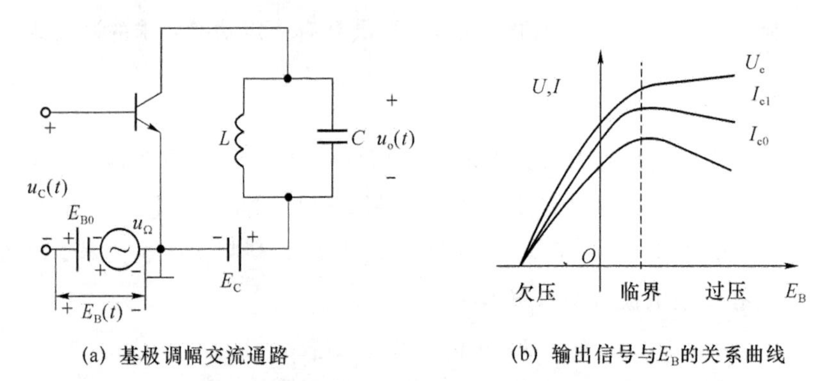

(a) 基极调幅交流通路　　　　(b) 输出信号与E_B的关系曲线

图 5.15　基极调幅交流通路

5.4　调幅信号的解调电路

振幅解调是振幅调制的逆过程,通常称为检波。它的作用是从已调制的高频振荡信号中恢复出原来的调制信号。

检波的方式有很多，如平方律检波、包络检波、同步检波等。前两种适用于解调标准调幅波，而同步检波既可以解调标准调幅波也可以解调双边带和单边带调幅波。由于同步检波电路比较复杂、成本高，所以主要用于解调双边带和单边带调幅波。

从频谱关系上来看，检波器输入的是高频率的载波和边带分量，而输出的是低频率的调制信号，因此检波过程也是频率的变换过程，必须利用非线性元器件来完成。

5.4.1 小信号平方律检波

小信号二极管检波的原理电路如图 5.16 所示，输入信号是已调波

$$u_{AM}(t)=U_c(1+m_a\cos\Omega t)\cos\omega_c t$$

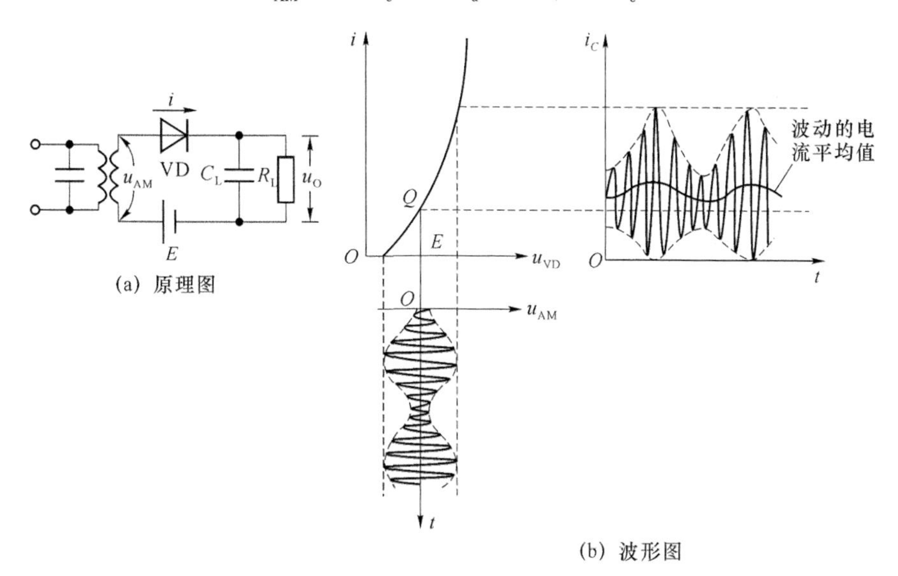

图 5.16 小信号平方律检波

小信号平方律检波输入电压的幅度比较小，约十几 mV 以下。利用二极管非线性特性，用外加直流电源电压 E 控制二极管工作点 Q，使其位于特性曲线的弯曲部分，从而实现检波。

忽略输出电压的反作用，可以认为加在二极管两端的电压为 $u=u_{AM}(t)+E$。二极管特性曲线在 Q 点的幂级数展开式为

$$i(t)=a_0+a_1(u-E)+a_2(u-E)^2+\cdots \tag{5.26}$$

将式 $u=u_{AM}(t)+E$ 代入式(5.26)，只取前 3 项，即得

$$i(t)=a_0+a_1U_c(1+m_a\cos\Omega t)\cos\omega_c t+a_2U_c^2(1+m_a\cos\Omega t)^2\cos^2\omega_c t=$$

$$a_0+\frac{a_2U_c^2}{2}\left(1+\frac{m_a}{2}\right)+a_2m_aU_c^2\left[\cos\Omega t+\frac{m_a}{4}\cos 2\Omega t\right]+$$

$$a_1U_c\left[\frac{m_a}{2}\cos(\omega_c-\Omega)t+\cos\omega_c t+\frac{m_a}{2}\cos(\omega_c+\Omega)t\right]+$$

$$\frac{a_2U_c^2}{2}\left[\frac{m_a^2}{4}\cos^2(\omega_c-\Omega)t+m_a\cos(2\omega_c-\Omega)t+\right.$$

$$\left(1+\frac{m_a^2}{2}\right)\cos 2\omega_c t+m_a\cos(2\omega_c+\Omega)t+\frac{m_a^2}{4}\cos^2(\omega_c+\Omega)t\Big] \quad (5.27)$$

利用低通滤波器，将式(5.27)中的 $a_2 m_a U_c^2 \cos \Omega t$ 项提取出来，就完成了检波任务。在这种小信号二极管检波电路中，二极管 VD 是检波元件，R_L 是滤波器的负载，电容 C_L 起滤波作用，用于滤除高频电流。

小信号检波的缺点是输入阻抗低，输出波形失真大，而且检波效率很低。由于平方律检波器工作在二极管伏安特性曲线的弯曲部分，产生的低频电流二次谐波分量(2Ω)与低频基波分量(Ω)靠得很近，一般情况下，RC 滤波器是不能把谐波分量完全滤除掉的，所以引起严重的非线性失真。因此，它在广播、电视和雷达接收机中已很少使用。

因为小信号检波的输出电压 $a_2 m_a U_c^2 R_L \cos \Omega t$ 正好与高频载波信号的振幅的平方成正比，故小信号检波器又称之为平方律检波器。

5.4.2 大信号包络检波

大信号包络检波分为峰值包络检波与平方值包络检波两类，前者适用于标准调幅波的解调，由于电路简单、性能良好而获得广泛的应用，是我们讨论的重点内容；后者用得不多且原理简单。

二极管峰值包络检波属于大信号检波，电路如图 5.17 所示，它与小信号检波电路基本相同，只是去掉了偏置电压，一般要求输入信号幅度大于 0.5 V。

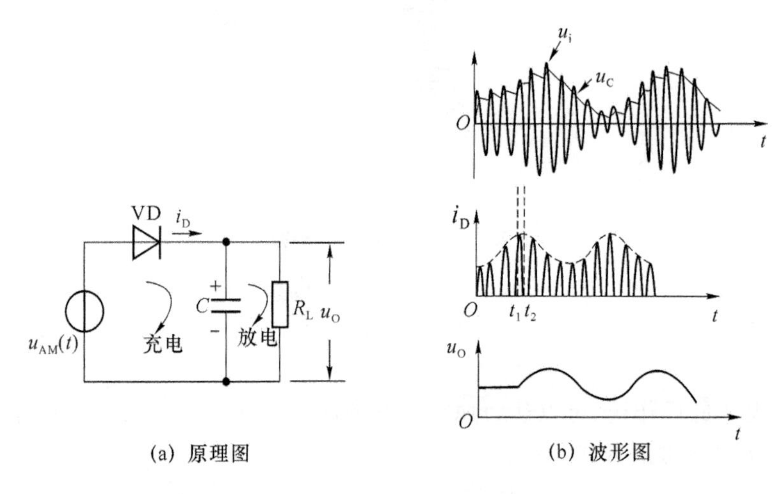

图 5.17 大信号包络检波

1. 工作原理

大信号检波与小信号检波工作原理的主要区别是二极管所处的状态不同，小信号检波时二极管总是处于导通状态，而大信号检波是利用二极管加正向电压时导通、加反向电压时截止的大信号特性来进行频率变换的。由于输入信号电压幅度很大，二极管起着开关的作用，其特性曲线可以用分段线性特性近似表示。这使得输出检波电流与输入高频电压振幅呈线性关系，所以这种检波方式又称为线性检波。下面我们来分析大信号二极管峰值包络检波的工作原理。

在图 5.17(a)所示的电路中，VD 为检波二极管；C 为滤波电容，它对高频信号相当于短路，从而使高频信号完全加到二极管上，以提高检波效率；R_L 为检波器的负载，其数值较大，当低频电流通过它时以取得低频电压输出。

当检波器输入高频调幅信号 $u_{AM}(t)$时，最初，由于电容 C 上的电压为 0，故调幅电压直接加在二极管 VD 上，当 $u_{AM}(t)$为正半周时，VD 导通并对电容 C 充电。充电速度取决于时间常数 $r_d C$(r_d 为二极管正向导通电阻)。由于 r_d 很小，所以流过二极管的电流 i 很大，使电容 C 上的电压 u_o 在很短的时间内就充电到接近输入信号的峰值，电容上的电压建立起来后，反向地加到 VD 上，即 $u_D = u_{AM} + u_c$，这时二极管是否导通是由电容的端电压 u_c 与输入信号电压 $u_{AM}(t)$共同决定的。当输入电压 $u_{AM}(t)$减小时，只要输入电压小于电容电压，VD 就截止。这时电容 C 上储存的电荷要通过负载 R_L 放电，放电速度取决于时间常数 $R_L C$，由于 $R_L \gg r_d$，所以放电很慢，当电容端电压下降不多时，高频调幅信号的第二个正半周期的电压又超过二极管上的电压，使二极管又导通，电容上的电压又迅速接近输入信号的峰值。这样不断循环重复下去，电容电压即负载电压 u_o 重现了输入调幅信号包络的形状，完成了峰值包络检波。

由此可见，大信号二极管峰值包络检波过程，主要是利用二极管的单向导电特性和检波负载 $R_L C$ 的充放电过程。

2. 峰值包络检波器的质量指标

电压传输系数、输入电阻和失真是大信号峰值包络检波器的 3 个主要的质量指标，下面分别加以讨论。

(1) 电压传输系数 K_d(检波效率)

电压传输系数的定义为

$$K_d = \frac{\text{检波器的输出电压的振幅 } U_O}{\text{检波器的输入电压的振幅 } U_{AM}} \tag{5.28}$$

用折线近似分析法可以证明 $K_d = \cos\theta$，其中 θ 是电流半通角，其值为 $\theta \approx \sqrt[3]{\frac{3\pi r_d}{R_L}}$。

一般来说，峰值包络检波输出电压的大小接近输入电压的振幅，这种检波方式电压传输系数较大，可达 0.9 以上，K_d 是不随信号电压变化的常数，它只取决于二极管的内阻 r_d 和负载电阻 R_L。R_L 值越大，则 K_d 越高，但 R_L 的值并不是越大越好，要受到其他因素的制约。

(2) 输入电阻

理论分析表明，对于串联检波电路来说，当负载电阻 R_L 远大于二极管正向导通时的等效电阻时，检波器的输入电阻大约等于负载电阻的一半。因此负载电阻越大，检波器的输入电阻也越大。

(3) 失真

理想情况下，包络检波器的输出电压波形应与输入信号的包络形状完全相同。但实际上，二者之间总会有一些差别，即检波器输出波形有某些失真。产生的失真主要有惰性失真、底部切割失真、非线性失真、频率失真。

① 惰性失真

为了提高检波效率，常希望选取大的 R_LC 值。但是如果 R_LC 的值过大，使电容 C 放电速度过慢，则可能在输入电压包络的下降阶段内，二极管始终截止，输出电压跟不上输入电压包络的变化，如图 5.18 所示。只有当输入信号的振幅重新超越输出电压时，电路才恢复正常。这种失真叫惰性失真也叫做对角线切割失真。很显然，这种失真是由于负载电阻与负载电容的时间常数 R_LC 太大引起的。

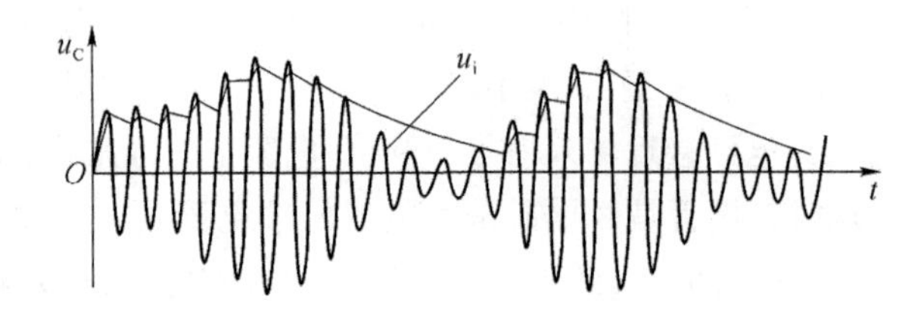

图 5.18 惰性失真

为了防止惰性失真，要选择适当的 R_LC，使电容 C 的放电加快，能跟上输入电压包络的变化就行了，即必须在任何一个高频周期内输入信号包络下降最快的时刻，保证电容 C 放电速率大于包络下降速率。进一步的定量分析表明，为了保证在调制信号最大角频率时不产生惰性失真，必须满足

$$R_LC \leqslant \frac{\sqrt{1-m_a^2}}{m_a\Omega_{max}} \tag{5.29}$$

式(5.29)表明，m_a 和 Ω_{max} 数值越大，允许的 R_L 和 C 的取值越小，越容易造成惰性失真。

但是，从提高检波器的电压传输系数和高频滤波能力来看，R_LC 又应尽可能的大，它应满足下列条件

$$R_LC \geqslant \frac{5\sim10}{\omega_c} \tag{5.30}$$

综合以上两个条件，R_LC 可供选用的数值范围由式(5.31)确定

$$\frac{5\sim10}{\omega_c} \leqslant R_LC \leqslant \frac{\sqrt{1-m_a^2}}{m_a\Omega_{max}} \tag{5.31}$$

② 底部切割失真

为了把检波输出电压信号耦合到下级电路，需要加一个大容量的隔直电容 C_g，如图 5.19(a)所示。一般下级电路为低频放大电路，其输入电阻为 R_g。

为了有效地传送低频信号，要求 $R_g \gg \frac{1}{\Omega_{min}C_g}$，$\Omega_{min}$ 为低频信号 $u_\Omega(t)$ 的下限频率。在检波过程中，C_g 两端建立了直流电压，其大小近似等于输入载波电压振幅 U_c。通过电阻 R 和 R_g 分压，使 R 两端固定存在一直流电压 U_R，且 $U_R=\frac{R}{R+R_g}U_c$。当 $U_R>U_c(1-m_a)$时，由于 R 两端电压不可能低于 U_R，故包络检波时会发生底部切割失真，如图 5.19(b)、(c)所示。要避免底部切割失真，则必须满足条件

$$U_c(1-m_a) \geqslant \frac{R}{R+R_g}U_c$$

即

$$m_a \leqslant \frac{R_g}{R+R_g} = \frac{R_\Omega}{R} \tag{5.32}$$

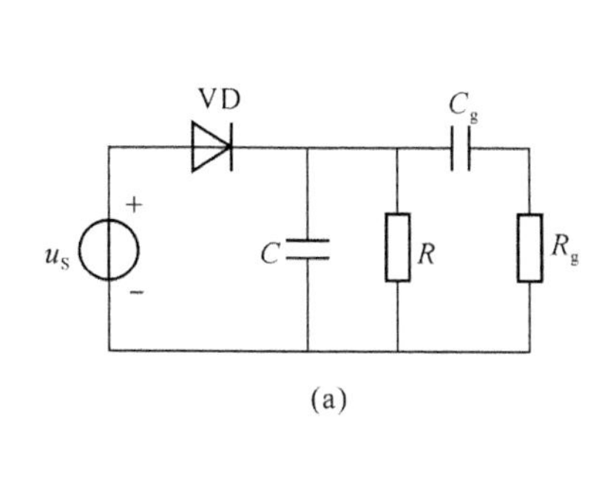

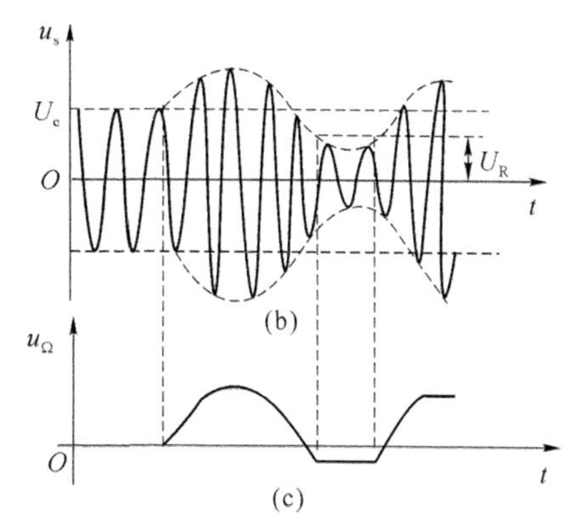

图 5.19　底部切割失真

③ 非线性失真

这种失真是由检波二极管伏安特性曲线的非线性引起的。

检波器的输出电压不能完全与调幅波的包络成正比。但是如果负载电阻 R_L 选得足够大，则检波二极管的非线性特性影响相应小，它所引起的非线性失真即可以忽略。

④ 频率失真

这种失真是由于图 5.19(a)中的耦合电容 C_g 和滤波电容 C 引起的。C_g 的存在主要影响检波的下限频率。为使频率为 Ω_{min} 时，C_g 上的电压降不大，不产生频率失真，必须满足以下条件

$$R_g \geqslant \frac{1}{\Omega_{min} C_g} \tag{5.33}$$

电容 C 的存在主要影响检波的上限频率，为使频率为 Ω_{max} 时，C 不产生旁路作用，即它应满足以下条件

$$R \geqslant \frac{1}{\Omega_{max} C} \tag{5.34}$$

5.4.3 同步检波

上述两种检波方式只能解调包络随调制信号变化的普通调幅波，而不能解调抑制载波的双边带和单边带调幅波，这是因为它们的信号中没有载波成分，其包络不能直接反应调制信号的变化规律。要解调后两种信号，必须采用同步检波的方法。

同步检波的特点就是在接收端提供一个与载波信号同频同相的本地振荡信号 u_r，又称相干信号。实现同步检波的方法有两种，其模型分别如图 5.20(a)和图 5.20(b)所示。

图 5.20 中，u_s 为输入的调幅信号，u_r 为相干信号。图 5.20(a)采用模拟乘法器完成相乘作用，故称之为乘积检波器；图 5.20(a)采用二极管完成包络检波，称之为平衡同步检波器。同步检波器适合用来解调双边带和单边带调幅信号，当然也可以用来解调普通调幅波，这时相干信号的作用是加强了输入信号的载波分量。

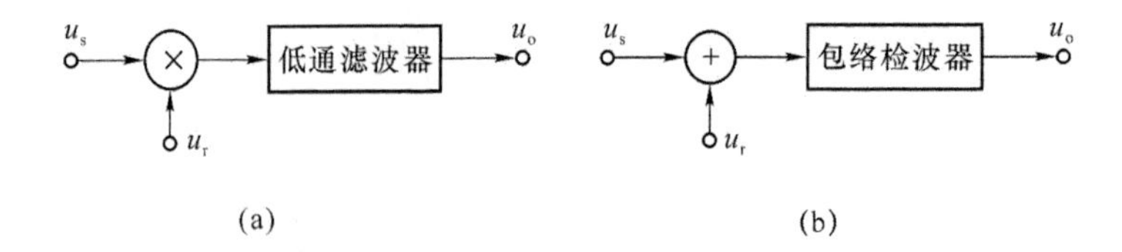

图 5.20 同步检波模型

1. 乘积型同步检波器

设输入信号为单频调制的双边带信号，即 $u_s=U_s\cos\Omega t\cos\omega_c t$，相干信号 u_r 与载波 u_c 同频同相，即 $u_r=U_r\cos\omega_c t$，这两个信号相乘可得

$$u_s u_r=U_s U_r\cos\Omega t\cos\omega_c t\cos\omega_c t=\frac{1}{2}U_s U_r\cos\Omega t(1+\cos 2\omega_c t) \tag{5.35}$$

该电压经过低通滤波器后，即可提取出调制信号 $\frac{1}{2}U_s U_r\cos\Omega t$。对于单边带信号来说，解调过程也是一样，不再重复。

2. 平衡同步检波器

设输入信号为单频调制的双边带信号，即 $u_s=U_s\cos\Omega t\cos\omega_c t$，相干信号为 $u_r=U_r\cos\omega_c t$，两者相加，则有

$$u_s+u_r=U_s\cos\Omega t\cos\omega_c t+U_r\cos\omega_c t=U_r\left(1+\frac{U_s}{U_r}\cos\Omega t\right)\cos\omega_c t \tag{5.36}$$

式(5.36)表明，当 $U_r>U_s$ 时，$m_a=\frac{U_s}{U_r}<1$，合成信号为普通调幅波。它的包络不失真地反应了调制信号的变化规律，因此，通过包络检波器便可检出所需的调制信号。

如果输入的是单边带调幅信号与相干信号叠加后的合成信号，则通过包络检波后一定会产生失真，但只要使相干信号的幅值 U_r 足够大，则失真可在允许的范围内。

5.5 混频电路

混频器常用来改变已调波的载波频率，并能保持原调制规律不变。它在通信、雷达、广播、仪器仪表等电子产品中获得了广泛的应用。

5.5.1 混频器原理

1. 混频器的变频作用

高频放大电路里，增益、带宽和选择性 3 个性能指标要求是互相矛盾的，往往不能同时

兼顾。故而接收机要从许多干扰和信号中，选出有用的信号并加以高倍数的放大就有许多困难，常会在整个接收频段内造成性能不均匀、工作不稳定等现象。因此，常采取一种电路，将载频为 f_s（高频）的已调波信号不失真地变换为载频为 f_I 的已调波信号，并保持原调制规律不变（即信号的相对频谱分布不变）。这种频率变化叫做混频，实现混频作用的电路就是混频器。例如，超外差式广播接收机中，把收到的调幅信号的载频变换为标准的 465 kHz 中频；而把接收到的调频信号的载频变换为标准的 10.7 MHz。由于中频的频率固定不变，设计、制作增益和选择性都很高的中频放大器比较容易，同时由于高频放大级、变频级和中频放大级的工作频率不同，不易产生自激，使得整机工作稳定、性能良好。

如图 5.21 所示，混频器是一个三端口网络。它有两个输入信号，即输入信号 u_s 与本振信号 u_L，工作频率分别为 f_s 和 f_L，输出信号为 u_I，称中频信号，其频率是 f_s 和 f_L 的差频或和频，称为中频 f_I。由此可见，混频在频域上起着加/减法器的作用。

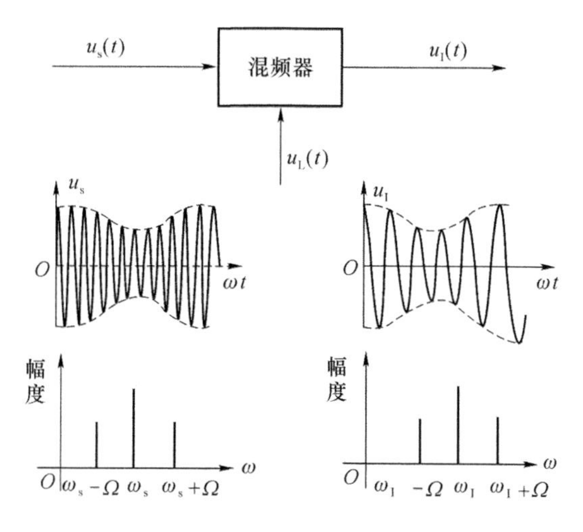

图 5.21　混频器的就频过程

由于混频器的输入信号 u_s、本振信号 u_L 都是高频信号，而输出的中频信号 u_I 除了中心频率与输入信号 u_s 不同外，其频谱结构与输入信号 u_s 完全相同。表现在波形上，中频输出信号 u_I 与输入信号 u_s 的包络形状相同，只是内部波形疏密程度不同。图 5.21 表示了这一变换过程。

2. 混频器的工作原理

设输入到混频器中的输入已调波信号 u_s 与本振信号 u_L 分别为

$$u_s(t)=U_s\cos\Omega t\cos\omega_s t$$

$$u_L(t)=U_L\cos\omega_L t$$

这两个信号的乘积为（设相乘系数 $k=1$）

$$u'_I=U_sU_L\cos\Omega t\cos\omega_s t\cos\omega_L t=\frac{1}{2}U_sU_L\cos\Omega t[\cos(\omega_L+\omega_s)t+\cos(\omega_L-\omega_s)t]$$

如果带通滤波器的中心频率取为 $\omega_I=\omega_L-\omega_s$，带宽为 2Ω，那么乘积信号 u'_I 经过带通滤波器滤除高频分量 $\omega_L+\omega_s$ 后，可得中频电压

$$u_{\mathrm{I}}=\frac{1}{2}U_{\mathrm{s}}U_{\mathrm{L}}\cos\Omega t\cos(\omega_{\mathrm{L}}-\omega_{\mathrm{s}})t=\frac{1}{2}U_{\mathrm{s}}U_{\mathrm{L}}\cos\Omega t\cos\omega_{\mathrm{I}}t$$

比较 u_{s} 与 u_{I} 的表达式可以看出，两信号的包络成线性关系，但载波频率发生了变化。由此可得实现混频功能的原理方框图如图 5.22(a)所示。当然，也可利用非线性器件的频率变换作用来实现混频，其功能原理方框图如图 5.22(b)所示。

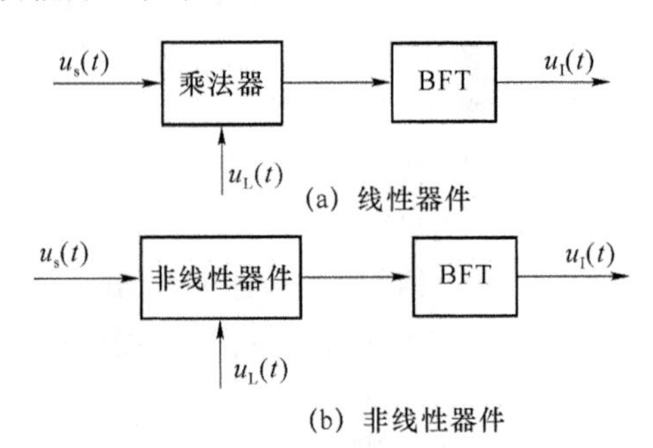

图 5.22　实现混频功能的原理方框图

5.5.2 混频器的主要性能指标

衡量混频器性能优劣的主要指标有变频增益、噪声系数、选择性、失真与干扰以及工作稳定性等。现分别介绍如下。

1. 变频(混频)增益 A_{u}

变频增益是指混频器输出中频电压幅值 U_{I} 与输入信号电压幅值 U_{s} 的比值，即

$$A_{\mathrm{u}}=\frac{U_{\mathrm{I}}}{U_{\mathrm{s}}}\tag{5.37}$$

如果功率增益以分贝标识，则

$$G_{\mathrm{P}}=10\lg\frac{P_{\mathrm{I}}}{P_{\mathrm{s}}}\ (\mathrm{dB})\tag{5.38}$$

式中，P_{I}、P_{s} 分别为输出中频信号功率和输入高频信号功率。A_{u}、G_{P} 都可以用来衡量混频器将输入高频信号转化为输出中频信号的能力，对超外差接收系统，要求的值要大，以提高其接收灵敏度。

2. 噪声系数

混频器处于接收机的前端，接收系统的灵敏度取决于其噪声系数，它的噪声电平高低对整机有较大影响，降低混频器的噪声十分重要。混频器的噪声系数定义为高频输入端信噪比与中频输出端信噪比的比值。用分贝数表示为

$$N_{\mathrm{F}}=10\lg\frac{P_{\mathrm{s}}/P_{\mathrm{in}}}{P_{\mathrm{I}}/P_{\mathrm{on}}}\ (\mathrm{dB})\tag{5.39}$$

混频器的噪声主要来源于混频器件产生的噪声及本振信号引入的噪声。除了合理的选取混频器件及其工作点外，还应注意选取混频电路的形式。

3. 选择性

混频器的输出应该只有中频信号，实际上由于各种原因会混杂很多干扰信号。为了抑制中频以外的这些干扰，必须要求输入、输出回路具有良好的选择性。

4. 失真与干扰

加在混频器输入端的除有用输入信号外，往往同时存在多个干扰信号。由于混频器件的非线性，混频电路输出电流中将包含众多组合频率分量，其中，除有用输入信号产生的中频分量外，还可能有某些组合频率分量十分接近中频，使输出中频滤波器无法将它们滤除，这些组合频率分量叠加在中频信号上，将引起失真。为抑制各种干扰和失真，要求混频器件最好工作在其特性曲线的平方项区域。

5.5.3 实用混频电路

实用混频电路有二极管混频电路、三极管混频电路及模拟乘法器混频电路，其工作性能各有优缺点，实际应用中，应根据技术要求选择合适的混频器。

1. 二极管混频电路

二极管混频电路有：只有 1 只二极管构成的单端式、2 只二极管构成的平衡式和 4 只二极管构成的环形混频电路。其中平衡式和环形电路具有电路结构简单、组合分量少、输出频谱较纯净、噪声低及工作频带宽等优点，广泛用于高质量的高频通信系统中。

(1) 二极管平衡混频电路

二极管平衡混频电路如图 5.23 所示。二极管可以工作在小信号状态，也可以工作在受大信号 u_L 控制的开关状态。平衡混频器的分析与平衡调幅器类似，只不过输入信号不同、输出回路的谐振频率不同。调幅时加在二极管上的电压是 $u_\Omega+u_c$，而混频时加在二极管上的电压是 u_s+u_I。调幅时，输出回路谐振在载波频率 ω_c 上；而混频时，输出回路谐振在中频 ω_I 上。

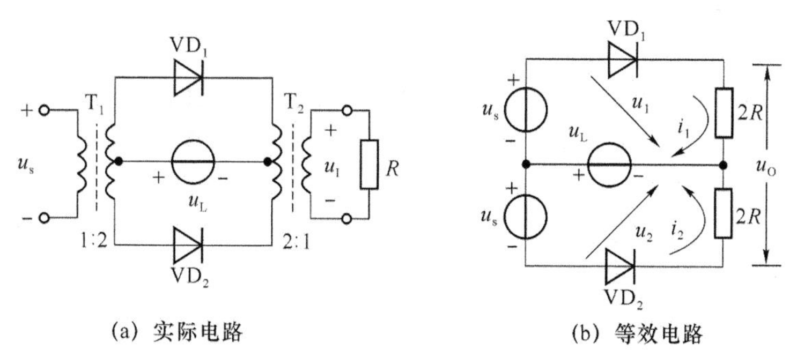

(a) 实际电路　　(b) 等效电路

图 5.23　二极管平衡混频电路

设输入信号 $u_s(t)=U_s(1+m_a\cos\Omega t)\cos\omega_s t$，本振信号 $u_L(t)=U_L\cos\omega_L t$，$U_L\gg U_s$，则负载上的电压为

$$u'_I = R(i_1 - i_2) = 2Rg_d[(u_s + u_L) - (u_L - u_s)]S(t) = 2Rg_d u_s S(t)$$

其中，$S(t)=\frac{1}{2}+\frac{2}{\pi}\cos\omega_L t-\frac{2}{3\pi}\cos 3\omega_L t+\cdots$，$g_d=\frac{1}{R+r_d}$。

经中心频率为 ω_I（$\omega_I=\omega_L-\omega_s$ 或 $\omega_I=\omega_L+\omega_s$）的带通滤波器滤波后，二极管平衡混频器输出的中频电压为

$$u_I=\frac{4R}{\pi}g_d U_s(1+m_a\cos\Omega t)\cos\omega_I t$$

(2) 二极管环形混频电路

二极管环形混频电路如图 5.24 所示。环形混频器的分析与环形调幅器类似，只不过输入信号不同、输出回路的谐振频率不同。调幅时加在二极管上的电压是 $u_\Omega+u_c$，而混频时加在二极管上的电压是 u_L+u_s。调幅时，输出回路谐振在载波频率 ω_c 上；而混频时，输出回路谐振在中频 ω_I 上。

设输入信号 $u_s(t)=U_s(1+m_a\cos\Omega t)\cos\omega_s t$，$u_L(t)=U_L\cos\omega_L t$，$U_L\gg U_s$，依照环形调幅器的分析方法，可得输出中频电压为

$$u_I=\frac{8R}{\pi}g_d U_s(1+m_a\cos\Omega t)\cos\omega_I t$$

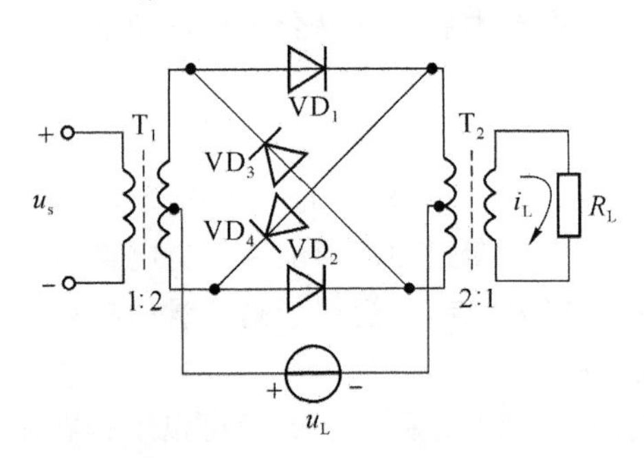

图 5.24 二极管环形混频电路

2. 三极管混频电路

图 5.25 给出了双极型三极管混频器基本电路的交流通道，其中图 5.25(a)、(b)为共发射极混频电路，在广播电视接收机中应用较多；图 5.25(a)的本振信号由基极注入；图 5.25(b)的本振信号由发射极注入；图 5.25(c)、(d)为共基极混频电路，适用于工作频率较高的调频接收机，对于注入的本振信号要求其功率较大。

设输入信号 $u_s(t)=U_s(1+m_a\cos\Omega t)\cos\omega_s t$，本振信号 $u_L(t)=U_L\cos\omega_L t$。当 $U_L\gg U_s$ 时，三极管工作在线性时变状态。以图 5.25(a)所示的电路为例，可得三极管的集电极电流为

$$i_c(t)=I_{c0}(t)+g(t)u_s \tag{5.40}$$

式中 $I_{c0}(t)$ 和 $g(t)$ 是受 $u_L(t)=U_L\cos\omega_L t$ 控制的非线性函数。利用傅里叶级数展开可得

$$I_{c0}(t)=I_{cm0}+I_{cm1}\cos\omega_L t+I_{cm2}\cos 2\omega_L t+\cdots$$

$$g(t)=g_0+g_1\cos\omega_L t+g_2\cos 2\omega_L t+\cdots$$

将上两式代入(5.40)可得

$$i_c(t)=(I_{cm0}+I_{cm1}\cos\omega_L t+I_{cm2}\cos 2\omega_L t+\cdots)+$$
$$(g_0+g_1\cos\omega_L t+g_2\cos 2\omega_L t+\cdots)U_s(1+m_a\cos\Omega t)\cos\omega_s t$$

如果集电极负载 LC 并联回路的谐振频率为 $\omega_I=\omega_L-\omega_s$，通带宽度为 2Ω，回路的谐振阻抗为 R，可选出中频输出电压为

$$u_I=\frac{1}{2}g_1 RU_s(1+m_a\cos\Omega t)\cos\omega_I t$$

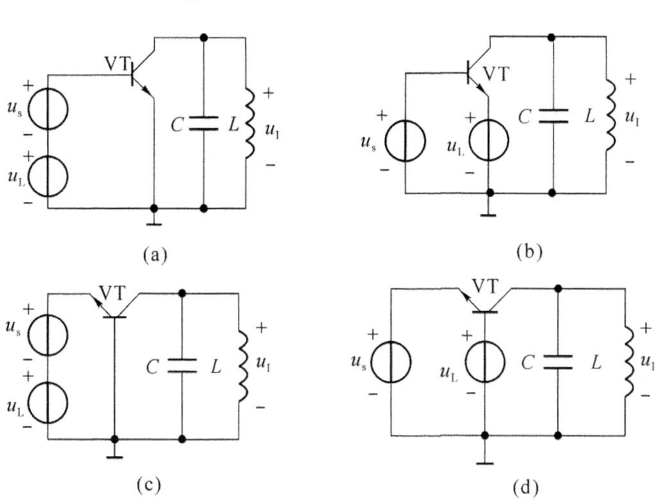

图 5.25　三极管混频电路的交流通路

3. 模拟乘法器混频电路

两信号相乘可以产生和频与差频，因此利用模拟相乘器实现混频是最直观的方法。其优点是：混频输出电流频谱较纯净，减小了对接收系统的干扰，所允许的输入信号的动态范围较大，利于减少交调、互调失真。

XFC1596 是集成化模拟乘法器芯片，由它构成的混频电路，可大大减小由组合频率分量产生的各种干扰，另外还具有体积小、重量轻、调整容易、稳定可靠等优点，其电路如图 5.26 所示。

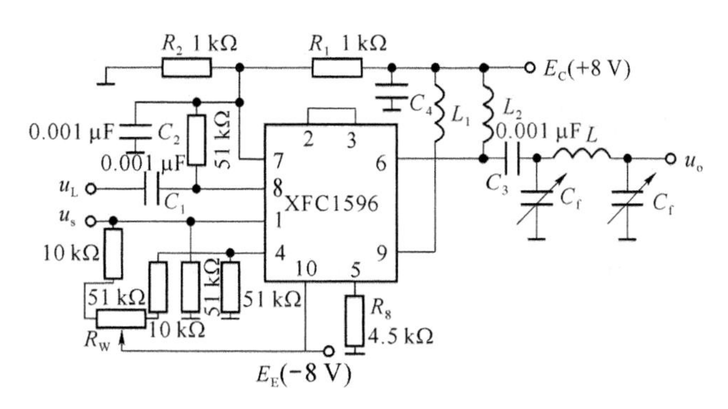

图 5.26　XFC1596 构成的混频器

输入信号 $u_s(t)$ 由 XFC1596 芯片的 1 脚输入，本振信号 $u_L(t)$ 由 8 脚输入，中频信号由 6 脚输出。此电路可以完成 $u_s(t)$ 与 $u_L(t)$ 的相乘，得到中频 ω_I（$\omega_I=\omega_L-\omega_s$ 或 $\omega_I=\omega_L+\omega_s$）。模拟乘法器混频电路的工作原理与模拟乘法器调幅电路类似，这里不再赘述。

5.5.4 混频器的干扰

1. 组合频率干扰

我们在讨论混频器时曾经指出，混频器必须采用非线性器件，而混频器件的非线性又是混频电路中产生各种干扰的根源。任何一种混频器在其输出电流中，不仅含有所需要的中频电流，而且还包括各种谐波频率和组合频率。在这些组合频率分量中，当某些频率等于或接近中频时，通过中放电路放大，与中频信号叠加合成后加至检波器的输入端，这样就有可能产生差拍现象，若差拍在音频范围内，通过低放，就会在扬声器中产生啸叫声，这种干扰称为组合频率干扰。

例如，当信号频率 $f_s=931$ kHz，中频频率 $f_I=465$ kHz，则本振信号频率为

$$f_L=f_s+f_I=931\ \text{kHz}+465\ \text{kHz}=1\ 396\ \text{kHz}$$

当 f_s 与 f_L 经混频后，在混频器输出回路中存在这样一个组合频率分量，即

$$2f_s-f_L=2\times931\ \text{kHz}-1\ 396\ \text{kHz}=466\ \text{kHz}$$

这个组合频率 466 kHz 将落在中频放大器通频带内，并与中频 465 kHz 一起送到检波器，引起差拍现象，经检波后，在扬声器中就能听到 1 kHz 的啸叫声，破坏了接收机的正常工作。

各种组合频率如果用 f_k 来表示，其组合频率通式为

$$f_k=\pm pf_L\pm qf_s \tag{5.41}$$

式中，p 为本振信号频率谐波次数；q 为输入信号频率谐波次数，其值为任意正整数。只要满足 $f_k\approx f_I$，则 f_k 就会经中放到检波，并与 f_I 差拍形成组合频率干扰。减小这种干扰的措施如下。

（1）选择合适的中频，将接收机的中频选在接收机频段外，如中波段广播收音机的接收频率为 535～1 605 kHz，而中频为 465 kHz。

（2）正确选择混频器的工作点，正确选择混频器的工作状态，减少组合频率分量，使电路接近乘法器。

（3）采用合理的电路形式，抵消一些组合频率分量。

2. 副波道干扰

非接收频率的干扰台串入接收机所造成的干扰称为副波道干扰。

当干扰台频率 f_n 与本振信号频率 f_L 满足下列关系：$pf_L-qf_n\approx f_I$，则可能产生副波道干扰，即产生副波道干扰的干扰台频率为

$$f_n=\frac{1}{q}(pf_L\pm f_I) \tag{5.42}$$

副波道干扰包括中频干扰和镜像干扰。

(1) 中频干扰

当干扰台频率 f_n 接近接收机中频 f_I 时，如果接收机混频器前各级选择性不好，使干扰信号电压串到混频器中，那么这种干扰信号和中频信号一起通过中频放大器放大，并在检波器中进行差拍检波，故而产生干扰哨叫，我们把这种干扰称为中频干扰。如在接收机中经常出现电报声就是属于中频干扰的一种。从产生副波道干扰的干扰台频率公式来看，中频干扰实际上是针对 $p=0,q=1$ 而言。

抑制中频干扰的方法主要是提高混频器前级电路的选择性，以降低串入混频器输入端的中频干扰的电压值。

(2) 镜像干扰

当于扰电台频率 $f_n \approx f_L + f_I$，如果混频器前端选择性不好，干扰电台频率 f_n 就会在混频器中同本振信号频率 f_L 进行混频，其混频频率接近中频，该频率就会在检波器中与中频进行差拍检波，接收机就会出现哨叫声。由于这个干扰电台频率 f_n 和信号频率 f_s 在频率轴上，对于本振信号频率 f_L 而言是对称的。如果把 f_L 比做镜子，则 f_n 就好比是 f_s 在镜子后面的像，所以称为镜像干扰。从产生副波道干扰的干扰台频率公式来看，所谓镜像干扰实际上是针对 $p=1,q=1$ 而言。

抑制镜像干扰的方法主要是提高混频器前级电路的选择性和提高中频频率，以降低串入混频器输入端的镜像干扰的电压值。高中频方式混频对一直镜像干扰是非常有利的。

3. 交叉调制干扰

交叉调制干扰简称交调干扰。如果接收机前端电路选择性不够好，使有用信号和干扰信号同时串入混频器的输入端，若有用信号和干扰信号均为调幅波，则二者通过混频器的非线性作用，就会产生交叉调制干扰，其现象表现为：当接收机对有用信号频率调谐时，在接收机终端不仅可收听到有用信号电台的调制信号的声音，同时还清楚地听到干扰电台的调制信号的声音；若接收机对有用信号频率失谐时，干扰电台的调制信号声音也随之减弱，并随着有用信号的消失而消失，这好比是干扰电台的调制信号声音调制在有用信号的载频上，故称其为交叉调制干扰。

交叉调制干扰是由混频器件的非线性特性的高次方项引起的，且与干扰信号电压振幅的平方成正比。交叉调制干扰的产生与干扰电台的频率没有关系，任何频率的干扰信号只要幅度较强并能串入混频器的输入端，都有可能形成交叉调制干扰。

抑制交调干扰的措施，一是提高混频器前端电路的选择性；二是选择合适的器件(如平方律器件)和合适的工作状态，使不需要的非线性项(高次方项)尽可能的小，以减少组合分量。

4. 互调干扰

互调干扰是指两个或两个以上干扰电压同时作用在混频器的输入端，经混频器的非线性作用产生近似为中频的组合频率分量，落入中放同频带内形成的干扰。

例如，若有两个干扰信号进入混频器，分别是 $u_{n1}(t)=U_{n1}\cos\omega_1 t$，$u_{n2}(t)=U_{n2}\cos\omega_2 t$，它们与本振信号进行混频后可产生一系列的组合频率分量，其频率可用下面的通式来表示

$$f_{p,m,n}=|\pm pf_L \pm mf_1 \pm nf_2| \tag{5.43}$$

式中，p、m、n 分别为本振信号频率 f_L、干扰信号频率 f_1 和 f_2 的谐波次数，其值为任意正整数。

在这些分量中，若两个干扰信号形成的组合频率 $|\pm mf_1 \pm nf_2|$ 与信号频率 f_s 相近，则 $|\pm mf_1 \pm nf_2|$ 与 f_L 之差近似于中频 f_I，那么，它就会和接收信号所产生的中频一起通过中放、检波，造成强烈干扰。

抑制互调干扰的方法与抑制交调干扰的方法相同。

5.6 集成 AM 接收机

随着集成电路技术的不断提高和发展，各种调幅接收机单片集成电路相继问世。在这类集成电路里，将接收机的几乎所有功能电路，如变频、中放、检波、功放等单元电路全部集成在一块芯片之内。本节以 TA7641BP 为例，讲解集成 AM 接收机的结构和工作原理。

图 5.27 是 TA7641BP 的内部组成框图。它是硅单片集成电路，为 16 脚双列直插塑料封装结构。内部含有变频、中放、检波、功放等单元电路。由天线回路接收到的已调高频信号从 16 脚进入片内，与变频器产生的本振信号进行混频，产生的中频信号从 1 脚输出，经外接中频谐振回路选频，再由 3 脚送入中频放大极进行放大，然后送至检波器进行检波，检波后的音频信号经 7 脚输出，经外接音量电位器分压后再送入 13 脚给功率放大器放大，最后经 10 脚输出至外接扬声器。电路内部设置了自动增益控制电路，以控制中放极的增益。

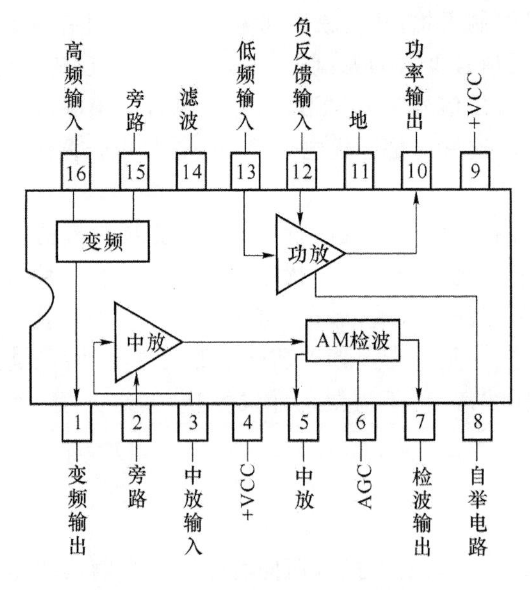

图 5.27　TA7641BP 的内部组成框图

习　　题

5.1　画出下列已调波的波形和频谱图(设 $\omega_c=5\Omega$)。

(1) $u(t)=(1+\sin \Omega t)\sin \omega_c t$;

(2) $u(t)=(1+0.5\cos \Omega t)\cos \omega_c t$;

(3) $u(t)=2\cos \Omega t\cos \omega_c t$。

5.2　对于低频信号 $u_\Omega(t)=U_\Omega\cos \Omega t$ 及高频信号 $u_c(t)=U_c\cos \omega_c t$。试问,将 $u_\Omega(t)$ 对 $u_c(t)$ 进行振幅调制所得的普通调幅波与 $u_\Omega(t)$、$u_c(t)$ 线性叠加的复合信号比较,其波形及频谱有何区别?

5.3　已知某普通调幅波的最大振幅为 10 V,最小振幅为 6 V,求其调幅系数 m_a。

5.4　某调幅波的表达式为

$$u(t)=100\sin(2\pi\times 10^4 t)+20[\sin(2\pi\times 9\times 10^3 t)+\sin(2\pi\times 11\times 10^3 t)](\mathrm{V})$$

(1) 说明调幅波 $u(t)$ 的类型,计算载波频率和调制信号频率;

(2) 计算调幅波的调幅系数;

(3) 如抑制掉 $u(t)$ 中的频率为 10 kHz 的分量,说明调幅波的类型。

5.5　已知已调信号的频谱图如题图 5.1 所示。

(1) 说明各频谱所表示的已调信号类型;

(2) 写出它们的数学表达式和频谱宽度;

(3) 计算在单位电阻上各调制信号消耗的平均功率。

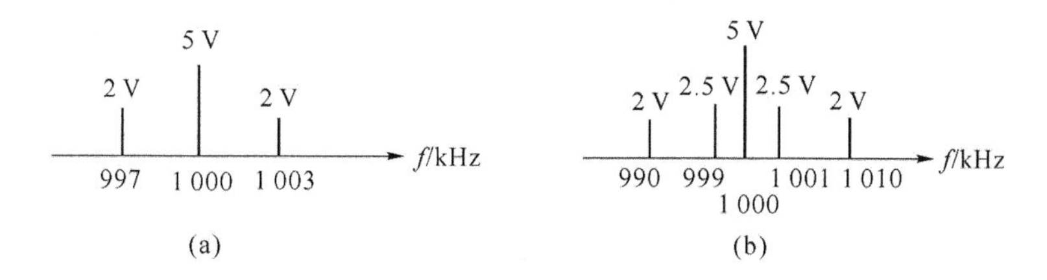

题图 5.1

5.6　简述基极调幅和集电极调幅的工作原理。

5.7　某非线性器件的伏安特性为 $i=b_1u+b_3u^3$,试问它能否实现调幅?为什么?如不能,非线性器件的伏安特性应具有什么形式才能实现调幅?

5.8　用乘法器实现同步检波时,为什么要求本机同步信号与输入载波信号同频同相?

5.9　已知二极管大信号包络检波器的 $R_L=220\ \mathrm{k\Omega}$,$C_L=100\ \mathrm{pF}$,设 $F_{max}=6\ \mathrm{kHz}$,为避免出现惰性失真,最大调幅系数应为多少?

5.10　有一中波段调幅超外差收音机,试分析下列现象属于何种干扰?又是如何形成的?

(1) 当收听 $f_c=570$ kHz 的电台时,听到频率为 1 500 kHz 的强电台播音;

(2) 当收听 $f_c=929$ kHz 的电台时,伴有频率为 1 kHz 的哨叫声;

(3) 当收听 $f_c=1\ 500$ kHz 的电台播音时,听到频率为 750 kHz 的强电台播音。

角度调制与解调

6.1 概　　述

与幅度调制一样，角度调制的目的也是将频带信号的频率进行变换，提高频带信号占用的频率。但是，角度调制在调制的同时还完成信号频谱的重构，即调制前后的信号频谱不再是调幅式的频谱位移关系，而是频率的非线性变换。

角度调制是指高频振荡的振幅 U_{cm}保持不变，而角度却随调制信号 $u_{\Omega}(t)$ 作线性变化。

如果高频振荡的瞬间角频率随 $u_{\Omega}(t)$ 作线性变化，已调波称为调频波。这种调制称为频率调制(Frequency Modulation)，常用 FM 表示；如果高频振荡的瞬间相位随 $u_{\Omega}(t)$作线性变化，则已调波称为调相波。这种调制称相位调制(Phase Modulation)，常用 PM 表示。

FM 和 PM 两种调制都表现为高频振荡波的总瞬时相角受到调制，故统称为角度调制。

频率调制电路的功能是使高频振荡电路在调制信号 $u_{\Omega}(t)$的控制下，瞬时频率随调制信号 $u_{\Omega}(t)$线性变化。相位调制电路的功能是使高频振荡电路在调制信号 $u_{\Omega}(t)$的控制下，瞬时相位随调制信号 $u_{\Omega}(t)$ 线性变化。

与振幅调制相比，角度调制具有抗干扰能力强和较高的载波功率利用系数等优点，但占有更宽的传送频带。调频主要用于调频广播、广播电视、通信及遥测遥控等；调相主要用于数字通信系统中的移相键控。

6.2 调角信号的分析

6.2.1 频率调制(FM)信号

如前所述，调频就是用调制信号控制载波的角频率，使之随调制信号变化而变化的过

程。设载波为一余弦信号

$$u_c(t)=U_{cm}\cos(\omega_c t+\varphi_0)=U_{cm}\cos\varphi(t) \tag{6.1}$$

式中，U_{cm}为载波振幅；ω_c 为载波角频率；φ_0 为载波的初始相位。

在没有进行调制时，$u_c(t)$的角频率 ω_c 和初始相位 φ_0 均为常数；在进行调频时，载波的角频率会发生变化，这个角频率称为瞬时角频率，用 $\omega(t)$表示；瞬时频率则用 $f(t)$表示。

载波的瞬时角频率若发生变化，则其瞬时相位亦随之而变化，它们的关系可表示为

$$\varphi(t)=\int_0^t\omega(\tau)\mathrm{d}\tau+\varphi_0 \tag{6.2}$$

根据调频的定义，调频信号的瞬时角频率为

$$\omega(t)=\omega_c+k_f u_\Omega(t)=\omega_c+\Delta\omega(t) \tag{6.3}$$

式中，ω_c 为未调制时的载波中心角频率；k_f 为瞬时角频率增量与调制信号成正比关系的比例常数，亦称为调频灵敏度，单位为 rad/S・V；$\Delta\omega(t)$为瞬时角频率的增量，亦称为瞬时角频偏。

瞬时角频偏的最大值称为最大角频偏，即

$$\Delta\omega_m=|\Delta\omega(t)|_{max}=|k_f u_\Omega(t)|_{max} \tag{6.4}$$

根据式(6.2)，调频信号的瞬时相位为

$$\varphi(t)=\varphi_0+\int_0^t\omega(\tau)\mathrm{d}\tau=\varphi_0+\int_0^t[\omega_c+k_f u_\Omega(\tau)]\mathrm{d}\tau=\varphi_0+\omega_c t+k_f\int_0^t u_\Omega(\tau)\mathrm{d}\tau \tag{6.5}$$

同理，调频信号的瞬时相偏和最大相偏分别为

$$\Delta\varphi(t)=k_f\int_0^t u_\Omega(\tau)\mathrm{d}\tau \tag{6.6}$$

$$\Delta\varphi_m=\left|k_f\int_0^t u_\Omega(\tau)\mathrm{d}\tau\right|_{max} \tag{6.7}$$

如果调制信号 $u_\Omega(t)$为单一频率的余弦信号，即

$$u_\Omega(t)=U_{\Omega m}\cos\Omega t \tag{6.8}$$

则调频波的瞬时角频率为

$$\omega(t)=\omega_c+k_f U_{\Omega m}\cos\Omega t \tag{6.9}$$

最大角频偏为

$$\Delta\omega_m=k_f U_{\Omega m} \tag{6.10}$$

瞬时相偏为

$$\varphi(t)=\varphi_0+\omega_c t+k_f\int_0^t U_{\Omega m}\cos\Omega\tau\mathrm{d}\tau=\varphi_0+\omega_c t+\frac{k_f U_{\Omega m}}{\Omega}\sin\Omega t \tag{6.11}$$

最大相偏为

$$\Delta\varphi_m=\frac{k_f U_{\Omega m}}{\Omega}=\frac{\Delta\omega_m}{\Omega} \tag{6.12}$$

综上所述，设载波和调制信号分别为

$$u_c(t)=U_{cm}\cos\omega_c t \tag{6.13}$$

$$u_\Omega(t)=U_{\Omega m}\cos\Omega t \tag{6.14}$$

则调频信号的数学表达式可以表示为

$$u_{FM}=U_{cm}\cos\varphi(t)=U_{cm}\cos\left[\omega_c t+k_f\int_0^t U_{\Omega m}\cos\Omega\tau\,d\tau\right]=U_{cm}\cos\left[\omega_c t+\frac{k_f U_{\Omega m}}{\Omega}\sin\Omega t\right] \tag{6.15}$$

式中，$\frac{k_f U_{\Omega m}}{\Omega}$为调频信号的最大相偏，亦称为调频系数。调频系数可用 m_f 表示，即

$$m_f=\frac{k_f U_{\Omega m}}{\Omega} \tag{6.16}$$

有

$$u_{FM}=U_{cm}\cos\left[\omega_c t+m_f\sin\Omega t\right] \tag{6.17}$$

6.2.2 相位调制(PM)信号

设载波和调制信号分别为

$$u_c(t)=U_{cm}\cos\omega_c t \tag{6.18}$$

$$u_\Omega(t)=U_{\Omega m}\cos\Omega t \tag{6.19}$$

则根据调相信号的定义，调相信号的瞬时相位为

$$\varphi(t)=\omega_c t+k_p u_\Omega(t)=\omega_c t+k_p U_{\Omega m}\cos\Omega t \tag{6.20}$$

式中，k_p 为调相灵敏度，它表示单位调制信号电压引起的相位偏移值。

瞬时相偏为

$$\Delta\varphi=k_p U_{\Omega m}\cos\Omega t \tag{6.21}$$

根据瞬时角频率和瞬时相位的关系，还可以写出调相信号的瞬时角频率的表达式为

$$\omega(t)=\frac{d\varphi(t)}{dt}=\omega_c-k_p U_{\Omega m}\Omega\sin\Omega t \tag{6.22}$$

式中，瞬时角频偏为

$$\Delta\omega(t)=k_p U_{\Omega m}\Omega\sin\Omega t \tag{6.23}$$

最大角频偏为

$$\Delta\omega_m=k_p U_{\Omega m}\Omega \tag{6.24}$$

据此，可以写出调制信号为单一频率的余弦信号的调相信号的数学表达式为

$$u_{PM}=U_{cm}\cos(\omega_c t+k_p U_{\Omega m}\cos\Omega t)=U_{cm}\cos(\omega_c t+m_P\cos\Omega t) \tag{6.25}$$

式中，$m_P=k_p U_{\Omega m}$ 称为调相信号的调制系数，亦为调相信号的最大相偏。

式(6.25)表明，调相信号的相角在载波相位 $\omega_c t$ 的基础上，又增加了一项按余弦规律变化的部分。图 6.1 给出了调制信号分别为单频正弦波和三角波时的调频波和调相波的波形，由图可见，调角波是载波振幅始终保持不变的疏密波。当调制信号为单一频率的余弦信号时，无论是调频波还是调相波，它们的瞬时频率和瞬时相位都随时间变化而发生变化，但变化的规律不同。两者比较如表 6.1 所示。

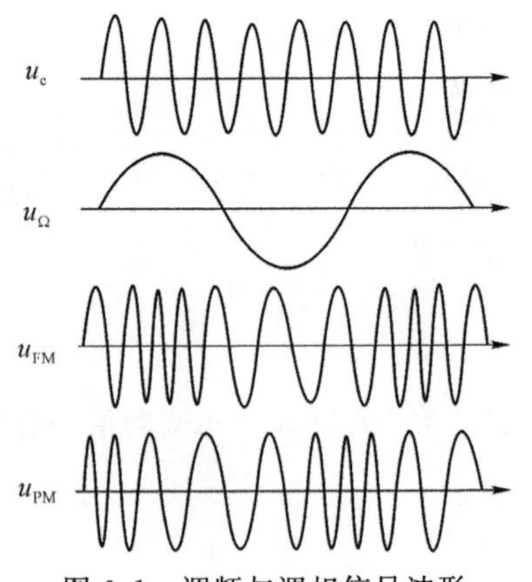

图 6.1　调频与调相信号波形

表 6.1　调频调相信号比较

	调频信号(FM)	调频信号(PM)
瞬时频率	$\omega(t)=\omega_c+k_f u_\Omega(t)$	$\omega(t)=\omega_c+k_p\dfrac{du_\Omega(t)}{dt}$
瞬时相移	$\varphi(t)=\omega_c t+k_f\int_0^t u_\Omega(\tau)d\tau$	$\varphi(t)=\omega_c t+k_p u_\Omega(t)$
最大频移	$\Delta\omega_m=k_f U_\Omega$	$\Delta\omega_m=k_p U_\Omega \Omega$
最大相移(调制指数)	$\Delta\varphi_m=m_f=\dfrac{k_f U_\Omega}{\Omega}$	$\Delta\varphi_m=m_p=k_p U_\Omega$
表达式	$u_{FM}(t)=U_c\cos\left[\omega_c t+k_f\int_0^t u_\Omega(\tau)d\tau\right]$	$u_{PM}(t)=U_c\cos[\omega_c t+k_p u_\Omega(t)]$

【例 6.1】 设有一组正弦调制信号,频率为 300～3 400 Hz,调制信号的幅度都一样。调频时,最大频偏 $\Delta f_m=75$ kHz;调相时,最大相偏 $\Delta\varphi_m=1.5$ rad。试求:调频时,调制指数 m_f 的取值范围;调相时,最大频偏 Δf_{max} 与最小频偏 Δf_{min}。

解:

(1) 调频时

$$m_{fmax}=\frac{\Delta\omega_m}{\Omega_{max}}=\frac{\Delta f_m}{f_{\Omega min}}=\frac{75\times10^3}{300}=250$$

$$m_{fmin}=\frac{\Delta f_m}{f_{\Omega max}}=\frac{75\times10^3}{3\ 400}=22$$

(2) 调相时

$$\Delta f_{max}=\Delta\varphi_m f_{\Omega max}=1.5\times3\ 400=5\ 100\ \text{Hz}$$

$$\Delta f_{min}=\Delta\varphi_m f_{\Omega min}=1.5\times300=400\ \text{Hz}$$

6.2.3 调角波的频谱与频谱宽度

1. 调角波的频谱

从式(6.17)和式(6.25)可以看出,当调制信号是正弦波时,调频波与调相波的数学表示式基本上是一样的,两者只在相位上差 $\pi/2$。这是因为频率的变化必然会引起相角的变化,相角的变化也必然会引起频率的变化,这使两种调制方式密切相关,它们频谱表示式的形式完全一样,故可以写成统一的调角波表示式

$$u(t)=U_{cm}\cos(\omega_c t+m\sin\Omega t) \tag{6.26}$$

式中用调角指数 m 代替了 m_f 或 m_p。

利用三角公式展开,将式(6.26)展开为

$$u(t)=U_{cm}[\cos(m\sin\Omega t)\cos\omega_c t-\sin(m\sin\Omega t)\sin\omega_c t] \tag{6.27}$$

利用贝塞尔函数理论中的两个公式

$$\cos(m\sin\Omega t)=J_0(m)+2J_2(m)\cos2\Omega t+2J_4(m)\cos4\Omega t+\cdots$$

$$\sin(m\sin\Omega t)=2J_1(m)\sin\Omega t+2J_3(m)\sin3\Omega t+2J_5(m)\sin5\Omega t+\cdots$$

式中,$J_n(m)$是以 m 为宗数的 n 阶第一类贝塞尔函数,将上式代入式(6.26),再借助于积化和差的三角公式,可以得到

$$u(t)=U_{cm}J_0(m)\cos\omega_c t+$$

$$U_{cm}J_1(m)[\cos(\omega_c+\Omega)t-\cos(\omega_c-\Omega)t]+$$
$$U_{cm}J_2(m)[\cos(\omega_c+2\Omega)t+\cos(\omega_c-2\Omega)t]+$$
$$U_{cm}J_3(m)[\cos(\omega_c+3\Omega)t-\cos(\omega_c-3\Omega)t]\cdots \tag{6.28}$$

由此可见，在单一频率信号调制的情况下，调角波信号的频谱，由载波频率和无穷多个边频($\omega_c\pm n\Omega$)分量组成，其中 n 为任意正整数，相邻两边频之间的频差均为 Ω。各个边频分量的振幅为 $J_n(m)U_{cm}$，具体数值可以由图 6.2 所示的贝塞尔函数曲线或贝塞尔函数表(见表 6.2)中查得。总之，调角波的频谱是由以 ω_c 为对称中心的一对对谱线组成的，谱线的数目是无穷多的。

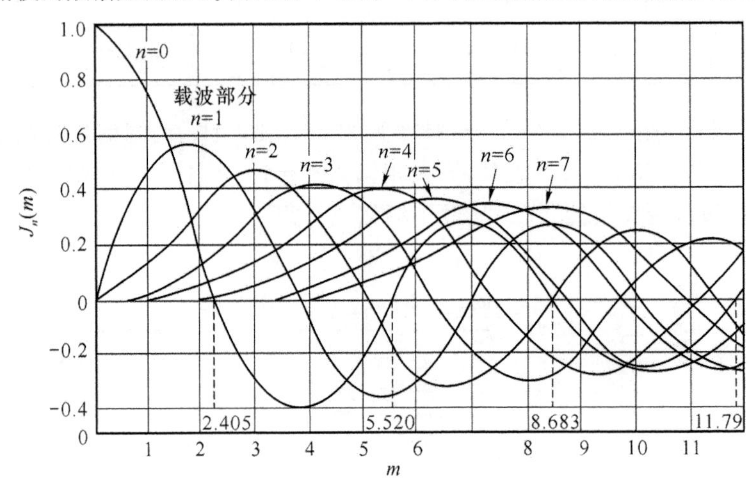

图 6.2　贝塞尔函数曲线

表 6.2　贝塞尔函数表

$J_n(m)$ \ n / m	0	1	2	3	4	5	6	7	8	9	10	11	12
0.0	1.0												
0.5	0.94	0.24	0.03										
1.0	0.77	0.44	0.11	0.02									
2.0	0.22	0.58	0.35	0.13	0.03								
3.0	−0.26	0.34	0.49	0.31	0.13	0.04							
4.0	−0.40	−0.07	0.36	0.43	0.28	0.13	0.05						
5.0	−0.18	−0.33	0.05	0.36	0.39	0.26	0.13	0.05					
6.0	0.15	−0.20	−0.24	0.11	0.36	0.36	0.25	0.13	0.06				
7.0	0.30	0.05	−0.30	−0.17	0.16	0.35	0.34	0.23	0.13	0.06			
8.0	0.17	0.23	−0.11	−0.29	−0.10	0.19	0.34	0.32	0.22	0.13	0.06		
9.0	−0.09	0.24	0.14	−0.18	−0.27	−0.06	0.20	0.33	0.30	0.21	0.12	0.06	
10.0	−0.25	0.04	0.25	0.06	−0.22	−0.23	−0.01	0.22	0.31	0.29	0.20	0.12	0.06
11.0	−0.17	−0.18	0.14	0.23	−0.02	−0.24	−0.20	0.02	0.23	0.31	0.28	0.20	0.12
12.0	0.05	−0.00	−0.18	0.20	0.18	−0.07	−0.24	−0.17	0.05	0.23	0.30	0.27	0.20
13.0	0.21	−0.07	−0.22	0.003	0.22	0.13	−0.12	−0.24	−0.14	0.07	0.23	0.29	0.26

2. 调角波的频谱宽度

调角信号的边频分量理论上有无限多对，也就是说，它的频谱是无限宽的。但实际上，调角信号的能量绝大部分集中在载频附近的若干边频分量上，而从某一阶边频起，它们的幅度就很小，可以忽略不计，因此调角信号的有效带宽还是有限的。

根据调制指数的大小，调角信号可以分为窄带调制和宽带调制。

(1) 窄带调制($m \ll 1$)

当 m 很小时(工程上只需 $m < 0.25$)，可近似认为

$$\cos(m\sin \Omega t) \approx 1; \sin(m\sin \Omega t) \approx m\sin \Omega t$$

式(6.27)可简化为

$$u(t) = U_{cm}\cos \omega_c t + U_{cm}\frac{m}{2}[\cos(\omega_c + \Omega)t - \cos(\omega_c - \Omega)t]$$

可见，当 $m \ll 1$ 时，调角信号的频谱由载频 ω_c 和一对振幅相同、相位相反的上、下边频组成。带宽 $BW \approx 2\,\Omega$。

(2) 宽带调制

通常认为，忽略掉那些振幅小于载频幅度10%的边频分量时，对信号的传输质量不会产生明显影响。从贝塞尔函数表可以看出，对于 $n > m + 1$ 以上各阶边频的幅度，均小于载频幅度的10%，因而可以忽略。在此情况下，调角信号的有效频谱宽度为

$$BW \approx 2(m+1)\Omega = 2(\Delta\omega + \Omega) \tag{6.29}$$

当调制系数 m 较大($\Delta\omega$ 较大)时，$BW \approx 2\Delta\omega$，这时调角波的有效频谱宽度基本上与调制频率 Ω 无关。

【例 6.2】 已知调频波的最大频偏 $\Delta f_m = 50$ kHz，调制频率 $f_\Omega = 5$ kHz。试求该调频波的通频带。

解：调频系数
$$m_f = \frac{\Delta f_m}{f_\Omega} = \frac{50 \times 10^3}{5 \times 10^3} = 10$$

通频带
$$BW \approx 2(m_f + 1)\ f_\Omega = 2 \times (10+1) \times 5 = 110 \text{ kHz}$$

由例6.2可见，调频波的频带是比较宽的，因此总是用超高频段来传输调频信号。当前我国的调频广播，就是在88～108 MHz频段内传送，可以高质量地传输音乐和语音。

以上讨论的只是单音调制的情况，实际上调制信号都是包含很多频率的复杂信号。多频率进行调制的结果，会增加许多新的频率组合，并不是每个调制频率单独调制时所得频谱的简单相加。要对复杂信号仔细分析是非常困难的，但是如果把复杂信号中的最高频率作为调制频率，仍然可以用式(6.29)来估算复杂信号的频谱宽度。例如，在调频广播系统中，按国家标准，$\Delta f_{max} = 75$ kHz，$f_{\Omega max} = 15$ kHz，频带宽度为

$$BW = 2(\Delta f_{max}/f_{\Omega max} + 1)\ f_{\Omega max} = 180 \text{ kHz}$$

实际上在广播系统中，对于复杂的调频信号，选取的频谱宽度为200 kHz。宽带调频广泛应用于电视台、调频广播电台等。

6.3 角度调制电路

6.3.1 实现调频、调相的方法

产生调频信号和调相信号的方法很多，大致可分为两类，即直接调制和间接调制。直接调制是将调制信号直接控制频率调制器或相位调制器。间接调制是利用角频率与相角之间的微分与积分的关系，先对调制信号进行适当的处理，再用经过处理后的调制信号对高频载波进行调相或调频，如图 6.3 所示。

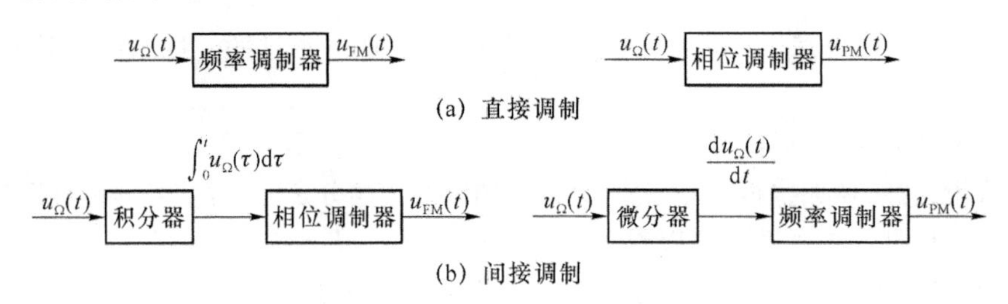

图 6.3 直接调制与间接调制

调角电路的主要性能指标有以下几个。

1. 调制线性度

调角电路输出的已调波的角度偏移 $\Delta\omega$ 或 $\Delta\varphi$ 与输入调制信号 $u_\Omega(t)$ 的关系称为调频特性或调相特性，理想的调制特性应是直线。但实际电路中总会有一定程度的非线性失真，在电路设计和调试时应尽量减小失真，以提高调制的线性度。

2. 最大偏移量

在调制信号频率一定时，最大偏频量和最大相偏量反映了调制指数 m（m_f 及 m_p）的大小，从而决定了调频通信的某些质量指标（如带宽、S/N 等）。通常要求最大偏移量在整个工作频段内保持不变，以保证通信质量。

3. 中心频率的稳定度

对调频发射机来说，保持中心频率的稳定是十分重要的。它是接收机正常接收信号的保证。中心频率不稳定，则可使调频信号的部分频谱落在接收机通频带外，造成信号失真，严重时使通信中断。

4. 调制灵敏度

单位调制电压所产生的最大偏移称为调制灵敏度，即 $S_f=\Delta\omega_m/U_{\Omega m}$，$S_p=\Delta\omega_m/(U_{\Omega m}\Omega)$。

调制灵敏度的大小与所选调频电路的形式、受调制的元件的特性等有关。

5. 寄生调幅

理想情况下调角波应是等幅波，但在实际调频或调相过程中，由于电路的频率特性、内部噪声及外部干扰等，往往使调角波存在不同程度的寄生调幅。显然，寄生调幅应该越小越好。

6. 抗干扰能力

调角制与调幅制相比，宽带调角的抗干扰能力比调幅的抗干扰能力强得多。当信号较弱时，宜采用窄带调角来提高抗干扰能力。

6.3.2 调频电路

直接调频的基本原理是用调制信号直接去线性地改变载波振荡的瞬时频率。因此，在电路中只要找出能直接影响载波振荡频率的电路参数，均可用调制信号去控制振荡器的这些电路参数，从而使载波的瞬时频率随调制信号的变化规律线性地改变，达到产生调频信号的目的。振荡器的频率主要决定于振荡回路的元件参数。例如，在 LC 正弦波振荡器中其振荡频率主要取决于振荡回路的电感量和电容量。因此，可以在振荡回路中并入可变电抗元件，作为回路的一部分，用调制信号去控制电抗元件的参数，即可产生振荡频率随调制信号变化的调频信号。如图 6.4 所示为其原理图。

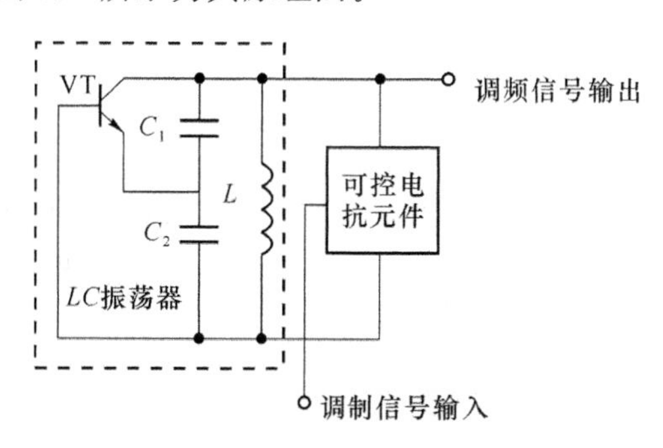

图 6.4　直接调频原理图

在实际运用中，可变电抗元件的类型有许多，如变容二极管、电抗管等。这里主要讨论变容二极管的调频。

1. 变容二极管直接调频电路

变容二极管是一种非线性电抗元件。由它构成各种非线性电路，在无线电技术中得到非常广泛的应用。

利用变容二极管调频的主要优点是变容二极管电容基本上不消耗能量，几乎不需要功率调制，产生的噪声也较小，能够获得较大的频偏，其线路简单等。变容二极管是较理想的高效率、低噪声非线性器件。其主要缺点是中心频率稳定度低。它主要用在移动通信以及自动频率微调系统中。

在第 4 章中已经学习过，变容二极管是一个电压控制可变电容元件。当外加反向偏置电压变化时，变容二极管 PN 结的结电容会随之变化。变容二极管的结电容 C_j 与变容二极管两端所加的反向偏置电压 u 之间的关系可以表示为

$$C_j=\frac{C_0}{\left(1+\frac{u_R}{U_D}\right)^{\gamma}} \tag{6.30}$$

其中，U_D 为 PN 结的势垒电位差；C_0 为未加外电压时耗尽层的电容值；u_R 为变容二极管两端所加的反向偏置电压；γ 为变容二极管结电容变化指数。

变容二极管的外形与普通二极管没有什么区别。它在电路中的符号如图 6.5 所示。为了保证反向偏置，往往在变容二极管的两端加上负偏压 E_C，此电压作为变容二极管的静态工作电压。在此基础上加入调制信号电压 $u_\Omega(t)$，设信号电压 $u_\Omega(t)$ 为单一频率调制信号电压，即

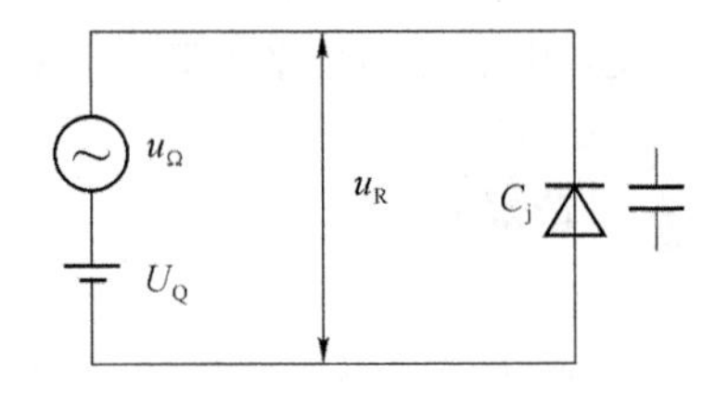

图 6.5　变容二极管的符号及偏置

$$u_R=U_Q+u_\Omega=U_Q+U_{\Omega m}\cos\Omega t$$

代入式(6.30)可得

$$C_j=\frac{C_0}{\left(1+\frac{U_Q+U_{\Omega m}\cos\Omega t}{U_D}\right)^{\gamma}}$$

令 $C_{jQ}=\frac{C_0}{\left(1+\frac{U_Q}{U_D}\right)^{\gamma}}$，$m=\frac{U_{\Omega m}}{U_D+U_Q}<1$，即可得

$$C_j=C_{jQ}(1+m\cos\Omega t)^{-\gamma} \tag{6.31}$$

式(6.31)为变容二极管在单一频率调制信号 $u_\Omega(t)$ 控制下的结电容 C_j 的数学表达式。式中，C_{jQ} 为变容二极管的静态工作点的电容量；m 表示结电容调制系数，它反映了结电容受调制的深浅程度。由上式可以看出，变容二极管电容量 C_j 受信号 $u_\Omega(t)$ 所调制，C_j 的变化规律一般不是与 $u_\Omega(t)$ 成正比例，而是决定于电容变化指数 γ。

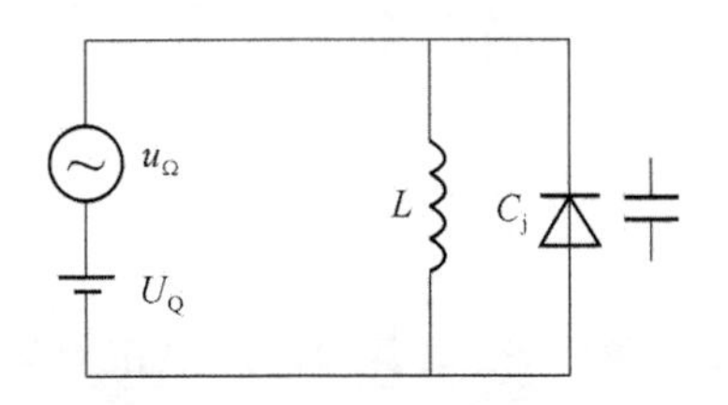

图 6.6　变容二极管振荡回路

假设振荡回路由变容二极管 VD_j 与电感 L 组成，如图 6.6 所示。

其振荡频率为

$$\omega(t)=\frac{1}{\sqrt{LC_j}}=\frac{1}{\sqrt{LC_{jQ}(1+m\cos\Omega t)^{-\gamma}}}=\omega_0(1+m\cos\Omega t)^{\frac{\gamma}{2}} \tag{6.32}$$

其中，$\omega_0=\frac{1}{\sqrt{LC_{jQ}}}$ 是未加调制信号($u_\Omega(t)=0$)时的振荡频率，它就是调频振荡器的中心频率，即载频。由式(6.32)可知，调频振荡器的振荡频率是随着调制信号的变化规律按 $\gamma/2$ 次方变化的。如果适当选择 γ 值，就可改善调制线性。下面分析受调后的变容二极管调频振荡器的振荡频率。

当 $\gamma=2$ 时，由式(6.32)即可得到很简单的振荡频率表达式

$$\omega(t)=\omega_0(1+m\cos\Omega t)=\omega_0+k_f\cos\Omega t=\omega_0+\Delta\omega(t)$$

其中，比例系数 $k_f=\dfrac{\omega_0 U_{\Omega m}}{U_D+U_Q}$，$\Delta\omega(t)$为瞬时角频偏，它正比于调制信号 $u_\Omega(t)$。这时，振荡频率 $\omega(t)$在中心频率 ω_0 的基础上，随调制信号 $u_\Omega(t)$的变化正比例地变化。或者说，如果变容二极管的电容变化指数 $\gamma=2$，角频偏 $\Delta\omega(t)$则随调制信号进行线性变化。这样一来，就可使调频波的瞬时角频偏 $\Delta\omega(\gamma)$完全按照调制信号 $u_\Omega(t)$的变化规律而变化，调制过程中不会产生调制失真。

当 $\gamma\neq 2$ 时，可用傅里叶级数对式(6.32)进行分解，则

$$\begin{aligned}\omega(t)=&\omega_0\left[1+\frac{\gamma}{2}m\cos\Omega t+\frac{1}{2!}\frac{\gamma}{2}\left(\frac{\gamma}{2}-1\right)m^2\cos^2\Omega t+\cdots\right]=\\&\omega_0+\frac{\gamma}{8}\left(\frac{\gamma}{2}-1\right)m^2\omega_0+\frac{\gamma}{2}m\omega_0\cos\Omega t+\frac{\gamma}{8}\left(\frac{\gamma}{2}-1\right)m^2\omega_0\cos 2\Omega t+\cdots=\\&\omega_0+\Delta\omega_0+\Delta\omega_m\cos\Omega t+\Delta\omega_{2m}\cos 2\Omega t+\cdots\end{aligned}\tag{6.33}$$

其中，$\Delta\omega_0$ 为中心频率偏移，$\Delta\omega_{2m}\cos 2\Omega t+\Delta\omega_{3m}\cos 3\Omega t\cdots$为高次谐波失真。

由式(6.33)可知，调频灵敏度为

$$S_f=\frac{\Delta\omega_m}{U_{\Omega m}}=\frac{\gamma}{2}\frac{m\omega_c}{U_{\Omega m}}$$

由推导可知，要想提高调频灵敏度，则应加大变容二极管的结电容调制系数 m，而要降低非线性失真和减小中心频率偏移，则应减小 m。这就说明，获得大的频偏和提高调制线性度之间存在着矛盾。实际情况下，需要兼顾频偏的大小和非线性失真的程度，就要适当选择 m 值。在某些应用场合(如在调频广播发射机中)中所要求的相对频偏是比较小的，也就是，所要求的 m 值较小。

2. 间接调频电路

直接调频电路的主要缺点是频率稳定度低，即使直接对晶振进行调频，其频率稳定度也比不受调制的晶振有所降低。利用调相间接产生调频的方法，可以用高稳定度的晶振电路作为主振器，然后再对这个稳定的载频信号在后级进行调相，可以得到频率稳定度很高的调频波。

先对调制信号 $u_\Omega(t)$进行积分 $k_1\int_0^t u_\Omega(\tau)\mathrm{d}\tau$，然后以此积分值进行调相，如图 6.7 所示。

所得调相波就是调制信号为 $u_\Omega(t)$的调频波，即

$$u_o(t)=U_{cm}\cos\left[\omega_c t+k_p k_1\int_0^t u_\Omega(\tau)\mathrm{d}\tau\right]\tag{6.34}$$

当 $u_\Omega(t)=U_{\Omega m}\cos\Omega t$ 时，式(6.34)可表示为

$$u_o(t)=U_{cm}\cos\left[\omega_c t+k_p k_1\frac{U_{\Omega m}}{\Omega}\sin\Omega t\right]=U_{cm}\cos\left[\omega_c t+m_f\sin\Omega t\right]\tag{6.35}$$

式(6.35)中的 $m_f=k_p k_1\dfrac{U_{\Omega m}}{\Omega}=\dfrac{\Delta\omega_m}{\Omega}$。这种通过调相实现调频的方法称为间接调频。调相有多种实现方法，这里主要介绍常用的变容二极管调相电路，原理图如图 6.8 所示，其中 C_1 和 C_2 起隔绝直流作用。

根据式(6.33),可求得 LC 回路谐振角频率 $\omega(t)$ 为

$$\omega(t)=\frac{1}{\sqrt{LC_{\mathrm{j}}}}=\omega_0(1+m\cos\Omega t)^{\frac{\gamma}{2}}\approx\omega_0\left(1+\frac{\gamma}{2}m\cos\Omega t\right)=\omega_0+\Delta\omega(t) \tag{6.36}$$

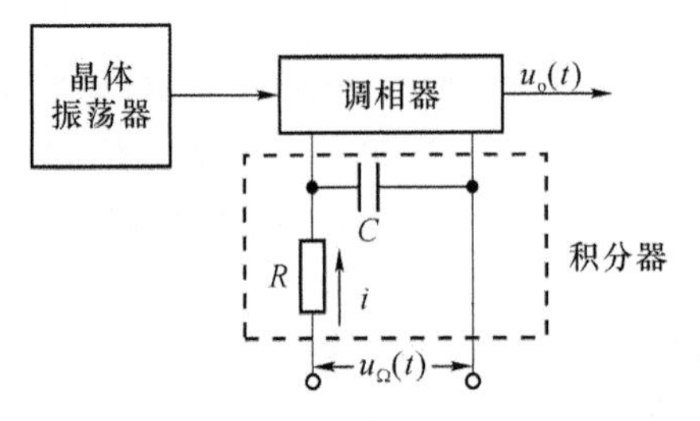

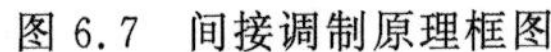

图 6.7　间接调制原理框图

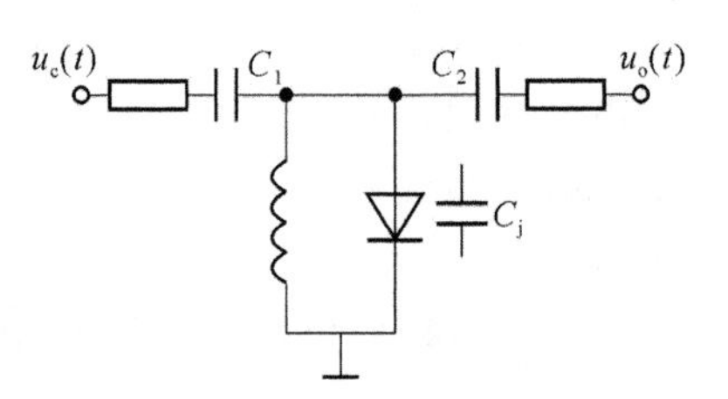

图 6.8　变容二极管调相电路原理图

假设载波信号 $u_c(t)$ 的角频率 $\omega_c=\omega_0$,当其通过 LC 回路时,根据式(6.36)输出信号的相位变化为

$$\Delta\varphi(t)=-\arctan\xi=-\arctan 2Q\frac{\Delta\omega(t)}{\omega_0}$$

当满足 $\xi<0.58(\Delta\varphi(t)<\pi/6)$ 时

$$\Delta\varphi(t)\approx-2Q\frac{\Delta\omega(t)}{\omega_0}=-Q\gamma m\cos\Omega t$$

可见,输出信号 $u_o(t)$ 的相位 $\Delta\varphi(t)$ 变化规律与调制信号变化规律一致。

如图 6.9 所示为一实际的由变容二极管调相器构成的间接调频电路,其中的调相器实际上是一级单调谐放大器。晶体管 VT 集电极的并联谐振回路由电感 L、电容 C、C_C 及变容二极管 C_j 组成。当没有调制信号输入时,由 L、C、C_C 及变容二极管静态电容 C_0 决定的谐振频率等于高频载波信号的频率 ω_c,回路并联谐振阻抗呈纯电阻,这使得回路的端电压与端电流同相。当有调制信号输入时,变容二极管电容 C_j 随调制电压而变化,使回路对载波频率 ω_c 呈失谐状态;当 C_j 减小时,并联阻抗呈感性,而且 C_j 越小,回路端电压越超前于端电流;反之,当 C_j 加大时,并联阻抗呈容性,而且 C_j 越大,容抗越小,回路端电压越滞后于端电流。因此,用调制信号控制变容管 C_j 的大小,就能使回路端电压产生相应的相位变化,从而实现了调相。

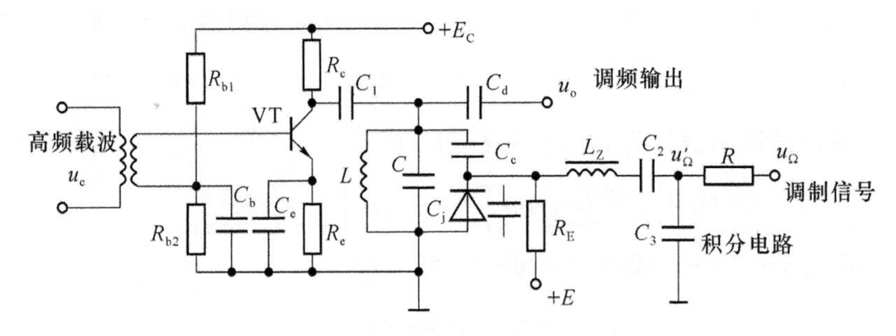

图 6.9　变容二极管间接调频电路

应该注意的是,积分-调相式间接调频电路中,在回路端电压的相位随调制信号改变的同时,回路等效阻抗的模值也随之变化,从而导致了调相波振幅的变化,产生了不必要的寄生调幅,而且相位偏移越大,这种寄生调幅也越大。同时,调相的非线性失真也会随相位的

偏移而明显增大。为了防止明显的寄生调幅和过大的非线性失真，必须对相移的大小加以限制。因此，这种间接调频电路一般不能够直接取得频偏过大的信号。若需频偏较大的信号，可以在该电路之后加接倍频器。

6.4　调频波的解调原理及电路

6.4.1　调频波的解调方法

调幅信号所携带的信息包含在振幅变化之中，要求解调电路的输出信号与输入调幅波振幅（即包络）变化的轨迹成线性关系。调角波信号所携带的信息包含在瞬时频率或瞬时相位的变化之中，因此，调角波信号的解调要求解调电路的输出信号应该与调角波信号的瞬时频率或瞬时相位成线性关系。实现调频波解调功能的电路称为鉴频器，或称为频率检波器。实现鉴频的方法，目前主要有 4 种。

（1）先将等幅的调频波变换成振幅随瞬时频率变化的调频-调幅波，再进行振幅检波，以恢复调制信号。这种方法简称为振幅鉴频或斜率鉴频。

（2）利用移相器将调频波的频率变化不失真地变换为相位变化，即变换成调频-调相波，然后，有两种进一步的处理方式：其一是将调相波与原调频波相加（矢量求和），利用其间的相位差随频率的变化，得到一个调频-调幅波，再利用振幅检波器，检出原调制信号；其二是将变换后的调频-调相波通过鉴相器把相位变化变换为电压变化，得到原调制信号。这种方法简称为相位鉴频。

（3）先将调频波进行波形变换，然后在单位时间内对脉冲序列进行计数，同样可检出所需的调制信号。这种方法简称为脉冲计数式鉴频。

（4）利用门电路或锁相环路进行鉴频。

本节主要介绍振幅鉴频器、相位鉴频器和脉冲计数式鉴频器的基本工作原理。

鉴频器的主要特性是鉴频特性，也就是它输出的低频信号电压和输入的已调波频率之间的关系。如图 6.10 所示的就是一个典型的鉴频特性曲线。鉴频特性的中心频率 f_0 对应于调频信号的载频 f_c。当输入信号频率为载频时，输出电压为 0；当信号频率向左、右偏离中心 Δf 时，分别得到负或正的输出电压。

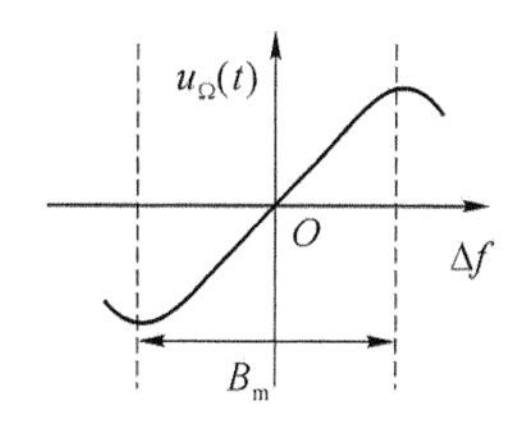

图 6.10　鉴频特性曲线

衡量鉴频器特性的主要指标如下。

（1）鉴频灵敏度。鉴频灵敏度是指在中心频率 f_0 附近，单位频偏所产生的输出电压的大小，也就是鉴频特性在 f_0 附近的斜率，用 S_D 表示，计算公式为

$$S_D = \left.\frac{du_\Omega}{df}\right|_{f=f_0} \approx \left.\frac{\Delta u_\Omega}{\Delta f}\right|_{f=f_0}$$

其值越大，鉴频灵敏度越高。

(2) 线性范围。线性范围指的是鉴频特性曲线中部线性部分的频率范围，如图 6.10 中的 B_m。此范围要求大于调频信号的最大频偏的两倍。

(3) 非线性失真。在线性范围内，鉴频特性也只是近似线性，因此，输出信号总存在非线性失真。通常希望非线性失真越小越好。

6.4.2 振幅鉴频器

1. 单调谐回路斜率鉴频器

鉴频器的关键部分就是频-幅变换器。把调频波转换成调幅-调频波的最简单电路就是利用失谐的 LC 并联回路。如图 6.11 所示的是一种最简单的斜率鉴频原理电路，它由包络检波器和频-幅变换器构成，前者与调幅被的二极管包络检波器完全相同，而后者实际上是一个简单的 LC 谐振电路，且工作在失谐状态下。

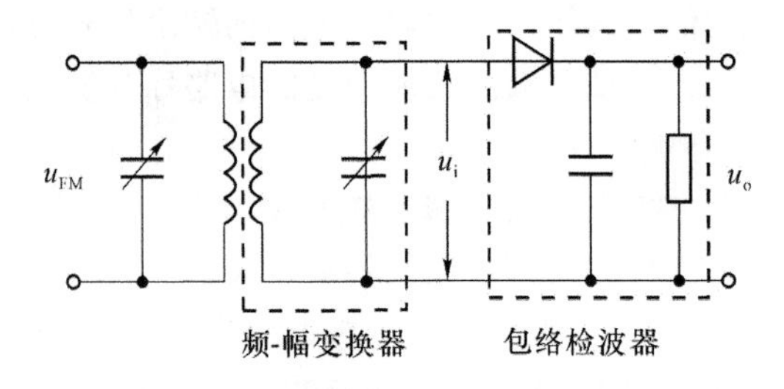

图 6.11　单失谐回路鉴频器原理电路

假设 LC 回路谐振曲线如图 6.12(a)所示，其中 AB 段曲线接近于直线。输入信号 u_{FM} 的中心频率 f_c 小于 LC 谐振电路的谐振频率 f_0，且位于 AB 段的中点，频率变换范围不超过 AB 段边界频率。那么，当调频波电流流过回路时，由于回路对于不同瞬时频率的失谐所呈现的阻抗不同，回路电压振幅将随调频波的瞬时频率 f 的变化而变化。当 $f>f_c$ 时，回路失谐小，回路输出电压振幅大；当 $f<f_c$ 时，回路失谐大，回路输出电压振幅就小，而由于 AB 段近似为直线，谐振回路的输出调频电压的振幅将基本不失真地按瞬时频率的变化规律而变化，如图 6.12(b)所示。此时 LC 回路输出调幅-调频波 u_i 波形如图 6.12(c)所示。经过包络检波器进行检波，输出信号 u_o 的变化规律和 u_i 振幅变化一致，也就是与 u_{FM} 的频率变化规律一致，如图 6.12(d)所示，实现了频率解调。

因此，一个单谐振回路就是一个能够把调频波变换成调幅-调频波的变换器。变换后得到调幅-调频波通过包络检波器，就可以解调出反映在包络变化上的调制信号。用这种方法鉴频称为斜率鉴频，这种电路称为斜率鉴频器，又称为失谐回路振幅鉴频器。

由于上述这种简单的单调谐回路鉴频器的幅频特性曲线斜坡部分不完全是直线，或者说线性范围较窄，当频偏较大时，非线性失真就很严重，因此只能用在频偏小的调频电路。实际应用中不采用这种单调谐回路的鉴频器。

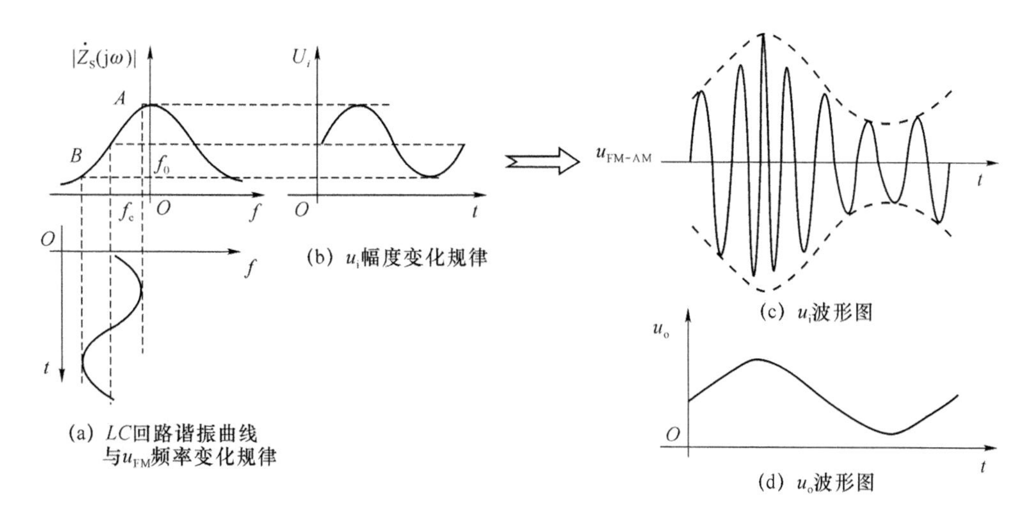

图 6.12　单失谐回路鉴频器信号波形分析

2. 双失谐回路斜率鉴频器

为了获得较好的线性鉴频特性以减小失真，并适用于解调较大频偏的调频信号，采用由两个失谐回路构成的斜率鉴频器，其原理电路如图 6.13 所示，称为双失谐回路斜率鉴频器或双失谐回路鉴频器。

通过分析单失谐回路鉴频器知道，如果增大鉴频器的工作频带，则伴随而来的是失真增大，使输出信号成为正半周大而负半周小的波形。双失谐回路鉴频器可以补偿单失谐回路鉴频器所产生的失真。

双失谐回路鉴频器也由频-幅变换器和振幅检波器两部分组成。由图 6.13 可知，它共有 3 个谐振回路，初级回路Ⅰ调谐于调频传号的中心频率 f_c，次级的两个回路Ⅱ和Ⅲ分别调谐于 f_{02} 和 f_{03}，且 $f_{02}>f_c$，$f_{03}<f_c$。且 f_{02} 和 f_{03} 对 f_c 是对称的，即

$$f_{02}-f_c=f_c-f_{03}$$

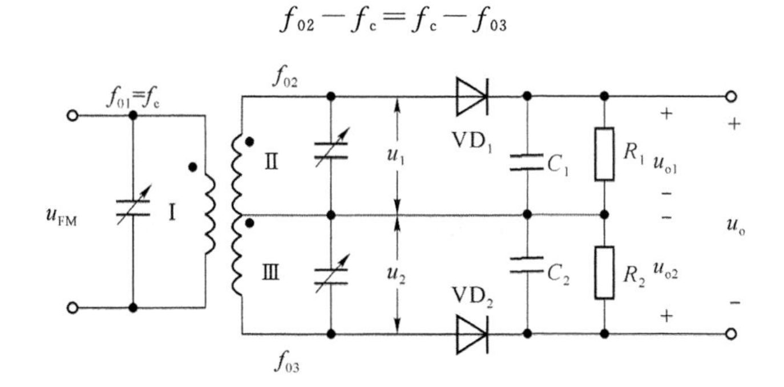

图 6.13　双失谐回路鉴频器原理电路

这就是为什么它称为双失谐回路鉴频器的原因。调频信号在Ⅱ和Ⅲ回路两端产生的电压为 u_1 和 u_2。假设两个二极管检波器的参数一致（$C_1=C_2$，$R_1=R_2$，VD_1 和 VD_2 的参数一样）。u_1 和 u_2 分别经二极管检波器得到输出电压 u_{o1} 和 u_{o2}，由于次级两回路线圈与 VD_1、VD_2 接法相反（如图 6.13 中所标示的同名端），所以 u_{o1} 和 u_{o2} 的极性相反，合成的总输出电

压 $u_o=u_{o1}-u_{o2}$。如果粗略认为两个检波器的传输系数为 $k_{d1}=k_{d2}=k_{d3}$，则检波输出电压就等于检波输入高频电压的振幅，则可得到总输出电压 $u_o=u_{o1}-u_{o2}=U_1-U_2$。也就是说，$u_o$ 随频率变化的规律与(U_1-U_2) 随频率变化的规律一样。

由以上的结果可得出如图 6.14 所示的曲线。图中，次级Ⅱ和Ⅲ两回路的谐振曲线如图 6.14(a)所示。它代表检波输入高频电压振幅 U_1 和 U_2 随频率 f 变化而变化的规律，只要将 U_1 和 U_2 两曲线相减，就可得到图 6.14(b)实线所示的鉴频特性曲线。可见，双失谐回路鉴频器的鉴频特性曲线的直线性和线性范围 B_m 这两个方面都比单失谐回路鉴频器有显著的改善。这是因为，当一边鉴频输出波形有失真，例如正半周大，负半周小时，对称的另一边鉴频输出波形也必定有失真，但却是正半周小，负半周大，因而相互抵消。

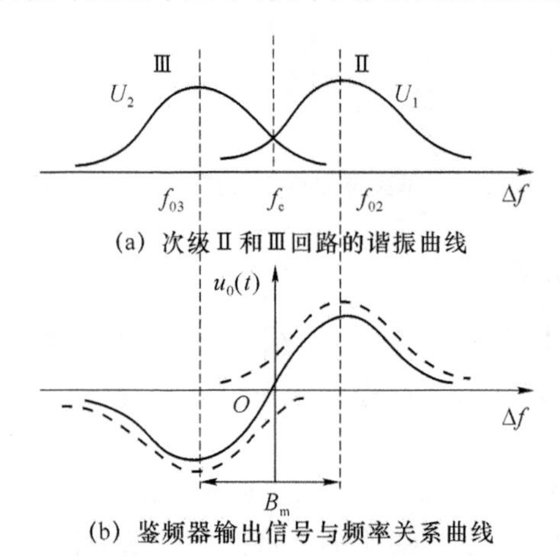

(a) 次级Ⅱ和Ⅲ回路的谐振曲线

(b) 鉴频器输出信号与频率关系曲线

图 6.14 双失谐回路鉴频器的鉴频曲线

6.4.3 相位鉴频器

相位鉴频器有乘积型和叠加型两种。

1. 乘积型相位鉴频器

乘积型相位鉴频器的原理框图如图 6.15 所示，将 PM 波提取载波 $u_c(t)$并进行相移 $\pi/2$，得到 $u_r(t)$，与原调相波相乘实现鉴相后，经低通滤波器滤波，即可获得所需的原调制信号。

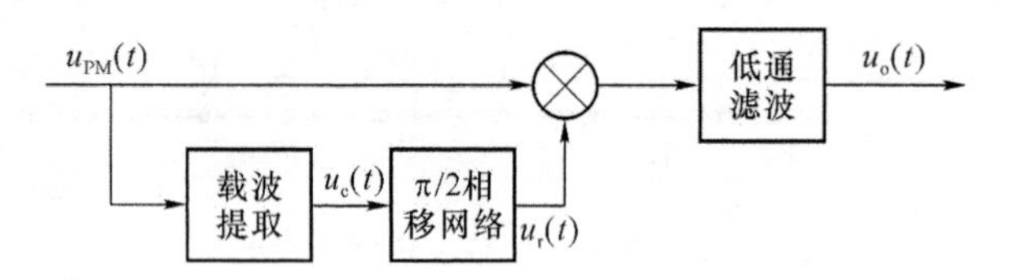

图 6.15 乘积型相位鉴频器的原理框图

如果 $u_{PM}(t)=U_{PM}\cos[\omega_c t+\varphi(t)]$，则调相波 $u_{PM}(t)$提取载波后变成 $u_c(t)=U_{cm}\cos(\omega_c t)$，移相后得 $u_r(t)=U_{rm}\cos(\omega_c t+\pi/2)$。$u_{PM}(t)$与 $u_r(t)$两个信号一起进入相乘器相乘，相乘后的输出电压 $u_o(t)=u_{PM}(t)u_r(t)$，则当 $\varphi(t)<\pi/6$ 时，可得

$$u_o(t)=\frac{1}{2}U_{PM}U_{rm}\cos\left[2\omega_c t+\varphi(t)+\frac{\pi}{2}\right]+\frac{1}{2}U_{PM}U_{rm}\cos\left[\frac{\pi}{2}-\varphi(t)\right] \tag{6.37}$$

经过低通滤波器滤波后，第一部分的中心频率为 $2\omega_c$，被滤波器滤除，式(6.37)变为

$$u_o(t)=\frac{1}{2}U_{PM}U_{rm}\sin\varphi(t) \tag{6.38}$$

如果满足 $|\varphi(t)|\leqslant\frac{\pi}{12}$，则有 $\sin\varphi(t)\approx\varphi(t)$，代入式(6.38)可得

$$u_o(t)\approx\frac{1}{2}U_{PM}U_{rm}\varphi(t)=ku_\Omega(t)$$

可见，输出信号是与原调制信号成正比的。现代调频通信机(包括移动通信机)的接收通道集成电路的调频解调部分几乎都采用乘积型相位鉴频器。

2. 叠加型相位鉴频器

图 6.16 为互感耦合的叠加型相位鉴频器实用电路，它可以分为放大器、变换网络和平衡叠加型鉴相器 3 部分。其中，放大器将输入调频信号 u_i 放大为 u_r，变换网络将调频信号 u_r 变为调频-调相信号 u_s；平衡叠加型鉴相器把 u_r 和 u_s 叠加并进行包络滤波，实现鉴频。

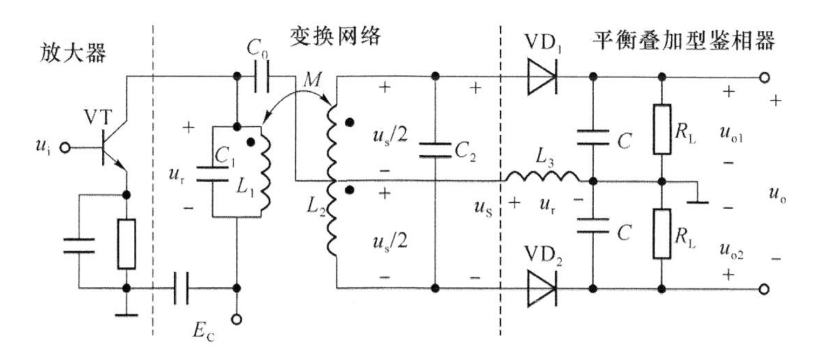

图 6.16　互感耦合叠加型相位鉴频器

令放大器和变换网络中的谐振回路都调谐在调频波的中心角频率 ω_c 上，假设

$$u_r(t)=U_r\cos\left[\omega_c t+\int_0^t u_\Omega(\tau)\mathrm{d}\tau+\varphi_0\right]$$

则根据互感耦合电路等效原理，有

$$u_s(t)=U_s\cos\left[\omega_c t+\int_0^t u_\Omega(\tau)\mathrm{d}\tau+\varphi_0+\pi/2-\varphi(t)\right]$$

两者相位相差 $\pi/2-\varphi(t)$，$\varphi(t)$ 的变化规律与调制信号 $u_\Omega(t)$ 变化规律一致。

在平衡叠加型鉴相器中，调频信号 u_r 通过耦合电容 C_0 加到高频扼流圈 L_3 上，与已调频-调相信号 u_s 线性叠加，其叠加结果为调幅-调频信号，即完成了调频-调相信号到调幅-调频信号的波形变换。两个二极管组成了包络检波器对调幅-调频波进行幅度解调，恢复出所需要的低频调制信号，从而完成了对原调频波的鉴频。其组成原理框图如图 6.17 所示。

根据以上分析，可以得出

$$\left.\begin{aligned} u_{D1} &= u_r(t) + u_s(t) \\ u_{D2} &= u_r(t) - u_s(t) \end{aligned}\right\} \tag{6.39}$$

$$u_o(t) = u_{o1}(t) - u_{o2}(t) = K[U_{D1}(t) - U_{D2}(t)] \tag{6.40}$$

其中，$U_{D1}(t)$和 $U_{D2}(t)$分别为 u_{D1} 和 u_{D2} 的包络函数。

用矢量分析法分析输出信号 $u_o(t)$。根据分析已知 u_r 和 u_s 相位相差 $\pi/2-\varphi(t)$，可得矢量关系图如图 6.18 所示。可以看出，u_{D1} 和 u_{D2} 的长度即为 U_{D1} 和 U_{D2}，且可得

$$\left.\begin{aligned} U_{D1} &= \sqrt{U_s^2 + U_r^2 + 2U_sU_r\sin\varphi(t)} \\ U_{D2} &= \sqrt{U_s^2 + U_r^2 - 2U_sU_r\sin\varphi(t)} \end{aligned}\right\}$$

(1) 当 $U_r \ll U_s$ 时

$$U_{D1} = U_s\sqrt{1 + \frac{U_r^2}{U_s^2} + 2\frac{U_r}{U_s}\sin\varphi(t)} \approx U_s\sqrt{1 + 2\frac{U_r}{U_s}\sin\varphi(t)} \approx U_s\left[1 + \frac{U_r}{U_s}\sin\varphi(t)\right]$$

同理可得
$$U_{D2} \approx U_s\left[1 - \frac{U_r}{U_s}\sin\varphi(t)\right]$$

则可得
$$u_o(t) = 2KU_r\sin\varphi(t)$$

可见，此时鉴相器具备正弦鉴相特性，其线性鉴相范围为$|\varphi(t)| \leqslant \pi/12$。

(2) 当 $U_r \gg U_s$ 时

$$U_{D1} = U_r\sqrt{1 + \frac{U_s^2}{U_r^2} + 2\frac{U_s}{U_r}\sin\varphi(t)} \approx U_r\sqrt{1 + 2\frac{U_s}{U_r}\sin\varphi(t)} \approx U_r\left[1 + \frac{U_s}{U_r}\sin\varphi(t)\right]$$

同理可得
$$U_{D2} \approx U_r\left[1 - \frac{U_s}{U_r}\sin\varphi(t)\right]$$

则可得
$$u_o(t) = 2KU_s\sin\varphi(t)$$

(3) 当 $U_r = U_s$ 时

$$U_{D1} = \sqrt{2}U_r\sqrt{1 + \sin\varphi(t)}$$

$$U_{D2} = \sqrt{2}U_r\sqrt{1 - \sin\varphi(t)}$$

则可得
$$u_o(t) = 2\sqrt{2}KU_r\sin\frac{\varphi(t)}{2}$$

其线性鉴相范围为$\left|\frac{\varphi(t)}{2}\right| \leqslant \pi/12$，即$|\varphi(t)| \leqslant \pi/6$。

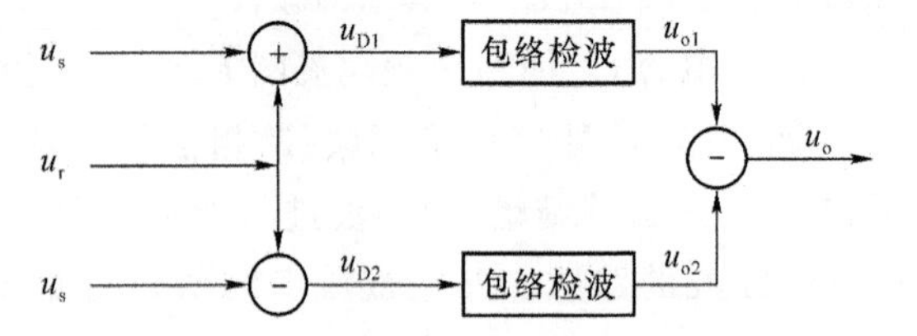

图 6.17　平衡叠加型鉴相器的原理框图

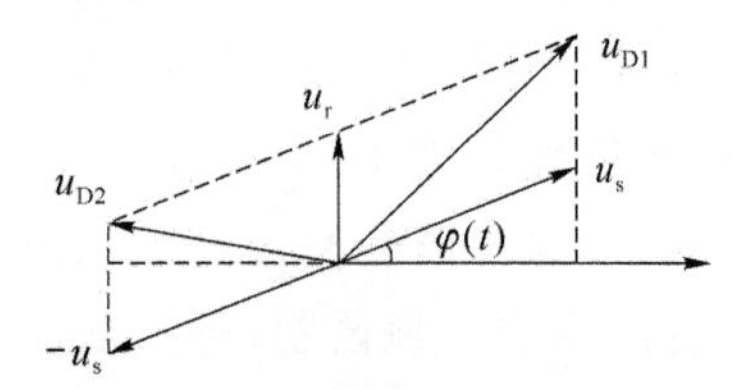

图 6.18　矢量关系图

6.4.4 脉冲计数式鉴频器

脉冲计数式鉴频器是将输入信号先进行宽带放大和限幅，然后进行微分，得到一串等幅等宽的脉冲，并在规定的时间内计算脉冲的个数，从而实现解调的一种电路。

图6.19(a)是实现脉冲计数式鉴频电路多种方案中的一种。由图6.19(b)可以看出，调频波 $u_{FM}(t)$ 先是被宽带放大和限幅，变成调幅方波信号 u_1 的，然后通过微分电路和半波整流电路变成单向脉冲 u_3；再用脉冲形成电路（如单稳态触发器）将微分脉冲序列变换为持续时间为 τ 的矩形脉冲序列 u_4，这个矩形脉冲序列的疏密直接反映了调频信号的频率变化；最后通过低通滤波器，就可以取出在规定时间间隔内反映频率变化的平均电压分量，就得到了原调制信号。

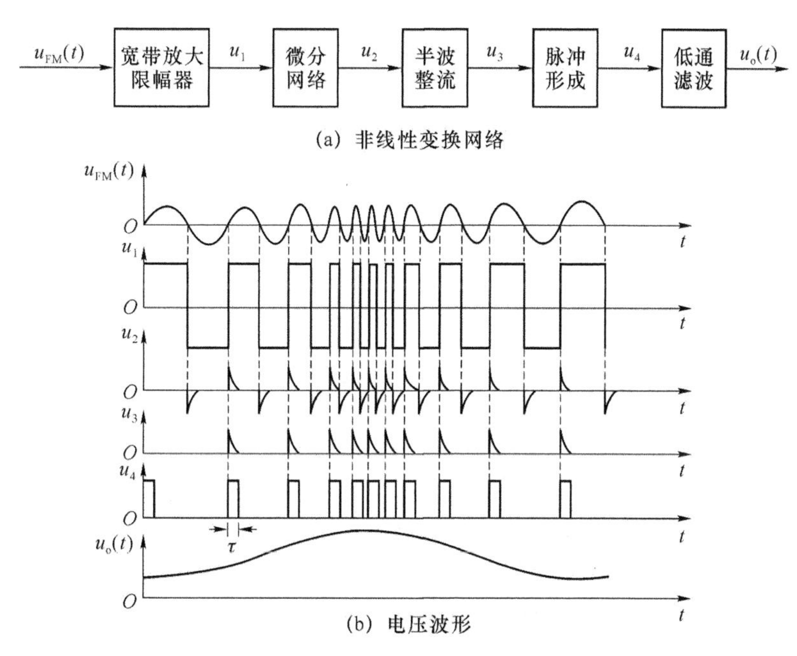

图6.19　脉冲计数式鉴频器的构成方案和各部分波形图

在鉴频灵敏度要求不高的场合，有时可以省去脉冲形成电路，而直接将整流输出的单极性尖脉冲送到低通滤波器，以获得解调信号。脉冲计数式鉴频器的一个实际电路如图6.20所示。其中，运算放大器 A_1 组成过零比较器，把输入调频信号变成矩形波；运算放大器 A_2 组成的微分电路，对矩形脉冲进行微分而得到一系列正、负尖脉冲；运算放大器 A_3 组成的精密半波整流器去掉微分器输出的正（或负）脉冲，最后将单向脉冲输入到低通滤波器，其输出波形等于正脉冲的平均值。在图6.20中，低通滤波器是在由 A_3 构成的精密整流器中，接入电容 C_4 而构成的。

脉冲计数式鉴频器的优点是线性好，适于解调相对频偏 $\Delta f/f_c$ 大的调频波。由于脉冲形成电路的输出脉冲幅度大，因而克服了检波特性非线性影响，减小了失真，扩大了线性鉴频范围。由于它不需要调谐回路，使之能够工作在相当宽的中心频率范围内，也不存在由于电路元件老化而产生的调谐漂移问题。同时，去掉了调谐回路，易于实现电路的集成化。

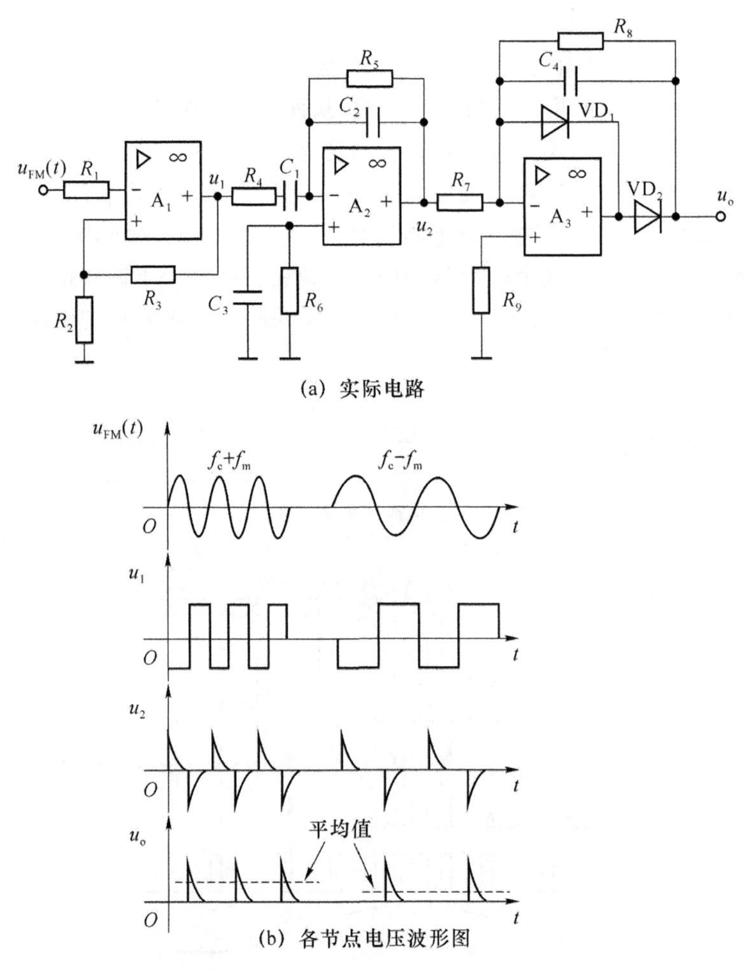

(a) 实际电路

(b) 各节点电压波形图

图 6.20　脉冲计数式鉴频器的实际电路及其各点电压波形

脉冲计数式鉴频电路的缺点，是它的工作频率受到脉冲形成电路可能达到的最小持续时间 τ_{min} 的限制，其实际工作频率通常小于 10 MHz。如果在宽带放大限幅电路后面加入高速脉冲分频器，将调频信号的频率降低，则鉴频器的工作频率可以提高到 100 MHz 左右。

6.5　调频制的特殊电路

6.5.1　限幅电路

已调波信号在发送、传输和接收过程中，不可避免地要受到各种干扰。这些干扰会使已调波信号的振幅发生变化，产生寄生调幅。调幅信号上叠加的寄生调幅很难消除。若采用斜率鉴频，需要把调频信号转换成调频-调幅信号，显然，寄生调幅会叠加在调频-调幅信号的振幅上，因此在检波时会产生失真。若采用相位鉴频，仅在调频信号振幅恒定的情况下，鉴频后的信号才与原调制信号成线性关系，所以寄生调幅对调频信号振幅的影响也会产生失真。

由于调频信号原本是等幅信号，可以先用限幅电路把叠加的寄生调幅消除，使其重新成为等幅信号，然后再进行鉴频。限幅特性曲线如图6.21所示，当输入$|u_i|<U_P$时，输出u_o随着u_i增加而相应增加；当$|u_i|>U_P$时，输出u_o维持一个稳定值不变。通常U_P称为限幅器的门限电压。显然，只有当输入电压超过门限电压时，电路才会产生限幅作用。

用于调频信号的限幅电路通常由三极管放大器或差分放大器后接带通滤波器组成。三极管放大器或差分放大器增益必须很大(通常采用多级放大)，将疏密程度不同的正弦调频信号转换成宽度不同的方波调频信号。带通滤波器调谐于载频，带宽与调频信号带宽相同，于是可从宽度不同的方波信号中重新恢复等幅的调频信号，消除了寄生调幅的影响。

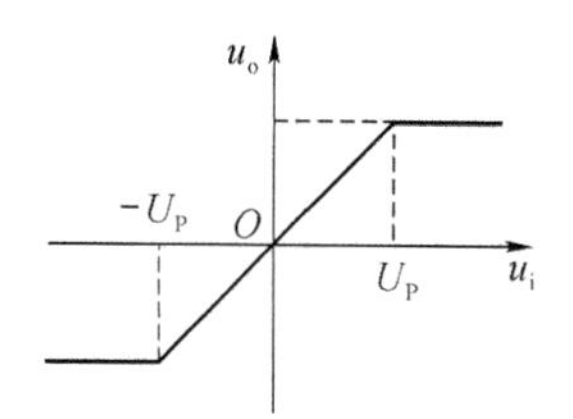

图6.21　限幅特性曲线

限幅电路是鉴频电路必不可少的辅助电路。

6.5.2 预加重与去加重电路

语音和图像信号低频段能量大，高频段信号能量明显小。而鉴频器输出噪声的功率谱密度随频率的平方而增加(低频噪声小，高频噪声大)，造成信号的低频信噪比很大，而高频信噪比明显不足，使高频传输困难。为了抵消这种不希望有的现象，在调频系统中人们普遍采用了一种叫做预加重和去加重措施，在发射机中采取“预加重”技术，在接收机中采取相应的“去加重”技术。图6.22是预加重和去加重技术的方框图。

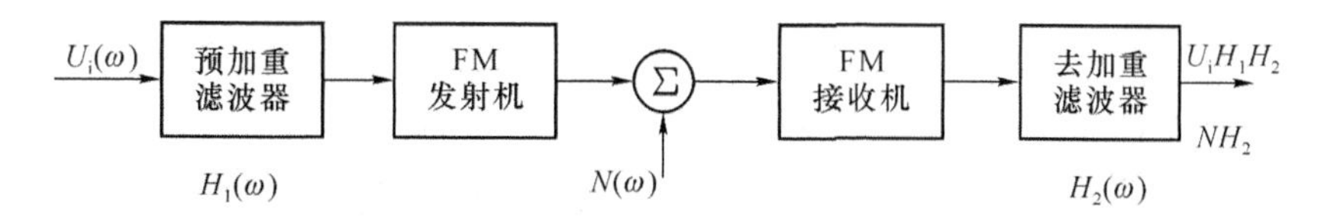

图6.22　FM系统中的预加重和去加重技术

预加重(Pre-emphasis)：发送端对输入信号高频分量的提升。

去加重(De-emphasis)：解调后对高频分量的压低。

从图6.22中可以看到这种技术的具体做法是：在发射机调制以前人为地加重信息的高频部分(预加重)；在接收机鉴频器输出端再进行对信息高频成分的去加重，以恢复正常的信息。在这个过程中，鉴频器输出端噪声的高频成分也被同时降低了。所以，有效地改善了FM系统的输出信噪比。这种技术广泛地应用于FM发射和接收等设备中。

为了使信息不失真，预加重滤波器和去加重滤波器的传输函数彼此之间必须是理想的互逆关系。

在实际中，简单的预加重滤波器可以用图 6.23 的 RC 放大器网络接近地实现，其传输函数为

$$H_1(\omega)=\frac{R_2}{R_1}\frac{1+\mathrm{j}\omega/\omega_1}{1+R_2/R_1+\mathrm{j}\omega/\omega_2}\approx\frac{R_2}{R_1}\frac{1+\mathrm{j}\omega/\omega_1}{1+\mathrm{j}\omega/\omega_2}$$

其中，$\omega_1=1/(R_1C)$ ，$\omega_2=1/(R_2C)$，且满足 $R_1\gg R_2$ 的条件。

去加重滤波器可以用图 6.24 的 RC 网络实现，传输函数为

$$H_2(\omega)=\frac{1}{1+\mathrm{j}\omega/\omega_1}$$

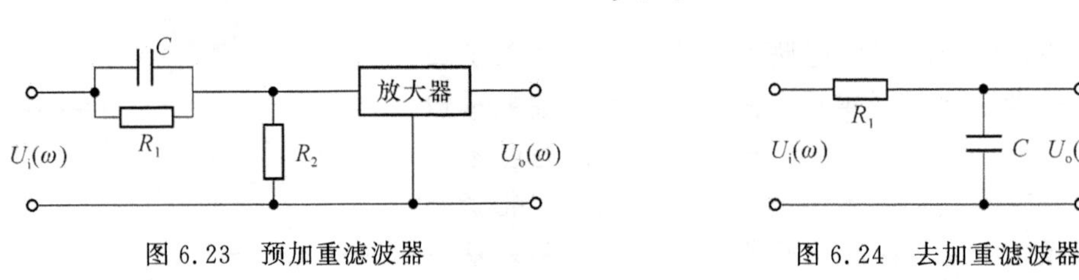

图 6.23　预加重滤波器　　图 6.24　去加重滤波器

6.6 集成调频发射机

由于抗干扰性好，调频广泛应用于广播、移动通信、无绳电话、电视伴音等许多方面，随着大规模集成电路的发展，产生了各种集成电路芯片。

Motorola 公司生产的 MC2831A 和 MC2833 都是单片集成 FM 低功率发射器电路，适用于无绳电话和其他调频通信设备，两者差别不大。

本节以 MC2833 芯片为例介绍。MC2833 内部包括传声器放大器、射频振荡器、缓冲器、辅助晶体管放大器等几个主要部分，需要外接晶体、LC 选频网络以及少量电阻、电容和电感。MC2833 框图及引脚如图 6.25 所示。

由传声器送来的声音信号从 5 脚输入，经过传声器放大器放大，去控制可变电抗元件，从而使石英振荡晶体的震荡频率改变，实现 FM 调制。而震荡部分是通过外接的石英晶体串联的 3.3 μH 电感器组成的可变振荡器，3.3 μH 电感用于扩展频偏，产生调频信号由缓冲器通过 14 脚外接三倍频网络将调频信号载频提高 3 倍，频偏也扩大 3 倍，从 13 脚返回芯片内，经放大后从第 9 脚输出。

MC2833 输出的调频信号可以直接用天线发射，也可以接其他集成功放电路后再发射出去。

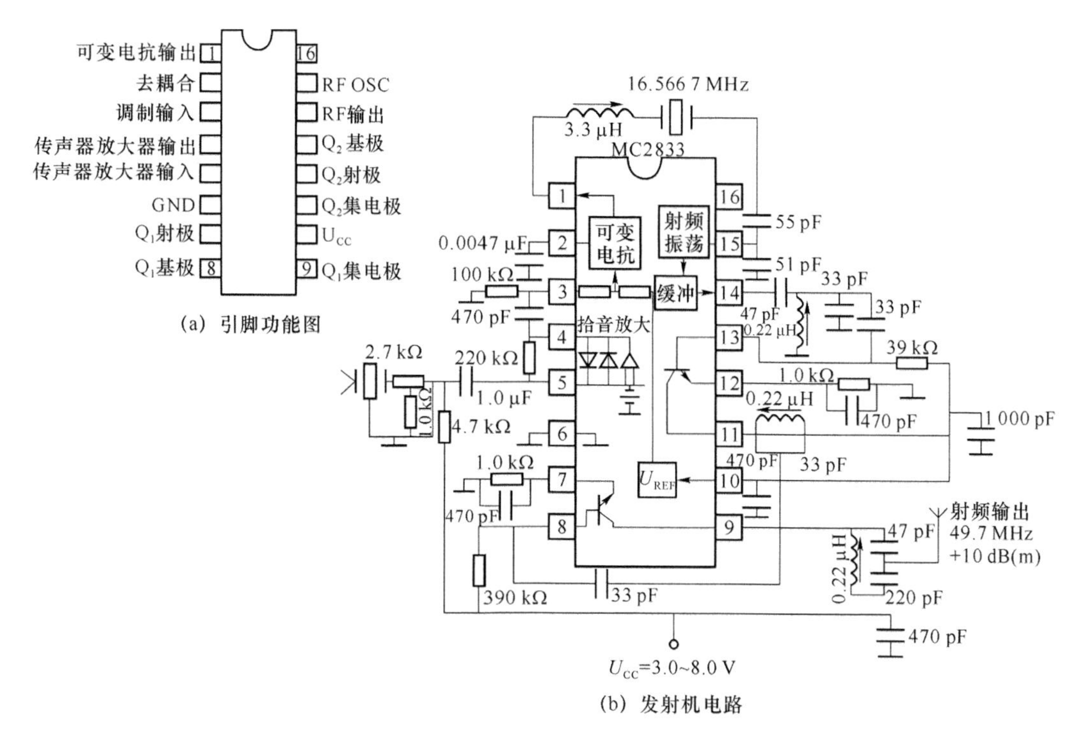

图 6.25 MC2833 FM 窄频带发射集成电路

6.7 集成调频接收机

从 20 世纪 80 年代以来，Motorola 公司陆续推出了 FM 中频电路系列 MC3357/3359/3361B/3371/3372 和 FM 接收电路系列 MC3362/3363。它们都采用二次混频，即将输入调频信号的载频先降到 107 MHz 的第一中频，然后降到 455 kHz 的第二中频，再进行鉴频。不同在于 FM 中频电路系列芯片比 FM 接收电路系列芯片缺少射频放大和第一混频电路，而 FM 接收电路系列芯片则相当于一个完整的单片接收机。两个系列均采用双差分正交移相式鉴频方式。现仅介绍 MC3362，框图及引脚如图 6.26 所示。

MC3362 性能特点如下。

(1) 接收机单片化。它包含有两个本振、两个混频和两个中放电路，是一个从天线输入到音频预放大输出的全二次超外差式的接收电路。

(2) 输入频带宽、低电压、低功耗。电源电压为 2～7 V，当电源电压为 3 V 时，消耗电流典型值为 3.6 mA。

(3) 具有良好的灵敏度和镜像抑制能力。12 dB SINAD，灵敏度典型值为 0.7 μV。

(4) 有数据信号整形比较器，可用于 FSK 数据通信。

(5) 可用于控制有中心和无中心移动通信设备的过区切换和空闲信道检测，其接收信号场强指示器有 60 dB 动态范围。

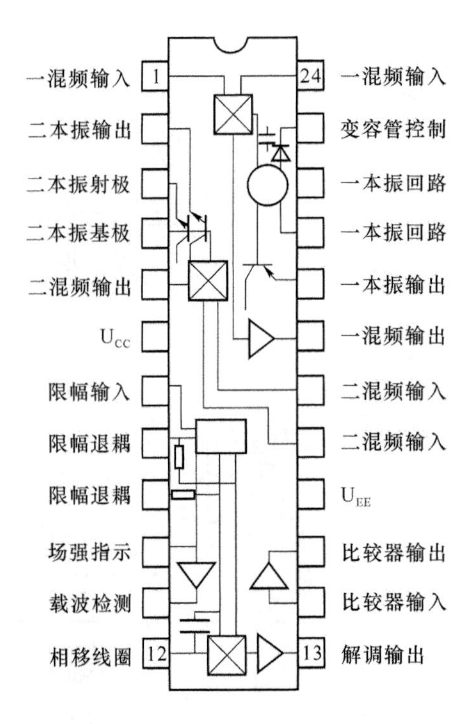

图 6.26　MC3362 框图及引脚

为了解决 MC3362 灵敏度不够高(0.7 μV)和没有静噪电路问题,改进型的 MC3363 低功耗二次超外差式窄带 FM 单片接收电路,在 MC3362 的基础上又增加了一只高放管和静噪电路,其 12 dB SINAD,灵敏度值为 0.3 μV。因此,MC3363 是性能更好的从天线输入到音频预放大输出的全单片化接收电路,特别适用于无绳电话。

习　　题

6.1　(1) 当 FM 调制器的调频灵敏度 $k_f=5$ kHz/V,调制信号 $u_\Omega(t)=2\cos(2\pi\times 2\,000t)$时,求最大频率偏移 Δf_m 和调制指数 m_f;(2) 当 PM 调制器的调相灵敏度 $k_p=2.5$ rad/S·V,调制信号 $u_\Omega(t)=2\cos(2\pi\times 2\,000t)$时,求最大相位偏移 $\Delta\varphi_m$。

6.2　角调波 $u(t)=10\cos(2\pi\times 10^6 t+10\cos 2\,000\pi t)$。试确定:(1)最大频偏;(2)最大相偏;(3)信号带宽;(4)此信号在单位电阻上的功率;(5)能否确定这时 FM 波还是 PM 波?

6.3　调频振荡回路由电感 L 和变容二极管组成,$L=2$ μH,变容二极管的参数为:$C_0=225$ pF,$\gamma=1/2$,$U_D=0.6$ V,$U_Q=-6$ V,调制信号 $u_\Omega(t)=3\sin 10^4 t$。求输出 FM 波时:(1)载波 f_0;(2)由调制信号引起的载频漂移 Δf_0;(3)最大频率偏移 Δf_m;(4)调频灵敏度 k_f;(5)二阶失真系数 k_2。

6.4　调制信号 $u_\Omega(t)$的波形如题图 6.1 所示。

(1) 画出 FM 波的 $\Delta\omega(t)$和 $\Delta\varphi(t)$的曲线;

(2) 画出 PM 波的 $\Delta\omega(t)$ 和 $\Delta\varphi(t)$ 的曲线；

(3) 画出 FM 波和 PM 波的波形草图。

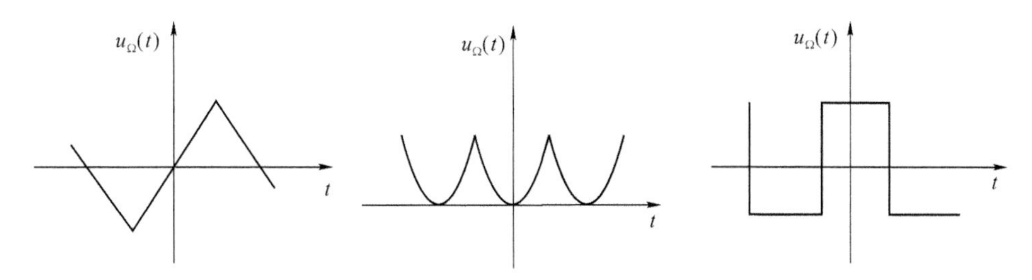

题图 6.1

6.5　变容二极管调相电路如题图 6.2 所示，图中 C_1、C_4 为隔直电容；C_2、C_3 为耦合电容；$u_\Omega(t)=U_{\Omega m}\cos t$；变容二极管参数 $\gamma=2$，$U_D=1$ V；回路等效品质因素 $Q_L=20$。试求下列各种情况时的调相指数 m_p 和最大频率偏移 Δf_m。

(1) $u_\Omega=0.1$ V，$\Omega=2\pi\times10^3$ rad/s；

(2) $u_\Omega=0.1$ V，$\Omega=4\pi\times10^3$ rad/s；

(3) $u_\Omega=0.05$ V，$\Omega=2\pi\times10^3$ rad/s。

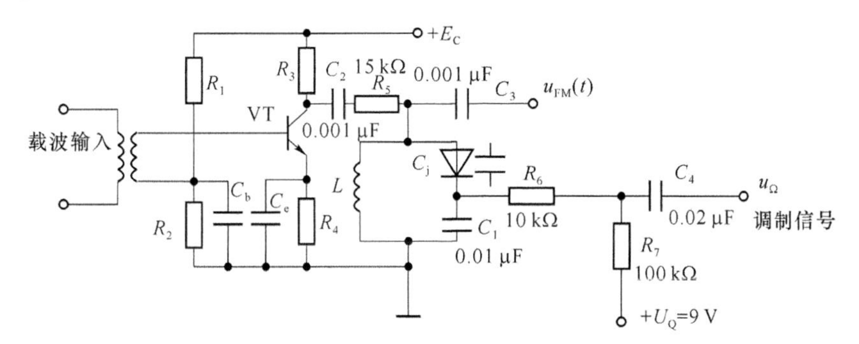

题图 6.2

6.6　一调频设备如题图 6.3 所示。要求输入调频波的载波频率 $f_c=100$ MHz，最大频偏 $\Delta f_m=75$ kHz。本振频率 $f_L=40$ MHz，已知调制信号频率 $f=100$ Hz～15 kHz，设混频器输出频率 $f_{c3}=f_L-f_{c2}$，两个倍频器的倍频次数 $N_1=5$，$N_2=10$。试求：

(1) LC 直接调频电路输出的 f_{c1} 和 Δf_{m1}；

(2) 两个放大器的通频带 BW_1、BW_2。

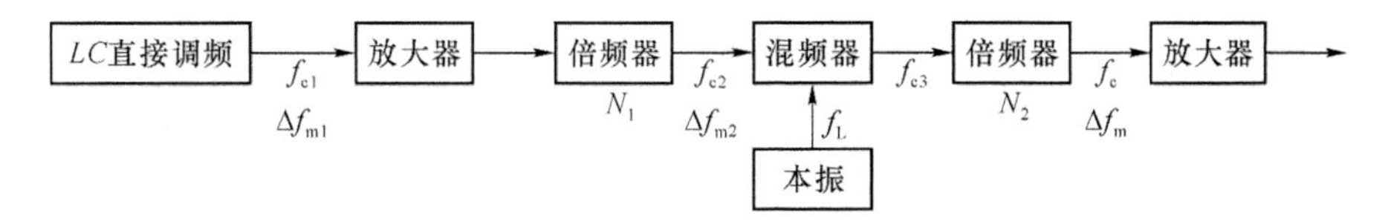

题图 6.3

6.7　斜率鉴频电路如题图 6.4 所示，已知调频波 $u_{FM}(t)=U_{FM}\cos(\omega_0 t+m_f\sin\Omega t)$，$\omega_{p1}<\omega_0<\omega_{p2}$。试画出鉴频特性和 $u_1(t)$、$u_2(t)$、$u_{o1}(t)$、$u_{o2}(t)$、$u_o(t)$ 的波形（坐标对齐）。

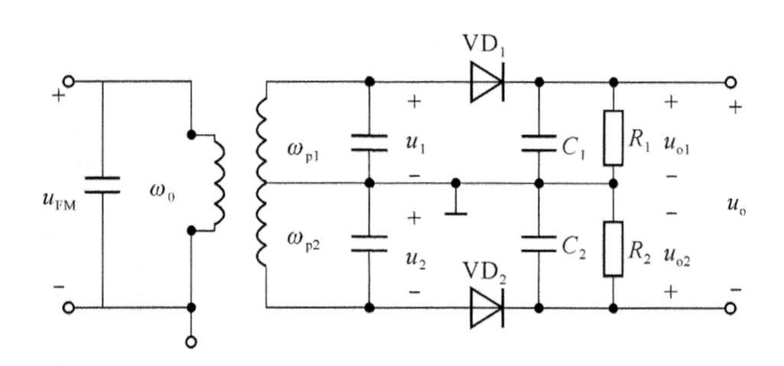

题图 6.4

6.8 题图 6.5 所示电路为微分式鉴频电路，输入调频波

$$u_{FM}(t) = U_{FM}\cos\left(\omega_0 t + \int U_\Omega \cos \Omega t \, dt\right)$$

试求 $u_{o1}(t)$ 和 $u_o(t)$ 的表达式。

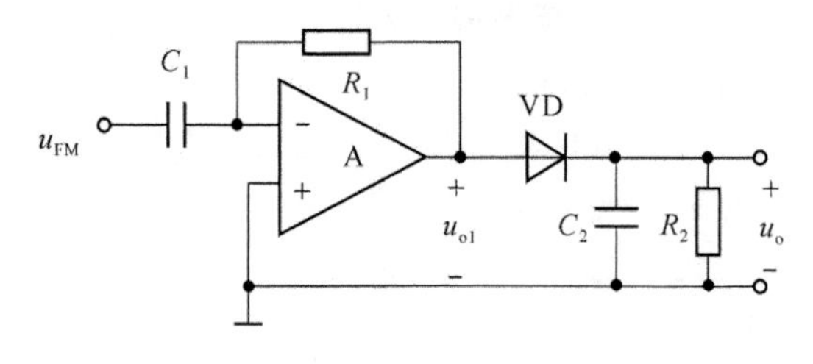

题图 6.5

反馈控制电路

7.1 概　　述

在现代通信系统和电子设备中，为了提高它们的技术性能指标，或者实现某些特定的要求，广泛地采用各种反馈控制电路。

在低频模拟电子线路中曾经介绍过负反馈放大器，它就是反馈控制电路的典型实例。反馈控制电路的作用是利用反馈信号与原输入信号进行比较，进而得到一个比较信号，对系统的某些参数进行修正，从而提高系统的性能。例如，一个串联电压负反馈放大器可以使电压增益稳定、通频带展宽、非线性失真减小等。

一般来说，反馈控制系统通常由 4 部分组成，即比较器、控制信号发生器、可控器件和反馈网络，其组成框图如图 7.1 所示。

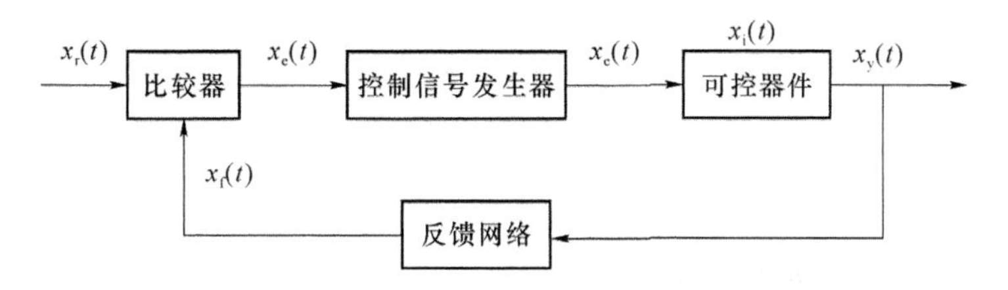

图 7.1　反馈控制系统的组成

比较器的作用是将输入信号 $x_r(t)$ 与反馈信号 $x_f(t)$ 进行比较，输出一个误差信号 $x_e(t)$，然后送入控制信号发生器产生一个控制信号 $x_c(t)$，由控制信号对受控件的某一特性进行控制。反馈网络的作用是从受控信号中提取进行比较的分量并送比较器。整个反馈控制系统是一个闭环系统，通过不断地反馈、比较、输出控制信号，从而对受控器件的特性进行修正，使系统达到优良性能和稳定状态。

若系统中需要比较的参量是电压或电流，则称为自动增益控制电路；如果比较的参量为频率，则称为自动频率控制电路；如果比较的参量是相位，则称为自动相位控制电路，又称为锁相环路,它是应用最广泛的一种反馈控制电路。以下各节将分别介绍上述的 3 种反馈控制电路。

7.2 自动增益控制(AGC)电路

7.2.1 AGC 电路的工作原理

在无线电通信、广播、电视、遥测遥感等系统中,由于受到发射功率大小、接收距离远近及信号衰落等许多因素的影响,接收机所接收到的信号强度变化较大,信号的强弱可能相差几十 dB。采用自动增益控制电路,可以使接收机的增益随输入信号强弱而变化,以保证接收机能稳定工作。

1. AGC 电路的组成

AGC 电路的组成框图如图 7.2 所示。图中增益为 K_2 的电平检测电路、低通滤波器和增益为 K_3 的直流放大器组成反馈系统。

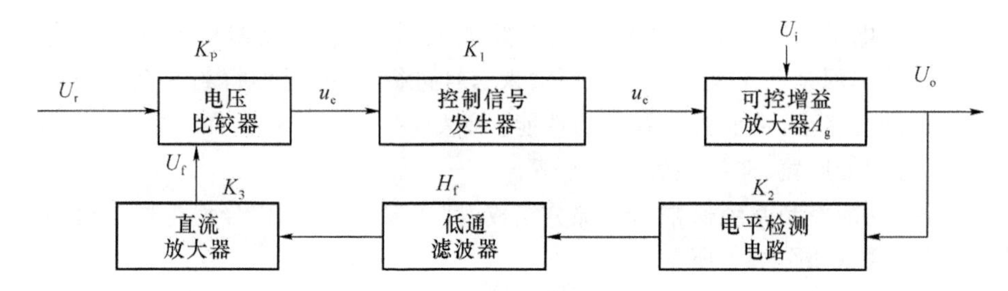

图 7.2 AGC 电路组成框图

2. 比较过程

假定输入信号幅度为 U_i,输出信号幅度为 U_o,可控增益放大器的增益为 $A_g(u_c)$,它是控制电压 u_c 的函数,则输出电压振幅为

$$U_o=A_g(u_c)U_i \tag{7.1}$$

在 AGC 电路中,电平检测电路检测出输出信号的振幅(峰值或平均值)电平,由低通滤波器滤除不需要的高频率分量,然后由直流放大器适量放大。反馈系统的输出电压 U_f 与参考电压 U_r 进行比较,产生一个误差电压 u_e 送入控制信号发生器。控制信号发生器可视为一个比例环节,其输出信号为 u_c。u_c 的大小与 U_i 有关,同时也使 A_g 发生变化。当 U_i 增加,使 U_o 增加时,u_c 的作用是使 A_g 减小,从而使 U_o 减小;当 U_i 减小使 U_o 减小时,u_c 作用使 A_g 增大,从而使 U_o 增大。总之,输入信号 U_i 的变化,通过环路产生的控制信号的作用,使输出信号 U_o 振幅基本保持稳定。

3. 滤波器的作用

在 AGC 电路中，低通滤波器的跟踪作用非常重要。由于接收场强的变化并不是突然变化，因此整个环路应具有低通特性，以保证对缓慢变化的信号也能起到控制作用，尤其是在调幅信号接收机中，为使接收到的调幅波的幅度变化不会被 AGC 的控制作用抵消（这种现象称为反调制），应适当选择滤波器的截止频率，使其仅对低于某一频率的调制信号的缓慢变化量起控制作用。

4. 控制过程说明

假设输出信号 U_o 与控制信号 u_c 的关系为

$$U_o = U_o(0) + K_c u_c \tag{7.2}$$

由式(7.1)有　$U_o = A_g(u_c)U_i = [A_g(0) + K_g u_c]U_i = U_o(0) + K_c u_c$

其中

$$A_g(u_c) = A_g(0) + K_g u_c \tag{7.3}$$

$$U_o(0) = A_g(0)U_i(0) \tag{7.4}$$

式(7.4)中，$U_o(0)$ 是 u_e 和 u_c 都为 0 时所对应的输出信号幅值；$U_i(0)$ 和 $A_g(0)$ 分别是相应的输入信号幅度和可控增益放大器的增益；K_c 和 K_g 表示线性控制的常数。若低通滤波器的传递函数对直流分量表现为 $H(0)=1$，则当 $u_c=0$ 时，根据图 7.2 有

$$U_f = K_2 K_3 A_g(0) U_i(0) \tag{7.5}$$

当输入信号的振幅 $U_i \neq U_i(0)$ 且为直流分量时，环路经自身的调节后达到新的平衡状态，这时的误差电压为

$$u_e(\infty) = A_g(U_f - U_r) = A_g[K_2 K_3 U_o(\infty) - U_r] \tag{7.6}$$

$$U_o(\infty) = [A_g(0) + K_g u_c(\infty)]U_i \tag{7.7}$$

由式(7.5)、式(7.6)及式(7.7)相比较可得 $u_e(\infty) \neq 0$，否则将有 $U_i = U_i(0)$，同时也说明 $U_o(\infty) \neq U_o(0)$，这时称为环路锁定。当锁定时，误差电压为 $u_e(\infty)$，相应的输出电压振幅为 $U_o(\infty)$。$u_e(\infty)$ 是系统进入锁定状态所必需的，又是由 $U_o(\infty)$ 产生的，这时 $U_o(\infty)$ 接近 U_o，但 $U_o(\infty) \neq U_o(0)$，因为 $U_o(\infty)$ 还需产生环路锁定所需的 $u_e(\infty)$，因此，环路锁定时仍有 $u_e(\infty)$，即 AGC 电路是有电平误差的控制电路。

5. 电路类型

根据输入信号的类型、特点以及对控制的要求，AGC 电路主要有两种类型。

(1) 简单 AGC 电路

在简单 AGC 电路里，参考电平为 0。这样，无论输入信号振幅大小如何，AGC 的作用都会使增益减小，从而使输出信号振幅减小。其输出特性如图 7.3 所示。

简单 AGC 电路的优点是电路简单，在实用电路里不需要电压比较器。缺点是对微弱信号的接收很不利，因为输入信号振幅很小时，放大器的增益仍会受到反馈控制而有所减小，从而使接收灵敏度降低。所以，简单 AGC 电路适用于输入信号振幅较大的场合。

(2) 延迟 AGC 电路

在延迟 AGC 电路里有一个起控门限，即比较器参考电平，它对应的输入信号振幅即为

图 7.4 中的 U_{xmin}，当输入信号小于 U_{xmin} 时，反馈环路断开，AGC 不起作用，放大器增益不变，输出信号与输入成线性关系。当输入信号大于 U_{xmin} 后，反馈环路接通，AGC 电路开始产生误差信号和控制信号，使放大器增益有所减小，保持输出信号基本恒定或仅合微小变化。当输入信号大于 U_{xmax} 后，AGC 作用消火。可见，U_{xmin} 与 U_{xmax} 区间即为所允许的输入信号的动态范围，U_{ymin} 与 U_{ymax} 区间即为对应的输出信号的动态范围。

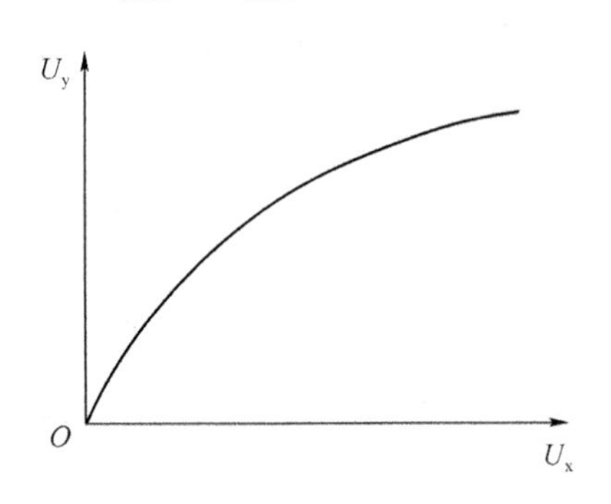

图 7.3　简单 AGC 的输入输出特性

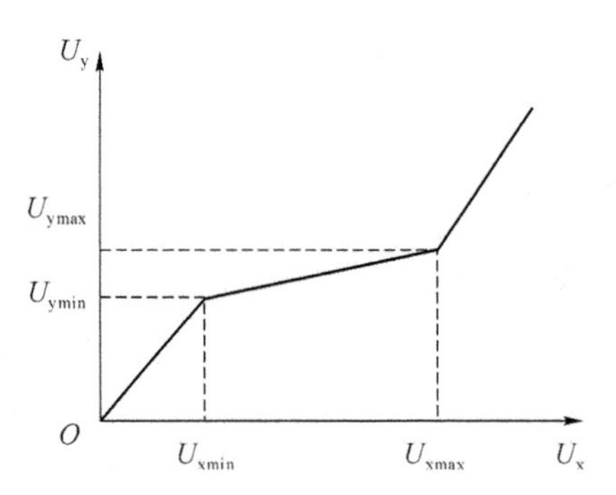

图 7.4　延迟 AGC 的输入输出特性

这种 AGC 电路由于需要延迟到从 U_{xmin} 之后才开始控制作用，故称为延迟 AGC。“延迟”二字不是指时间上的延迟。

7.2.2 AGC 电路的应用

AGC 电路常见于调幅接收机中。当 U_i 在较大范围内变化时，利用 AGC 的作用，使环路的输出幅度的变化范围较小。图 7.5 是电视接收机中的 AGC 系统框图。

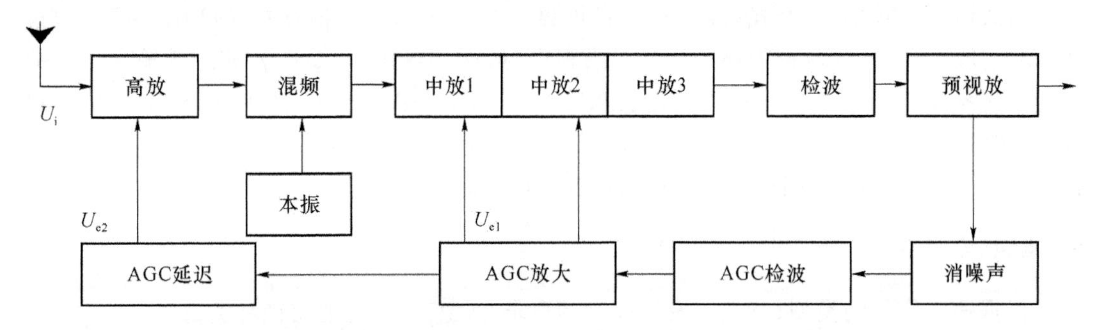

图 7.5　电视接收机中的 AGC 系统框图

图 7.5 中高频放大器和中频放大器都是可控增益放大器，反馈系统由消噪声电路、AGC 检波电路、AGC 放大电路等组成。其中，AGC 检波电路将预视频放大器输出的视频信号进行检波，得到与该信号幅度大小有关的直流信号，然后进行直流放大，以提高 AGC 控制灵敏度。直流放大器的输出信号反映了视频信号的幅度，该电压即是误差电压 U_{e1} 和 U_{e2}，通过它们的变化来控制中放、高放级的偏置，以达到控制其增益的目的。为了使 AGC 控制更有效，电视接收机中的 AGC 采用了延时 AGC 的方式，AGC 特性如图 7.6 所示。当 $U_i > U_{i1}$ 时，U_{e1} 先对第一、二级中频放大级进行控制，AGC 控制电压如图中虚线 d 所示，

使中放增益随输入信号振幅的增大而减小，但这时高频放大级的增益保持不变。当 $U_i>U_{i2}$ 时，中放的增益若再降低将影响其正常工作，这时应保持中放增益不变，如图中的实线 b 所示。U_{e2} 在开始作用，使高放级增益随 U_i 的增大而减小，高放级的 AGC 控制电压的幅度变化如图中的虚线 e 所示；高放级输出电压的幅度变化如图中的实线 a 所示；第三级中频放大器输出电压的幅度变化如图中的实线 c 所示。

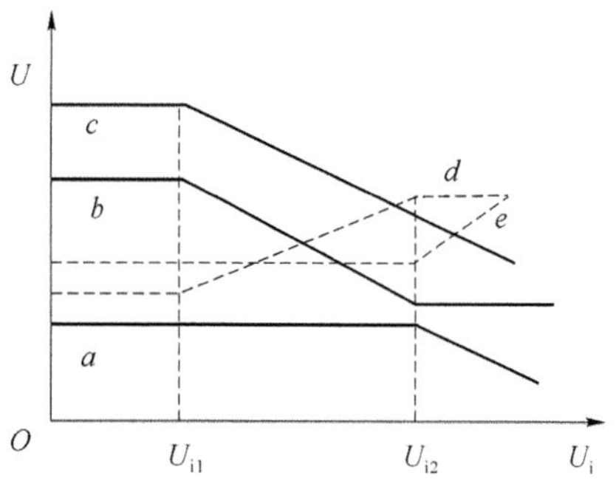

图 7.6　电视接收机中的 AGC 特性

7.3　自动频率控制(AFC)电路

振荡器的频率经常由于各种因素的影响而发生变化，偏离了预期的数值，这种不稳定对无线电设备的工作显然是不利的。这里讨论一种稳定频率的方法——自动频率控制(简称 AFC)。这也是一种反馈控制电路，广泛用于各种接收机和发射机及通信系统。AFC 电路可以自动调节振荡器的振荡频率，以减少频率变化，提高频率稳定度，使自激振荡频率自动锁定到近似等于预期的标准频率上。

AFC 与 AGC 电路的区别在于控制对象不同，AGC 电路的控制对象是信号电平，而 AFC 电路的控制对象则是信号的频率。其主要作用是自动控制振荡器的振荡频率，如在超外差接收机中利用 AFC 电路的调节作用可自动地控制本振频率，使其与外来信号的频率之差维持在近乎中频的数值。

7.3.1　AFC 电路的工作原理

AFC 电路的方框如图 7.7(a)所示。这是一个闭环的负反馈系统，其中关键部件是压控振荡器(Voltage Controlled Oscillator，VCO)，VCO 的振荡频率随控制电压 u_c 的变化而改变。电路的工作过程如下。

ω_i 与 ω_o 送入混频器，混频器输出是 ω_i 与 ω_o 的差频 $\Delta\omega$。当 $\Delta\omega\neq0$ 时，鉴频器将输出一个电压 u_e，u_e 经过低通滤波器滤除高频分量后得到一个缓慢变化的电压 u_c 作为 VCO 的控制电压。在 u_c 的控制下，VCO 的振荡频率 ω_o 发生变化，使得 ω_o 逐渐向 ω_i 靠拢，这个过程称为频率跟踪过程。当调节至 $\Delta\omega$ 很小时，电路就逐渐趋于稳定状态，这时的 $\Delta\omega$ 称为剩余频差，记为 $\Delta\omega_\infty$。由于这是负反馈系统，剩余频差 $\Delta\omega_\infty$ 不可能为 0。

AFC 的跟踪过程是一个非线性的过程，严格的分析将非常复杂，这里我们通过图解法作近似分析。

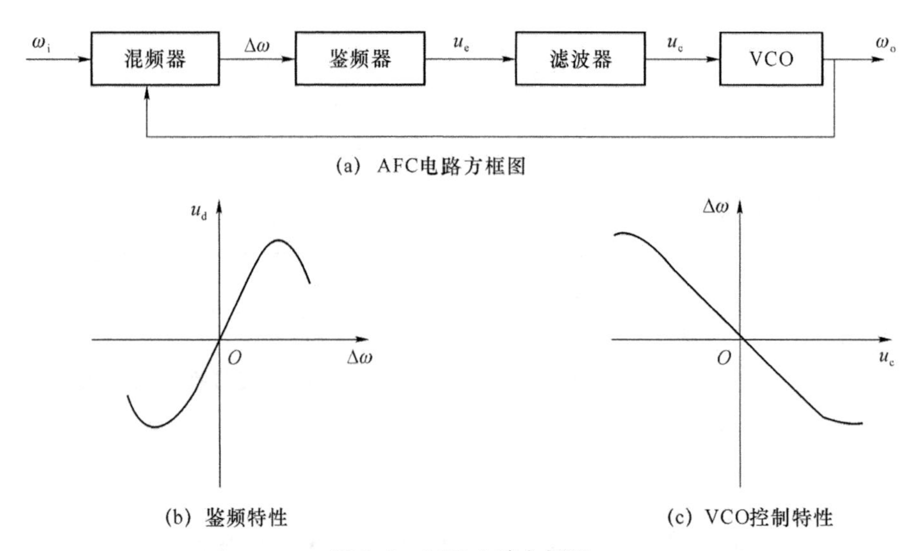

(a) AFC电路方框图

(b) 鉴频特性

(c) VCO控制特性

图 7.7　AFC 电路方框图

取滤波器的传递函数 $H(s)=1$，则 $u_d(t)=u_c(t)$。将图 7.7(b)和(c)所示的两条曲线绘在同一坐标系中，得到图 7.8 所示的曲线。两条曲线交点在坐标原点。如果输入信号频率 ω_i 或压控振荡器的频率 ω_o 发生变化，产生一个 $\Delta\omega$，这时将曲线②向右平移 $\Delta\omega$ 的距离，如图 7.9 所示，两曲线的交点 M 就是电路经过调节后的稳定点，M 对应的 $\Delta\omega$ 即为剩余差频 $\Delta\omega_\infty$。显然，两曲线越陡峭，剩余频差越小。

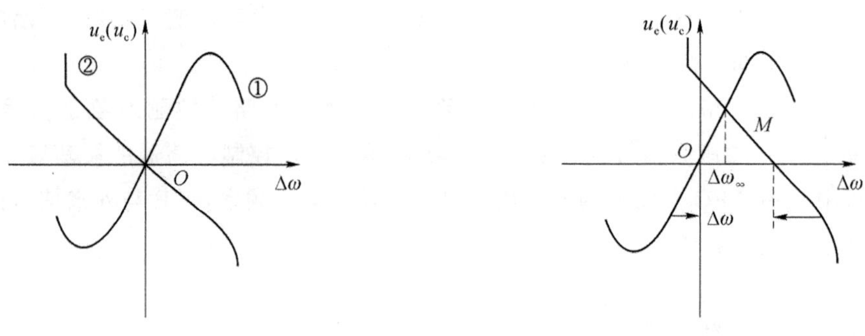

图 7.8　鉴频特性与控制特性画在同一坐标上

图 7.9　AFC 系统的平衡状态

7.3.2 AFC 电路的应用

如图 7.10 所示，这是一个采用 AFC 电路的调幅接收机框图。

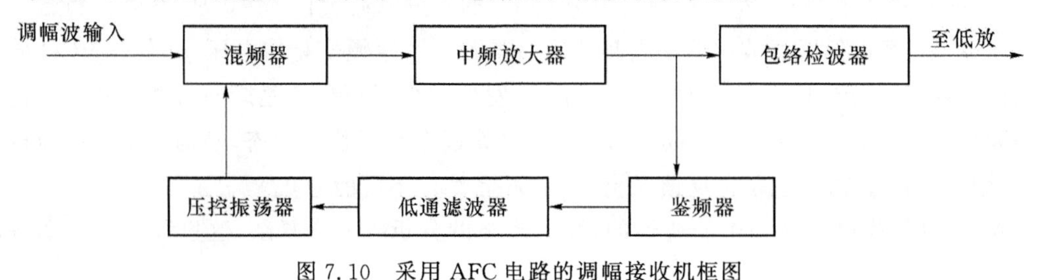

图 7.10　采用 AFC 电路的调幅接收机框图

由图 7.10 中可看出，它与普通调幅接收机相比，增加了鉴频器和低通滤波器两部分，而且将本机振荡器改为压控振荡器。由混频器输出的中频信号经中频放大器放大后，一路送至包络检波器，另一路送到鉴频器进行鉴频。假设鉴频器中心频率调整在规定的中频频率上，当压控振荡器在外界因素作用下，振荡频率发生变化，这时可通过鉴频器将偏离于中心频率的频差变换成电压。该电压大小与频差成正比，通过低通滤波器取出缓慢变化的直流电压，并作用到压控振荡器上，使压控振荡器的振荡频率发生变化，促使偏离于中频的频差减小。这样一来，在自动频率微调作用下，使接收机的输入信号的载波频率和压控振荡器的振荡频率之差更接近规定的中频。因此，采用了自动频率微调电路后，可以减小中频放大器带宽，有利于提高接收机的灵敏度和选择性。

7.4 锁相环路

锁相环路是一种以消除频率误差为目的的自动控制电路，但它不是直接利用频率误差信号电压，而是利用相位误差信号电压去消除频率误差。

锁相环路的基本理论早在 20 世纪 30 年代就已经被提出，直到 20 世纪 70 年代，由于集成技术的迅速发展，可以将这种较为复杂的电子系统，集成在一块硅片上，从而引起电路工作者的广泛注意。目前，锁相环路在滤波、频率合成、解调与调制、信号检测等许多技术领域获得了广泛运用。在模拟与数字通信系统中，已成为不可缺少的基本部件。

7.4.1 锁相环路的构成

锁相环由 3 个基本部件组成：鉴相器（Phase Detector，PD）、环路滤波器（Loop Filter，LF）和压控振荡器（VCO）。3 个部件连接成基本的锁相环方框图如图 7.11 所示。

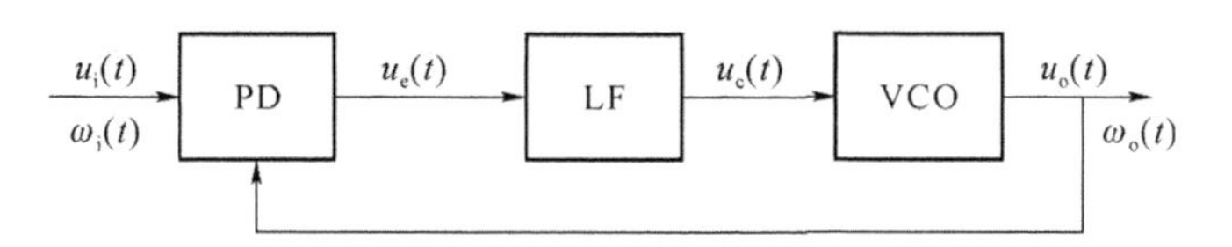

图 7.11　基本锁相环路组成框图

鉴相器用于比较输入信号 $u_i(t)$ 与压控振荡器输出信号 $u_o(t)$ 的相位，其输出电压 $u_e(t)$ 是 $u_i(t)$ 与 $u_o(t)$ 相位差的函数。$u_e(t)$ 经过环路滤波器滤除高频分量和噪声后，得到 VCO 的控制电压 $u_c(t)$。$u_c(t)$ 使 VCO 的振荡频率 $\omega_o(t)$ 改变，并引导 $\omega_o(t)$ 向 ω_i 靠拢，直到 $\omega_o(t)=\omega_i$，且两信号的相位差为一固定值时，控制过程结束，此时环路的状态称为环路锁定。当环路锁定后，如果 ω_i 在一定的范围内变化，则 $\omega_o(t)$ 会紧随其变化，并始终保持 $\omega_o(t)=\omega_i$。

综上所述，锁相环的工作过程分为两步，第一步是从 $\omega_o(t)\neq\omega_i$ 到 $\omega_o(t)=\omega_i$ 的过程，称为捕捉过程；第二步是当 ω_i 改变时，使 $\omega_o(t)$ 跟随其变化，称为跟踪过程。

7.4.2 锁相环路的工作原理

在锁相环中，鉴相器PD和压控振荡器的输入与输出关系是非线性的。当$\omega_o(t)$距ω_i较远，环路的调整使$\omega_o(t)$有较大的变化时，我们称为失锁状态，这时锁相环的控制特性就是非线性的，必须采用非线性系统的分析方法分析其控制的过程。当$\omega_o(t)$距ω_i很近，讨论局限在锁定附近，则可将锁相环的控制过程近似成线性的，可以采用线性系统的分析方法分析锁相环的特性。无论线性分析还是非线性分析，对于实用的二阶以上锁相环都是比较烦琐的。为了便于掌握锁相环的工作原理，我们将以一阶锁相环为主要分析对象。

1. 基本部件的数学模型

(1) 鉴相器

鉴相器输出电压$u_e(t)$是两个输入信号瞬时相位差的函数，设$u_i(t)=U_{im}\sin[\omega_i t+\theta_i(t)]$，瞬时相位为$\omega_i t+\theta_i(t)$；$u_o(t)=U_{om}\sin[\omega_o t+\theta_o(t)]$，瞬时相位为$\omega_o t+\theta_o(t)$，则两个输入信号的瞬时相信差$\theta_e(t)$为

$$\begin{aligned}\theta_e(t)=&[\omega_i t+\theta_i(t)]-[\omega_o t+\theta_o(t)]=\\&(\omega_i-\omega_o)t+\theta_i(t)-\theta_o(t)=\\&\Delta\omega t+\theta_i(t)-\theta_o(t)\end{aligned}$$

式中，$\Delta\omega=\omega_i-\omega_o$，当$\omega_o$是压控振荡器的固有振荡频率时，称$\Delta\omega$为环路的固有频差。令$\theta_1(t)=\Delta\omega t+\theta_i(t)$，$\theta_2(t)=\theta_0(t)$，则有

$$\theta_e(t)=\theta_1(t)-\theta_2(t)$$

因为常用的乘积型鉴相器和叠加型鉴相器都具有正弦特性，即

$$u_e(t)=U_d\sin\theta_e(t)\tag{7.8}$$

式中，U_d为鉴相器的最大输出电压，称为鉴相系数(或叫鉴相灵敏度)。由此可得到鉴相器时域的相位模型图和鉴相特性曲线，如图7.12(a)和(b)所示。

(2) 环路滤波器

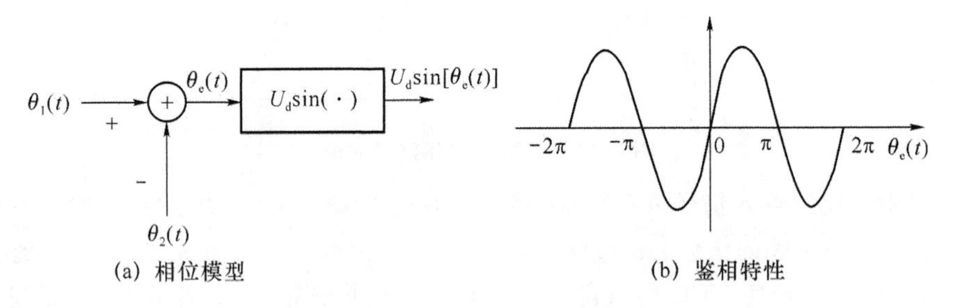

图7.12 具有正弦特性的鉴相器

环路滤波器采用一阶RC低通滤波器，用于滤除鉴相器输出中的无用组合频率分量、噪声和干扰以及调整环路的参数。常用的环路滤波器有积分滤波器、比例积分滤波器和有源比例积分滤波器，如图7.13(a)、(b)和(c)所示。每个滤波器在s域中的传输函数分别如下。

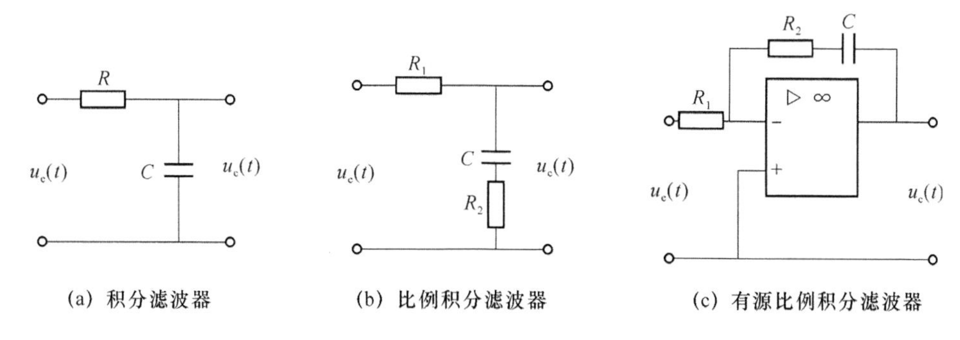

(a) 积分滤波器　　(b) 比例积分滤波器　　(c) 有源比例积分滤波器

图 7.13　常用的环路滤波器

积分滤波器为

$$F(s)=\frac{U_c(s)}{U_e(s)}=\frac{\frac{1}{sC}}{R+\frac{1}{sC}}=\frac{1}{1+sRC} \tag{7.9}$$

比例积分滤波器为

$$F(s)=\frac{U_c(s)}{U_e(s)}=\frac{R_2+\frac{1}{sC}}{R_1+R_2+\frac{1}{sC}}=\frac{1+sR_2C}{1+sC(R_1+R_2)} \tag{7.10}$$

通常 $R_1>R_2$。

有源比例积分滤波器为

$$F(s)=\frac{U_c(s)}{U_e(s)}=-\frac{Z_f}{Z_1}=-\frac{R_2+\frac{1}{sC}}{R_1}=-\frac{1+sR_2C}{sCR_1} \tag{7.11}$$

根据信号系统中微分算子(Differentiation Operator)的概念，将上述滤波器传递函数中的 s 用微分算子 $p=\mathrm{d}/\mathrm{d}t$ 替换，并将 $U_c(s)$ 改为 $u_c(t)$，$U_e(s)$ 改为 $u_e(t)$，就可以得到滤波器时域的微分方程，如积分滤波器为

$$u_c(t)=F(p)u_e(t) \tag{7.12}$$

$F(p)$ 叫做滤波器的时域传输算子。

由此得到环路滤波器的时域传输模型如图 7.14 所示。

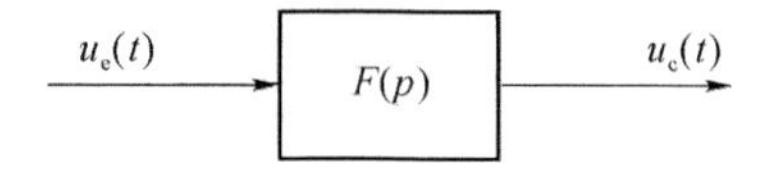

图 7.14　环路滤波器传输模型

(3) 压控振荡器

压控振荡器的振荡频率 $\omega_o(t)$ 受电压 $u_c(t)$ 的控制，$\omega_o(t)$ 与 $u_c(t)$ 的关系曲线如图 7.15 所示。图中 ω_o 是 $u_c(t)=0$ 时压控振荡器的振荡频率，称为固有振荡频率。曲线从整体上看 $\omega_o(t)$ 与 $u_c(t)$ 是非线性的控制关系，但在一定范围内，$\omega_o(t)$ 与 $u_c(t)$ 可以近似为线性的，对于线性这一部分控制关系可写为

$$\omega_o(t)=\omega_o+K_c u_c(t) \tag{7.13}$$

式中，K_c 为控制灵敏度，单位为 rad/S・V。

由于鉴相器所比较的是两个输入信号的瞬时相位，因而将压控振荡器的瞬时频率转换成瞬时相位来表达为

$$\int \omega_o(t)\mathrm{d}t = \omega_o t + K_c \int u_c(t)\mathrm{d}t = \omega_o t + \theta_o(t) \tag{7.14}$$

因为
$$\theta_2(t) = \theta_0(t)$$
所以有

$$\theta_2(t) = K_c \int u_c(t)\mathrm{d}t = \frac{1}{p}K_c u_c(t) \tag{7.15}$$

由此得到压控振荡器的时域传输模型如图 7.16 所示。

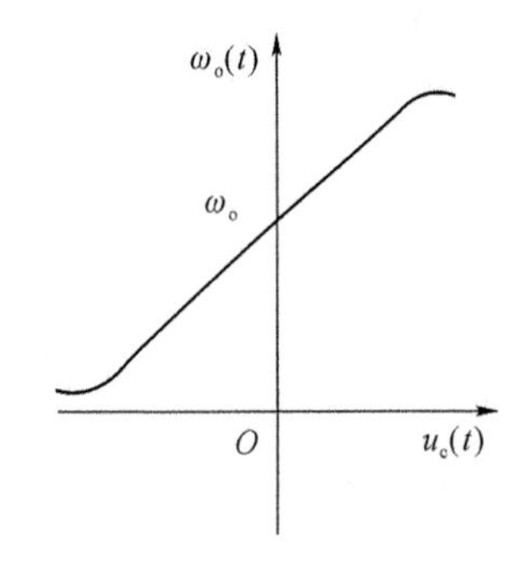

图 7.15 VCO 的控制特性曲线

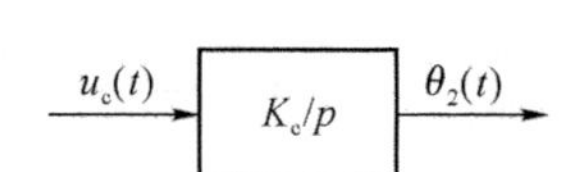

图 7.16 VCO 时域传输模型

2. 环路的数学模型

根据前面的讨论，我们把图 7.11 所示的锁相环路用相位传输数学模型来表示，得到图 7.17 所示的模型。

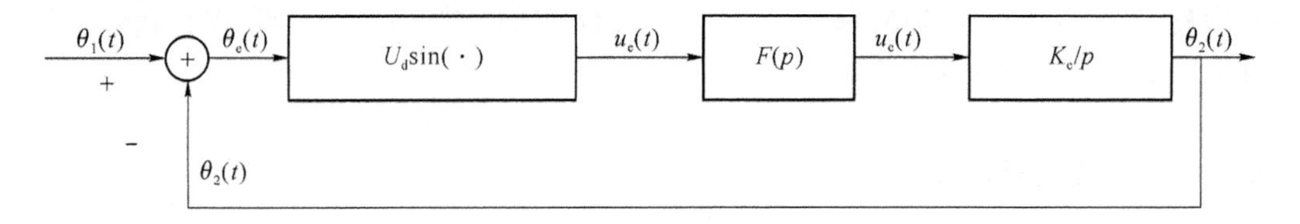

图 7.17 锁相环相位传输数学模型

已知
$$\theta_e(t) = \theta_1(t) - \theta_2(t) \tag{7.16}$$
且
$$\theta_2(t) = \frac{1}{p}K_c u_c(t) = \frac{1}{p}K_c U_d \sin\theta_e(t) F(p) \tag{7.17}$$
将式(7.16)和式(7.17)合并整理后得

$$\theta_e(t) = \theta_1(t) - \frac{1}{p}K_c U_d \sin\theta_e(t) F(p) \tag{7.18}$$

因为 $\theta_e(t)$是锁相环的瞬时相差，所以 $p\theta_e(t)$就是锁相环输入与输出的瞬时频差。式(7.18)反映了锁相环瞬时频率的变化规律，称为锁相环的基本方程。

显然，基本方程是非线性微分方程，方程的阶数取决于环路滤波器的阶数，如果不使用环路滤波器，则基本方程为一阶微分方程，这种锁相环称为一阶锁相环。如果环路滤波器是

一阶低通，基本方程为二阶微分方程，这种锁相环称为二阶锁相环。总之基本方程的阶数高于滤波器一阶。

3. 锁定、跟踪和捕捉

去掉环路滤波器的一阶锁相环是最简单的锁相环。分析一阶锁相环，有利于理解锁相环锁定、跟踪和捕捉的动态过程，掌握锁相环有关参数的物理意义。

当输入信号 $u_i(t)$为固定频率和相位的信号时，$u_i(t)=U_{im}\sin[\omega_i t+\theta_i(t)]$，$\theta_1(t)=\Delta\omega t+\theta_i(t)$，$\frac{d\theta_1(t)}{dt}=\Delta\omega$，则一阶锁相环的基本方程变为

$$\frac{d\theta_e(t)}{dt}=\Delta\omega-K_cU_d\sin\theta_e(t)=\Delta\omega-K\sin\theta_e(t) \tag{7.19}$$

式中，$K=K_cU_d$。

(1) 锁定

环路锁定时，瞬时频差为 0，即

$$\frac{d\theta_e(t)}{dt}=0$$

代入基本方程得

$$\Delta\omega=K\sin\theta_e(t)=K\sin\theta_{e\infty} \tag{7.20}$$

需要注意的是，$\Delta\omega$ 锁相环路没有调节以前是 VCO 固有振荡频率与输入信号频率之差，称为固有频差，当输入信号频率确定后，固有频差是个常数。这样 $\theta_e(t)$是个恒定值，称为稳态相差，记为 $\theta_{e\infty}$，得

$$\theta_{e\infty}=\arcsin\frac{\Delta\omega}{K} \tag{7.21}$$

(2) 跟踪

在环路锁定的条件下，如果输入信号频率 ω_o 发生缓慢的变化，输出信号的频率会以同样的规律跟随着变化，并始终保持 $\omega_o=\omega_i$，这一过程称为环路跟踪过程或叫同步过程。跟踪过程可以认为环路始终是锁定的，而 ω_i 的改变意味着固有频差 $\Delta\omega$ 也要改变，因此稳态相差 $\theta_{e\infty}$ 也在改变。当 $\theta_{e\infty}$ 达到 $\pi/2$ 时，固有频差达到最大 $\Delta\omega=K$，这就是说固有频差的最大值为 K。如果 $\Delta\omega$ 在小于 K 的范围内变化，环路始终处于同步跟踪状态；当 $\Delta\omega>K$ 时，方程(7.20)就不成立了，环路失锁，两个信号的频率不再相等，出现了瞬时频差。我们把环路能维持锁定状态的最大固有频差定义为环路同步带，用 $\Delta\omega_H$ 表示

$$\Delta\omega_H=K \tag{7.22}$$

(3) 捕捉过程

在实际应用中，设备总是要经历关机、开机等，通常锁相环开始工作时，并非立即进入锁定状态，而要经历一个过渡过程，这个过渡过程称为捕捉过程。捕捉过程是一个非线性的过程，下面我们利用“相图”定性地了解过渡过程的变化规律。

相图是取 $d\theta_e(t)/dt$ 为纵坐标，$\theta_e(t)$为横坐标，按基本方程画出的曲线图。

$\Delta\omega<K$ 时一阶环相图如图 7.18 所示，图中曲线是有方向的，箭头表示随着时间 t 增长时曲线的变化方向。当 $\theta_e(t)$位于 B-A 之间任何一个值时，由于$\frac{d\theta_e(t)}{dt}>0$，意味 $\theta_e(t)$随着时

间的增长而增大，$\theta_e(t)$沿横轴向右变化，曲线依正弦轨迹变化。当$\theta_e(t)$增加至A点时，$\frac{d\theta_e(t)}{dt}=0$，环路进入锁定。

当$\theta_e(t)$位于A-B之间任何一个值时，由于$\frac{d\theta_e(t)}{dt}<0$，意味$\theta_e(t)$随着时间的增长而减小，$\theta_e(t)$沿横轴向左变化。当$\theta_e(t)$减小至$A$点后，环路也进入锁定。所以$A$点也称为稳定平衡点。

如果$\theta_e(t)$位于B点，环路也能锁定，但B点不是稳定平衡点。假如电路中出现扰动，使$\theta_e(t)$离开B点，则要一直移向A点才重新锁定，而且再也不会回到B点。

以上讨论的过渡过程就称为捕捉过程，在一阶环的捕捉过程中，$\theta_e(t)$的变化范围永远小于2π。

$\Delta\omega>K$时一阶环相图如图7.19所示，图中曲线与横轴没有交点，永远不会出现$\frac{d\theta_e(t)}{dt}=0$的现象。由于$\frac{d\theta_e(t)}{dt}$始终大于0，随着时间$t$的增加，$\theta_e(t)$一直增大，曲线沿箭头始终右移，环路永远处于失锁状态。

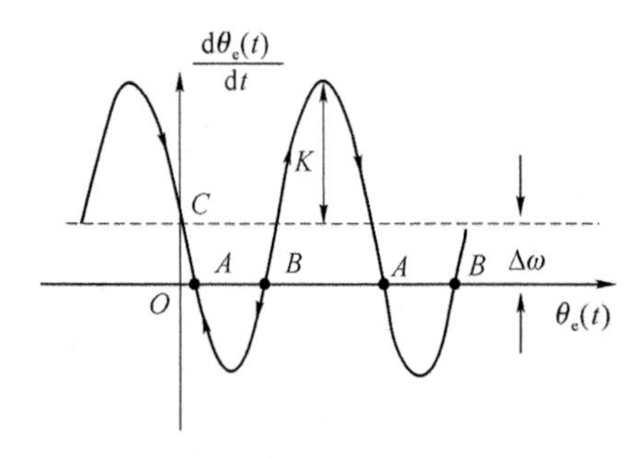

图7.18　$\Delta\omega<K$时一阶环相图

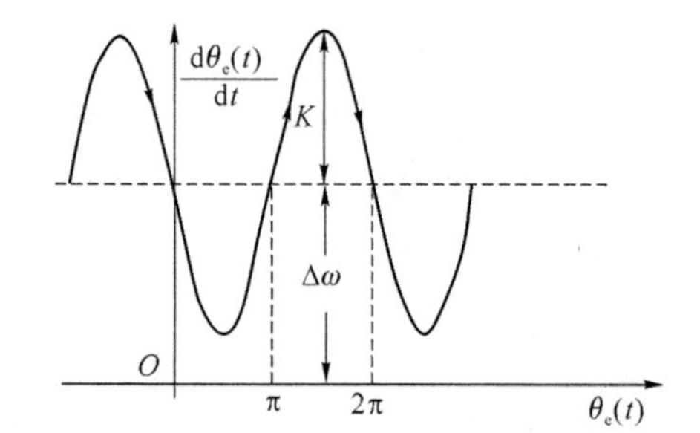

图7.19　$\Delta\omega>K$时一阶环相图

7.4.3 锁相环路的应用

因锁相环具有良好的窄带滤波特性和跟踪滤波特性，能实现频率准确跟踪，并易于集成，集成锁相环体积小，成本低，可靠性高，功能多，所以锁相环应用十分方便，得到广泛应用。

1. 锁相倍频

实现VCO输出瞬时频率锁定在输入信号频率的n次谐波上的环路称为锁相倍频器。它只要在基本锁相环路的反馈支路中插入n分频器，即可实现n倍频，框图如图7.20所示。

由图7.20可见，环路锁定时$\omega_i=\frac{\omega_o}{n}$即可实现$\omega_o=n\omega_i$，可以证明所有线性环路的公示都适用于锁相倍频。

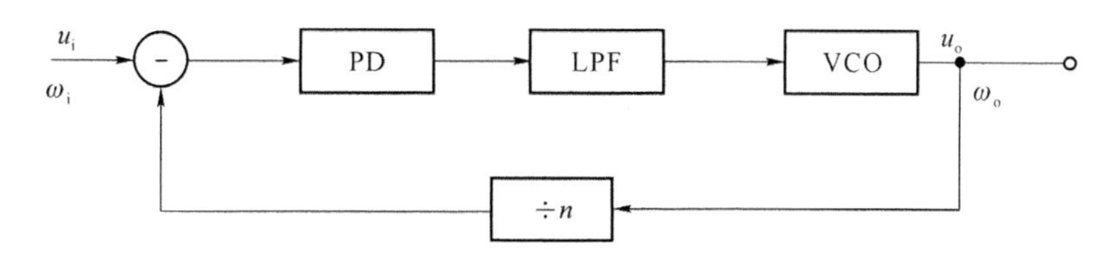

图 7.20　锁相倍频器

2. 锁相分频

凡是能实现 VCO 输出频率锁定在输入信号频率的 n 次分谐波上的环路称为锁相分频。只要在基本环路的反馈支路上插入一个倍频器 n 即可实现 n 次分频，如图 7.21 所示。

由图 7.21 可见，环路锁定时 $\omega_i = n\omega_o$，即可实现 $\omega_o = \omega_i / n$，可以证明所有线性环路的公示都适用于锁相分频。

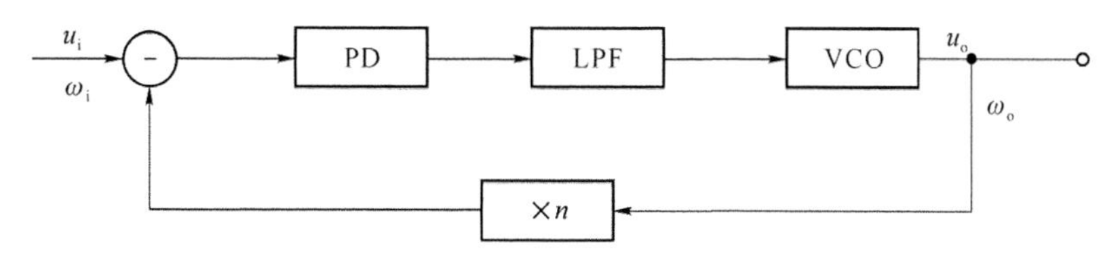

图 7.21　锁相分频器

3. 锁相混频

锁相混频电路的组成方框图如图 7.22 所示，在反馈通道中插入混频器和中频放大器。若设混频器的本振信号 $u_L(t)$ 的角频率为 ω_L，则混频器输出信号角频率为 $|\omega_o - \omega_L|$，经中频放大后到鉴相器上。当环路锁定时 $\omega_i = |\omega_o - \omega_L|$，即 $\omega_o = \omega_L \pm \omega_i$，是取 $\omega_L + \omega_i$，还是取 $\omega_L - \omega_i$，这还要看 VCO 输出角频率 ω_o 是高于 ω_L 还是低于 ω_L。高于 ω_L 时，ω_o 取 $\omega_L + \omega_i$；低于 ω_L 时，ω_o 取 $\omega_L - \omega_i$。

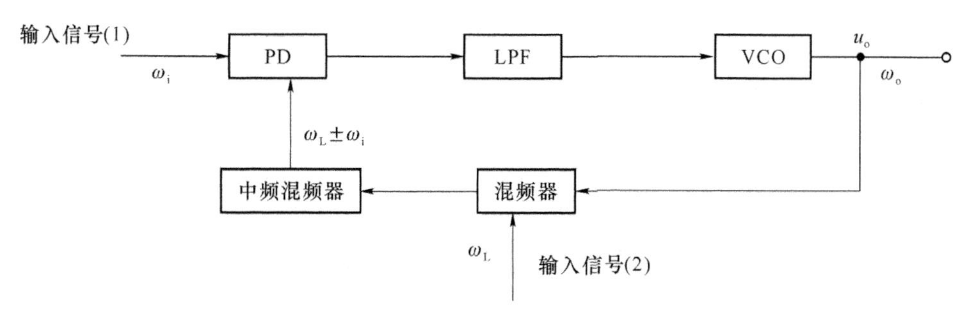

图 7.22　锁相混频器

4. 锁相调频调相

若载波跟踪型如图 7.23 所示，环路只跟踪中心频率，所以要求环路滤波器带宽做得足够窄，即带宽低于调制频率的下限。说明调制信号不参与反馈，则即可实现锁相调频。若控制 VCO 的信号取调制信号的微分，即实现载波跟踪型调相。这种调频调相的调制频率下限受到限制,使调频指数不宜做得太大。

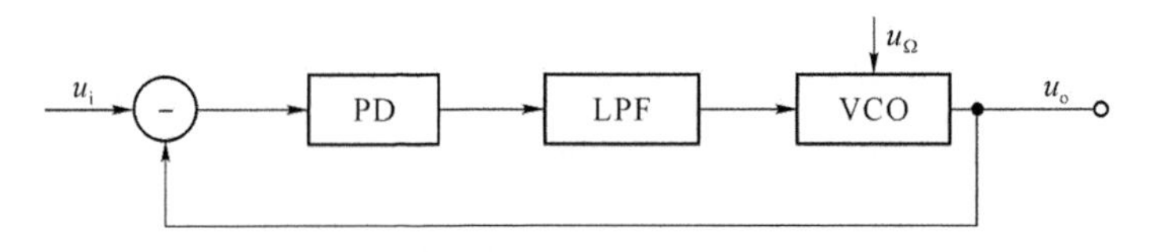

图 7.23　载波跟踪型锁相调频框图

5. 锁相鉴频鉴相

对于载波跟踪型实现窄带调频、调相信号的解调,如图 7.24 所示。u_i 为调频(或调相)信号,含有强的载波分量,在反馈环内只有载波中心频率参与反馈,因此鉴相器输出信号经过低通滤波后即可反映调制信号 $u_\Omega(t)$(或调制信号的积分信号)。

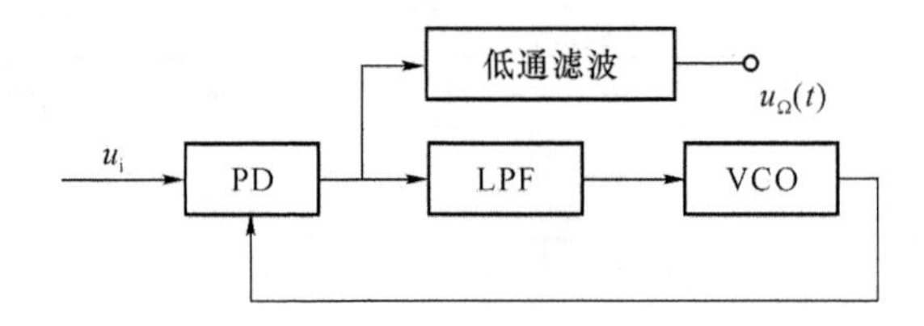

图 7.24　锁相鉴频鉴相器

6. 锁相同步检波

因标准调幅波载波分量强,所以锁相环路采用载波跟踪型,实现提取出调幅波中载波分量 $u_o(t)$作为参考信号,再用乘积型同步检波即可实现,如图 7.25 所示。

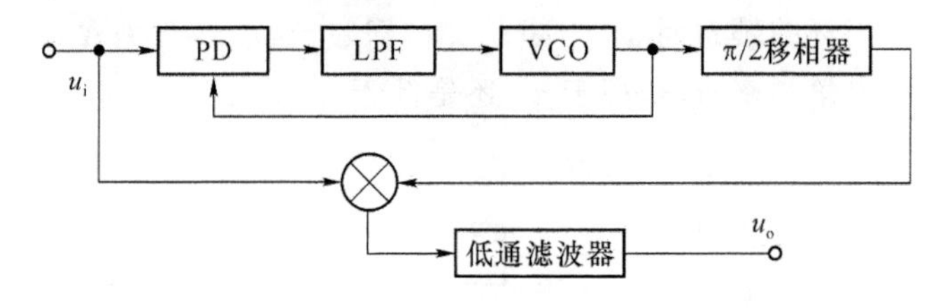

图 7.25　锁相同步检波

7.5　集成锁相环举例

随着集成电路的飞速发展,实用中的锁相环路多数已集成化。集成锁相环分为模拟锁相环和数字锁相环两大类,其中又分为通用型和专用两种。通用型集成锁相环是将锁相环的重要部件如鉴相器、压控振荡器,以及某些特殊的单元电路如放大器、乘法器及限幅器等集成在同一芯片上,各部件部分相连的单片集成电路。通用集成锁相环可以由用户在集成电路外部连接各种电路(如环路滤波器)来适应不同的用途。专用型集成锁相环是专为某种功能设计的锁相环,这种锁相环通常是某个大规模集成电路中的一部分,如电视机采用的视放、色解码、行场扫描集成电路中 TA7698AP、μPC1423CA 就是将色差信号同步检波用的锁相环集成在一个芯片之中。

下面仅对几种具有代表性的通用型单片集成锁相环作一介绍。

1. L561(NE561)单片集成锁相环

L561 单片集成锁相环原理框图如图 7.26 所示。L561 内部除了锁相环的基本部件鉴相器、压控振荡器以外,为了扩大芯片的应用场合,片内还增加了若干放大器,一个限幅器和一个正交检波器。这样 L561 可以直接用于 AM 信号的同步检波,而不需外接相乘器电路。L561 的工作电压为 16～26 V,工作频率≤30 MHz。

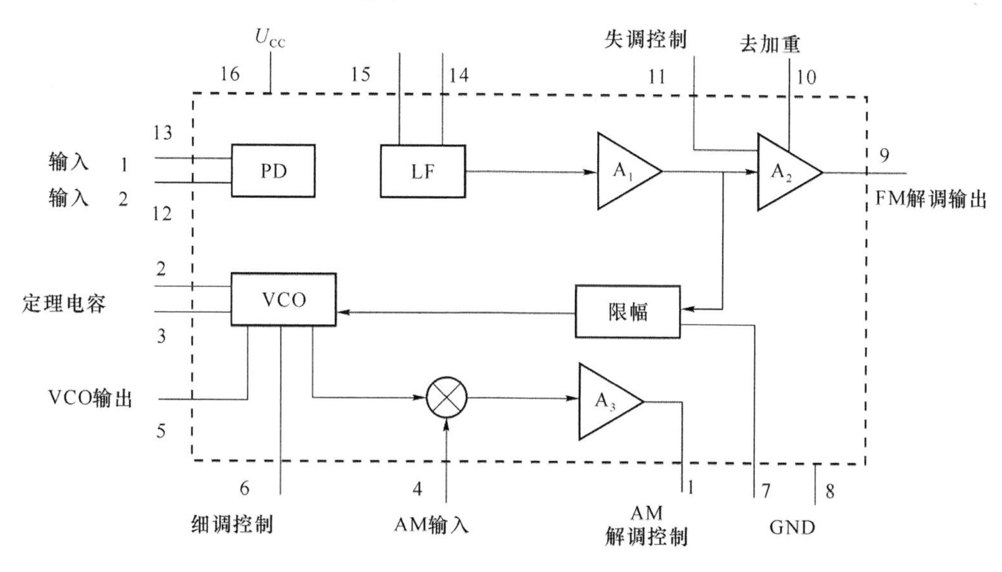

图 7.26　L561 原理框图

2. L562(NE562)单片集成锁相环

L562 单片集成锁相环是目前应用较为广泛的一种锁相环,芯片的工作电压为 16～30 V,工作频率≤30 MHz,最大锁定范围为 $\pm 0.15f_0$。L562 原理框图如图 7.27 所示,与 L561 相比较,芯片中没有集成正交检波器,因而这是一个典形的通用型锁相环。此外,为了达到多功能的目的,环路反馈不是在内部预先接好,而是将 VCO 的输出端(3,4)和 PD 的输入端(2,15)之间断开以便用户插入其他电路。鉴相器有两对输入端 2,15 和 11,12。13,14 可以外接 *RC* 串联电路与内部 6 kΩ 电阻共同组成一阶比例积分低通滤波器,13 和 14 端为环路滤波器的输出。VCO 是一个射极耦合多谐振荡电路,定时电容接在 5 和 6 之间,决定其固有振荡频率。

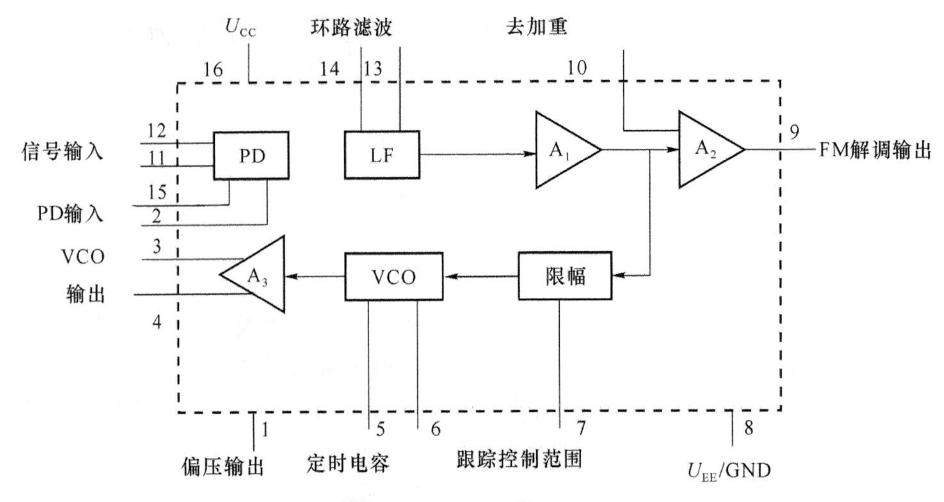

图 7.27　L562 原理框图

L562 的环路滤波器有多种方式连接，既可以接在 13 和 14 端之间，也可接在 13 与地、14 与地之间。L562 常用的 4 种滤波器电路如图 7.28 所示。

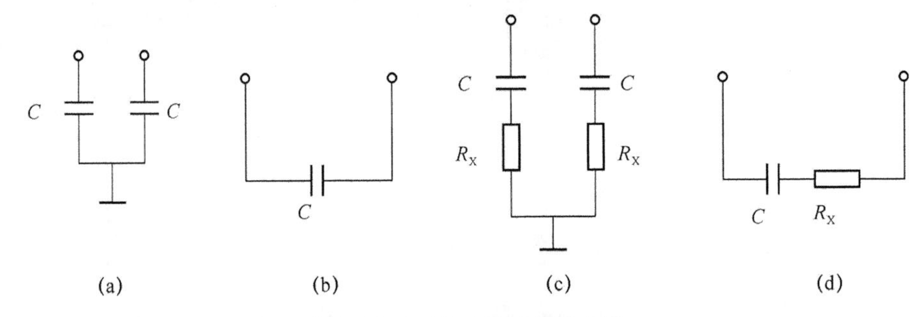

图 7.28　L562 4 种滤波器电路

其传递函数如下。

对图 7.28(a)，有

$$F(s)=\frac{1}{1+sRC}$$

对图 7.28(b)，有

$$F(s)=\frac{1}{1+2sRC}$$

对图 7.28(c)，有

$$F(s)=\frac{1+sR_xC}{1+s(R_x+R)C}$$

对图 7.28(d)，有

$$F(s)=\frac{1+sR_xC}{1+s(R_x+2R)C}$$

式中，R 为芯片内部 6 kΩ 电阻。

L562 实际应用中需要进行环路增益调整，VCO 频率调整和跟踪范围控制等，读者可以参阅有关资料。

习　　题

7.1　在接收机中，为什么需要采用AGC电路？

7.2　接收机中采用延迟AGC时，为什么AGC检波器与信号检波器不能共用？

7.3　试画出延迟AGC系统的组成方框图并简要说明每个部件的作用。

7.4　题图7.1是调频接收机中AGC电路的两种设计方案。试分析哪一种方案可行，并加以说明。

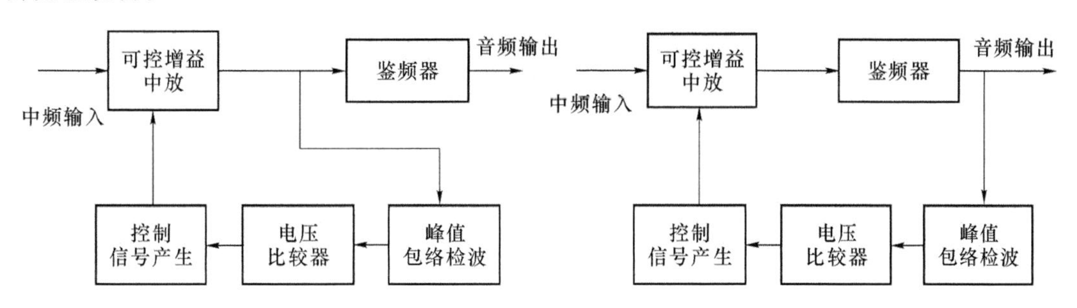

题图7.1

7.5　试画出AFC系统的组成方框图并简要说明每个部件的作用。为什么说AFC系统中关键部件是压控振荡器VCO？

7.6　题图7.2所示为调频负反馈解调电路。已知低通滤波器增益为1。当环路输入单音调制的调频波 $u_i(t)=U_m\cos(\omega_i t+m_f\sin\Omega t)$ 时，要求加到中频放大器输入端调频波的调频指数 $m_f=1$。试求乘积 $k_d k_o$ 的值。

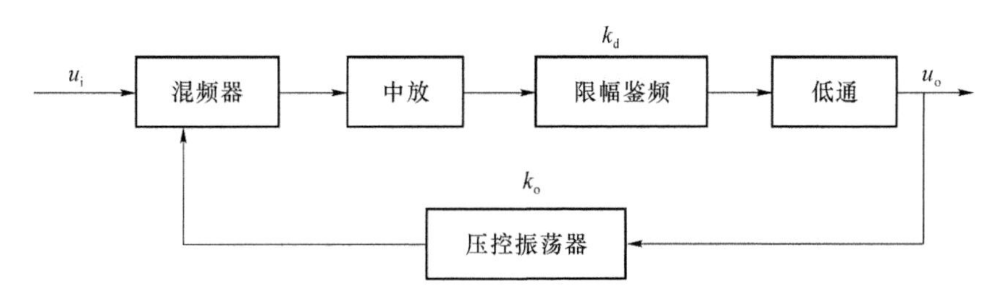

题图7.2

7.7　试画出一阶锁相环路的组成方框图，写出每个部件的时域数学模型表达式(鉴相为正弦鉴相特性)，并简要说明每个部件的作用。

7.8　捕捉、锁定和跟踪各处于锁相环路工作的哪个阶段？各自的特征是什么？

7.9　在题图7.3所示锁相环路中，$U_d=0.63$ V，$K_c=20$ kHz/V，VCO中心频率 $f_0=2.5$ MHz，环路滤波器的 $F(p)=1$。在输入载波信号作用下环路锁定，控制频差为10 kHz。试求锁定时输入信号频率 f_i，环路控制电压 $u_c(t)$，稳态相差 $\theta_{e\infty}$。

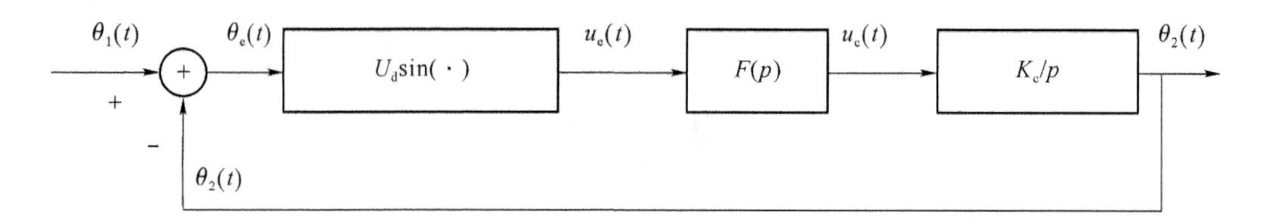

题图 7.3

7.10　题图 7.4 所示为锁相环路调频信号解调器，设环路输入信号 $u_i(t)=U_i\sin(\omega_c t+10\sin 2\pi\times10^3 t)$ V。已知 $k_d=250$ mV/rad，$k_c=2\pi\times25\times10^3$ rad/V，$A_1=40$；滤波器传输系数为 1。试求输出信号的表达式 $u_\Omega(t)$。

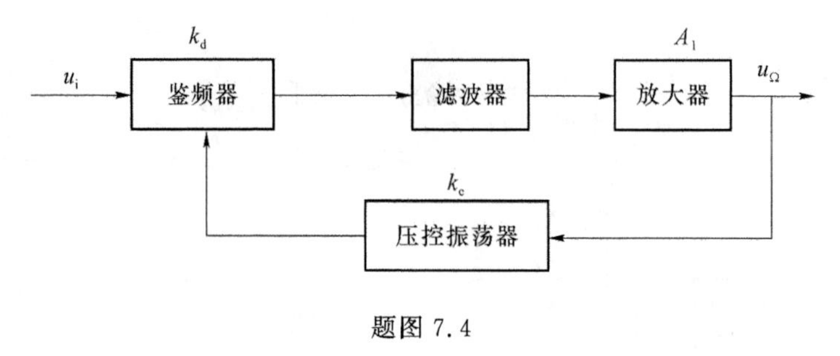

题图 7.4

参 考 答 案

习题 1

1.1 $f_0=35.6\ \mathrm{MHz}$,$R_P=22.36\ \mathrm{k\Omega}$,$BW_{0.7}=0.356\ \mathrm{MHz}$

1.2 $L=5.07\ \mu H$,$Q=66.67$

1.3 $L=253\ \mu H$,$R_x=15.9\ \Omega$,$C_x=200\ \mathrm{pF}$

1.4 $L=586\ \mu H$,$Q=43$,$BW_{0.7}=10.8\ \mathrm{kHz}$

1.6 $R_L=1.6\ \mathrm{k\Omega}$

1.7 $N_1/N_2=8/5$

习题 2

2.1 $L=115\ \mu H$,$C\approx 65\ \mathrm{pF}$,$R_L=8.55\ \mathrm{k\Omega}$

2.2 (2) $A_{u0}=13.68$,$BW_{0.7}=0.66\ \mathrm{MHz}$ (3) $R_L=0.66\ \mathrm{k\Omega}$

2.3 $A_{u0}=21$,$BW_{0.7}=0.96\ \mathrm{MHz}$

2.4 (1) $(A_{u0})_3\approx 2\,571$,$(BW_{0.7})_3=0.33\ \mathrm{MHz}$

(2) $BW'_{0.7}=1.29\ \mathrm{MHz}$,$(A_{u0})'_3\approx 1\,311$

习题 3

3.4 $P_o\approx 2\ \mathrm{W}$,$\eta\approx 74.1\%$

3.5 当 $\eta=60\%$时,$P_C=3.3\ \mathrm{W}$,$I_{c0}=0.347\ \mathrm{A}$

当 $\eta=80\%$时,$P_C=1.25\ \mathrm{W}$,$I_{c0}=0.26\ \mathrm{A}$

3.6 $P_D=6\ \mathrm{W}$,$\eta=83.3\%$,$R_P=57.6\ \Omega$,$I_{c1}=0.417\ \mathrm{A}$,$\theta_c=78^\circ$

3.7 $L\approx 5.07\ \mu H$,$p_L\approx 0.125$

3.9 (2) $P_C=1.181\ \mathrm{W}<P_{CM}(P_{CM}=3\ \mathrm{W})$;$I_{cmax}=2.24\ \mathrm{A}<I_{cm}(I_{cm}=5\ \mathrm{A})$;

$E_C=12\ \mathrm{V}<1/2(U_{CEO}=25\ \mathrm{V})$。

(3) 放大器正常工作时处于临界状态;

天线突然断开→负载 R_P 突然增大→立即进入过压区,天线电流↓,I_{c0}↓;

天线突然短路→负载 R_P 突然下降至 0→立即进入欠压区,天线电流↑,I_{c0}↑。

3.10 $L_1=0.054\ \mu H$,$C_1=221\ \mathrm{pF}$,$C_2=1\,238.56\ \mathrm{pF}$

习题 4

4.1 振荡频率 $f_0=2.6$ MHz,维持振荡所需的最小电压放大倍数 $A_{umin}=3$

4.3 (a)、(b)不可起振,(c)可起振

4.5 (2)$C_4=5$ pF

4.6 振荡频率 $f_0=2.25\sim2.9$ MHz

4.7 串联谐振频率 $f_q=2.488\ 36$ MHz,并联谐振频率 $f_p=2.488\ 41$ MHz
等效并联谐振电阻 $R_P=844.156\times10^6$ MΩ

4.9 $F=0.16$

习题 5

5.3 $m_a=0.25$

5.4 (1) $u(t)$为普通调幅波,载波频率为 10 kHz,调制信号频率为 1 kHz。
(2) $m_a=0.4$
(3) $u(t)$为双边带调幅波。

5.5 (1) 图(a)为单音调制的普通调幅波;图(b)为双音调制的普通调幅波;
(2) (a) $u(t)=5(1+0.8\cos 2\pi\times3\times10^3 t)\cos 2\pi\times10^6 t$ V
BW=6 kHz
(b) $u(t)=5(1+\cos 2\pi\times10^3 t+0.8\cos 2\pi\times10^4 t)\cos 2\pi\times10^6 t$ V
BW=20 kHz
(3) (a) $P_{av}=16.5$ W
(b) $P_{av}=22.75$ W

5.9 $m_{max}=0.77$

5.10 (1) 镜像频率干扰;
(2) 组合频率干扰;
(3) 副波道干扰。

习题 6

6.1 (1) $\Delta f_m=10$ kHz,$m_f=5$; (2) $\Delta\varphi_m=5$ rad

6.2 (1) $\Delta f_m=10$ kHz; (2) $\Delta\varphi_m=10$ rad;
(3) $BW_{0.7}=22$ kHz; (4) $P=50$ W。

6.3 (1) $f_0=13.7$ MHz; (2) $\Delta f_0=159$ kHz;
(3) $\Delta f_m=1.7$ MHz; (4) $k_f=5.7\times10^3$ rad/S·V;
(5) $k_2=0.094$。

6.5 (1) $m_p=0.4$,$\Delta f_m=400$ Hz; (2) $m_p=0.4$,$\Delta f_m=800$ Hz;

(3) $m_p=0.2$，$\Delta f_m=200$ Hz。

6.6 (1) $f_{c1}=6$ MHz，$\Delta f_{m1}=1.5$ MHz； (2) $BW_1=33$ kHz，$BW_2=180$ kHz。

6.8 $u_{o1}(t)=R_1C_1U_{FM}(\omega_0+U_\Omega\cos\Omega t)\cdot\sin\left(\omega_0 t+\int U_\Omega\cos\Omega t\,dt\right)$

$u_o(t)=k_d\cdot R_1C_1U_{FM}(\omega_0+U_\Omega\cos\Omega t)$

习题 7

7.9 $f_i=2.51$ MHz，$u_c(t)=0.5$ V，$\theta_{e\infty}\approx0.92$ rad

7.10 $u_\Omega(t)=0.4\times\cos 2\pi\times10^3 t$

附录　余弦脉冲分解系数表

$\theta_c/°$	$\cos\theta_c$	α_0	α_1	α_2	g_1	$\theta_c/°$	$\cos\theta_c$	α_0	α_1	α_2	g_1
0	1.000	0.000	0.000	0.000	2.00	38	0.788	0.140	0.268	0.234	1.91
1	1.000	0.004	0.007	0.007	2.00	39	0.777	0.143	0.274	0.237	1.91
2	0.999	0.007	0.015	0.015	2.00	40	0.766	0.147	0.280	0.241	1.90
3	0.999	0.011	0.022	0.022	2.00	41	0.755	0.151	0.286	0.244	1.90
4	0.998	0.014	0.030	0.030	2.00	42	0.743	0.154	0.292	0.248	1.90
5	0.996	0.018	0.037	0.037	2.00	43	0.731	0.158	0.298	0.251	1.89
6	0.994	0.022	0.044	0.044	2.00	44	0.719	0.162	0.304	0.253	1.89
7	0.993	0.025	0.052	0.052	2.00	45	0.707	0.165	0.311	0.256	1.88
8	0.990	0.029	0.059	0.059	2.00	46	0.695	0.169	0.316	0.259	1.87
9	0.988	0.032	0.066	0.066	2.00	47	0.682	0.172	0.322	0.261	1.87
10	0.985	0.036	0.073	0.073	2.00	48	0.669	0.176	0.327	0.263	1.86
11	0.982	0.040	0.080	0.080	2.00	49	0.656	0.179	0.333	0.265	1.85
12	0.978	0.044	0.088	0.087	2.00	50	0.643	0.183	0.339	0.267	1.85
13	0.974	0.047	0.095	0.094	2.00	51	0.629	0.187	0.344	0.269	1.84
14	0.970	0.051	0.102	0.101	2.00	52	0.616	0.190	0.350	0.270	1.84
15	0.966	0.055	0.110	0.108	2.00	53	0.602	0.194	0.355	0.271	1.83
16	0.961	0.059	0.117	0.115	1.98	54	0.588	0.197	0.360	0.272	1.82
17	0.956	0.063	0.124	0.121	1.98	55	0.574	0.201	0.366	0.273	1.82
18	0.951	0.066	0.131	0.128	1.98	56	0.559	0.204	0.371	0.274	1.81
19	0.945	0.070	0.138	0.134	1.97	57	0.545	0.208	0.376	0.275	1.81
20	0.940	0.074	0.146	0.141	1.97	58	0.530	0.211	0.381	0.275	1.80
21	0.934	0.078	0.153	0.147	1.97	59	0.515	0.215	0.386	0.275	1.80
22	0.927	0.082	0.160	0.153	1.97	60	0.500	0.218	0.391	0.276	1.80
23	0.920	0.085	0.167	0.159	1.97	61	0.485	0.222	0.396	0.276	1.78
24	0.914	0.089	0.174	0.165	1.96	62	0.469	0.225	0.400	0.275	1.78
25	0.906	0.093	0.181	0.171	1.95	63	0.454	0.229	0.405	0.275	1.77
26	0.899	0.097	0.188	0.177	1.95	64	0.438	0.232	0.410	0.274	1.77
27	0.891	0.100	0.195	0.182	1.95	65	0.423	0.236	0.414	0.274	1.76
28	0.883	0.104	0.202	0.188	1.94	66	0.407	0.239	0.419	0.273	1.75
29	0.875	0.107	0.209	0.193	1.94	67	0.391	0.243	0.423	0.272	1.74
30	0.866	0.111	0.215	0.198	1.94	68	0.375	0.246	0.427	0.270	1.74
31	0.857	0.115	0.222	0.203	1.93	69	0.358	0.249	0.432	0.269	1.74
32	0.848	0.118	0.229	0.208	1.93	70	0.342	0.253	0.436	0.267	1.73
33	0.839	0.122	0.235	0.213	1.93	71	0.326	0.256	0.440	0.266	1.72
34	0.829	0.125	0.241	0.217	1.93	72	0.309	0.259	0.444	0.264	1.71
35	0.819	0.129	0.248	0.221	1.92	73	0.292	0.263	0.448	0.262	1.70
36	0.809	0.133	0.255	0.266	1.92	74	0.276	0.266	0.452	0.260	1.70
37	0.799	0.136	0.261	0.230	1.92	75	0.259	0.269	0.455	0.258	1.69

续 表

$\theta_c/^\circ$	$\cos\theta_c$	α_0	α_1	α_2	g_1	$\theta_c/^\circ$	$\cos\theta_c$	α_0	α_1	α_2	g_1
76	0.242	0.273	0.459	0.256	1.68	118	−0.469	0.401	0.535	0.099	1.33
77	0.225	0.276	0.463	0.253	1.68	119	−0.485	0.404	0.536	0.096	1.33
78	0.208	0.279	0.466	0.251	1.67	120	−0.500	0.406	0.536	0.092	1.32
79	0.191	0.283	0.469	0.248	1.66	121	−0.515	0.408	0.536	0.088	1.31
80	0.174	0.286	0.472	0.245	1.65	122	−0.530	0.411	0.536	0.084	1.30
81	0.156	0.289	0.475	0.242	1.64	123	−0.545	0.413	0.536	0.081	1.30
82	0.139	0.293	0.478	0.239	1.63	124	−0.559	0.416	0.536	0.078	1.29
83	0.122	0.296	0.481	0.236	1.62	125	−0.574	0.419	0.536	0.074	1.28
84	0.105	0.299	0.484	0.233	1.61	126	−0.588	0.422	0.536	0.071	1.27
85	0.087	0.302	0.487	0.230	1.61	127	−0.602	0.424	0.535	0.068	1.26
86	0.070	0.305	0.490	0.226	1.61	128	−0.616	0.426	0.535	0.064	1.25
87	0.052	0.308	0.493	0.223	1.60	129	−0.629	0.428	0.535	0.061	1.25
88	0.035	0.312	0.496	0.219	1.59	130	−0.643	0.431	0.534	0.058	1.24
89	0.017	0.315	0.498	0.216	1.58	131	−0.656	0.433	0.534	0.055	1.23
90	0.000	0.319	0.500	0.212	1.57	132	−0.669	0.436	0.533	0.052	1.22
91	−0.017	0.322	0.502	0.208	1.56	133	−0.682	0.438	0.533	0.049	1.22
92	−0.035	0.325	0.504	0.205	1.55	134	−0.695	0.440	0.532	0.047	1.21
93	−0.052	0.328	0.506	0.201	0.54	135	−0.707	0.443	0.532	0.044	1.20
94	−0.070	0.331	0.508	0.197	0.53	136	−0.719	0.445	0.531	0.041	1.19
95	−0.087	0.334	0.510	0.193	1.53	137	−0.731	0.447	0.530	0.039	1.19
96	−0.105	0.337	0.512	0.189	1.52	138	−0.743	0.449	0.530	0.037	1.18
97	−0.122	0.340	0.514	0.185	1.51	139	−0.755	0.451	0.529	0.034	1.17
98	−0.139	0.343	0.516	0.181	1.50	140	−0.766	0.453	0.528	0.032	1.17
99	−0.156	0.347	0.518	0.177	1.49	141	−0.777	0.455	0.527	0.030	1.16
100	−0.174	0.350	0.520	0.172	1.49	142	−0.788	0.457	0.527	0.028	1.15
101	−0.191	0.353	0.521	0.168	1.48	143	−0.799	0.459	0.526	0.026	1.15
102	−0.208	0.355	0.522	0.164	1.47	144	−0.809	0.461	0.526	0.024	1.14
103	−0.225	0.358	0.524	0.160	1.46	145	−0.819	0.463	0.525	0.022	1.13
104	−0.242	0.361	0.525	0.156	1.45	146	−0.829	0.465	0.524	0.020	1.13
105	−0.259	0.364	0.526	0.152	1.45	147	−0.839	0.467	0.523	0.019	1.12
106	−0.276	0.366	0.527	0.147	1.44	148	−0.848	0.468	0.522	0.017	1.12
107	−0.292	0.369	0.528	0.143	1.43	149	−0.857	0.470	0.521	0.015	1.11
108	−0.309	0.373	0.529	0.139	1.42	150	−0.866	0.472	0.520	0.014	1.10
109	−0.326	0.376	0.530	0.135	1.41	151	−0.875	0.474	0.519	0.013	1.09
110	−0.342	0.379	0.531	0.131	1.40	152	−0.883	0.475	0.517	0.012	1.09
111	−0.358	0.382	0.532	0.127	1.39	153	−0.891	0.477	0.517	0.010	1.08
112	−0.375	0.384	0.532	0.123	1.38	154	−0.899	0.479	0.516	0.009	1.08
113	−0.391	0.387	0.533	0.119	1.38	155	−0.906	0.480	0.515	0.008	1.07
114	−0.407	0.390	0.534	0.115	1.37	156	−0.914	0.481	0.514	0.007	1.07
115	−0.423	0.392	0.534	0.111	1.36	157	−0.920	0.483	0.513	0.007	1.07
116	−0.438	0.395	0.535	0.107	1.35	158	−0.927	0.485	0.512	0.006	1.06
117	−0.454	0.398	0.535	0.103	1.34	159	−0.934	0.486	0.511	0.005	1.05

续 表

$\theta_c/°$	$\cos\theta_c$	α_0	α_1	α_2	g_1	$\theta_c/°$	$\cos\theta_c$	α_0	α_1	α_2	g_1
160	−0.940	0.487	0.510	0.004	1.05	171	−0.988	0.497	0.502	0.000	1.01
161	−0.946	0.488	0.509	0.004	1.04	172	−0.990	0.498	0.501	0.000	1.01
162	−0.951	0.489	0.509	0.003	1.04	173	−0.993	0.498	0.501	0.000	1.01
163	−0.956	0.490	0.508	0.003	1.04	174	−0.994	0.499	0.501	0.000	1.00
164	−0.961	0.491	0.507	0.002	1.03	175	−0.996	0.499	0.500	0.000	1.00
165	−0.966	0.492	0.506	0.002	1.03	176	−0.998	0.499	0.500	0.000	1.00
166	−0.970	0.493	0.506	0.002	1.03	177	−0.999	0.500	0.500	0.000	1.00
167	−0.974	0.494	0.505	0.001	1.02	178	−0.999	0.500	0.500	0.000	1.00
168	−0.978	0.495	0.504	0.001	1.02	179	−1.000	0.500	0.500	0.000	1.00
169	−0.982	0.496	0.503	0.001	1.01	180	−1.000	0.500	0.500	0.000	1.00
170	−0.985	0.496	0.502	0.001	1.01						

参考文献

[1] 廖惜春.高频电子线路[M].广州:华南理工大学出版社,2005.
[2] 蒋敦斌.高频电子线路[M].上海:上海交通大学出版社,2003.
[3] COUTH L W. Digital analog communication systems[M].北京:科学出版社,2005.
[4] 刘宝玲,胡春静.通信电子电路[M].北京:北京邮电大学出版社,2005.
[5] 陈邦媛.射频通信电路[M].北京:科学出版社,2002.
[6] 樊昌信.通信原理[M].北京:国防工业出版社,2000.
[7] 沈伟慈.高频电路[M].西安:西安电子科技大学出版社,2000.
[8] 张玉兴.射频模拟电路[M].北京:电子工业出版社,2002.
[9] 阳昌汉.高频电子电路[M].哈尔滨:哈尔滨工程大学出版社,2001.
[10] 高吉祥.高频电子电路[M].北京:电子工业出版社,2003.
[11] 王卫东.高频电子电路[M].北京:电子工业出版社,2004.
[12] 胡见堂.固态高频电路[M].2版.长沙:国防科技大学出版社,2002.
[13] 林东梅.高频电子技术习题与答案[M].北京:机械工业出版社,2002.
[14] 谢家奎.电子线路:非线性部分[M].4版.北京:高等教育出版社,2002.
[15] 严紫建,刘元安.蓝牙技术[M].北京:北京邮电大学出版社,2002.
[16] 金纯,许光辰,孙睿.蓝牙技术[M].北京:电子工业出版社,2001.